今すぐ使えるかんたんmini

Imasugu Tsukaeru Kantan mini Series

Excel 2016 基本技

技術評論社

How to use

本書の使い方

- 画面の手順解説だけを読めば、操作できるようになる！
- もっと詳しく知りたい人は、補足説明を読んで納得！
- これだけは覚えておきたい機能を厳選して紹介！

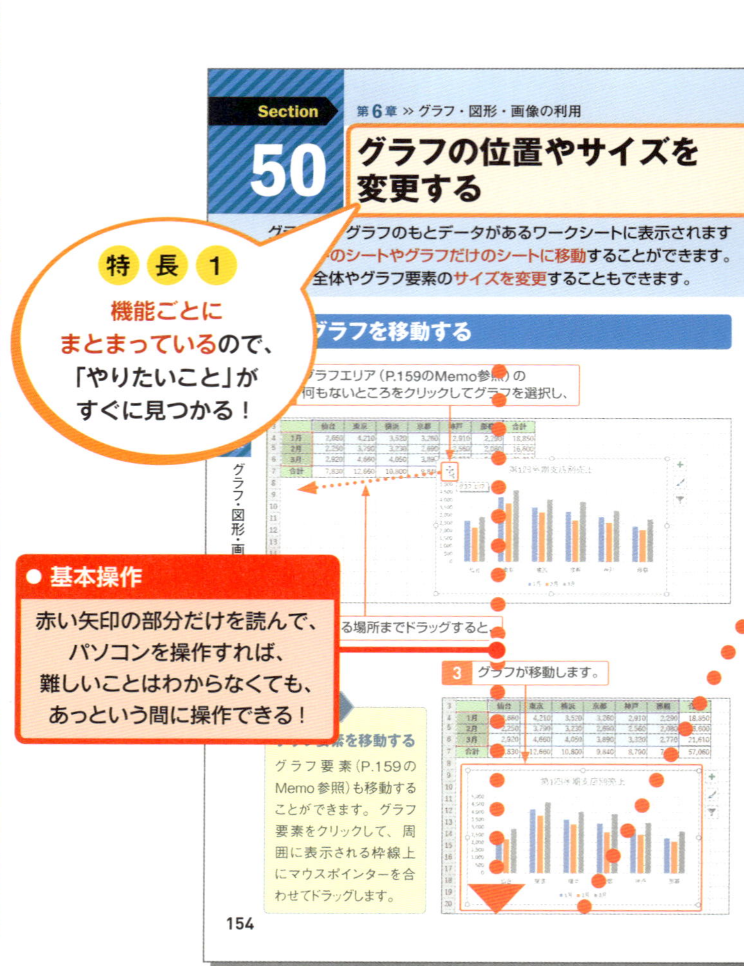

Section 50
第6章 » グラフ・図形・画像の利用
グラフの位置やサイズを変更する
特長1
機能ごとにまとまっているので、「やりたいこと」がすぐに見つかる！
グラフを移動する
基本操作
赤い矢印の部分だけを読んで、パソコンを操作すれば、難しいことはわからなくても、あっという間に操作できる！
3 グラフが移動します。
グラフ要素（P.159のMemo参照）も移動することができます。グラフ要素をクリックして、周囲に表示される枠線上にマウスポインターを合わせてドラッグします。
154

特 長 2

やわらかい上質な紙を
使っているので、
開いたら閉じにくい！

● 補足説明

操作の補足的な内容を
適宜配置！

Memo
補足説明

Keyword
用語の解説

Hint
便利な機能

StepUp
応用操作解説

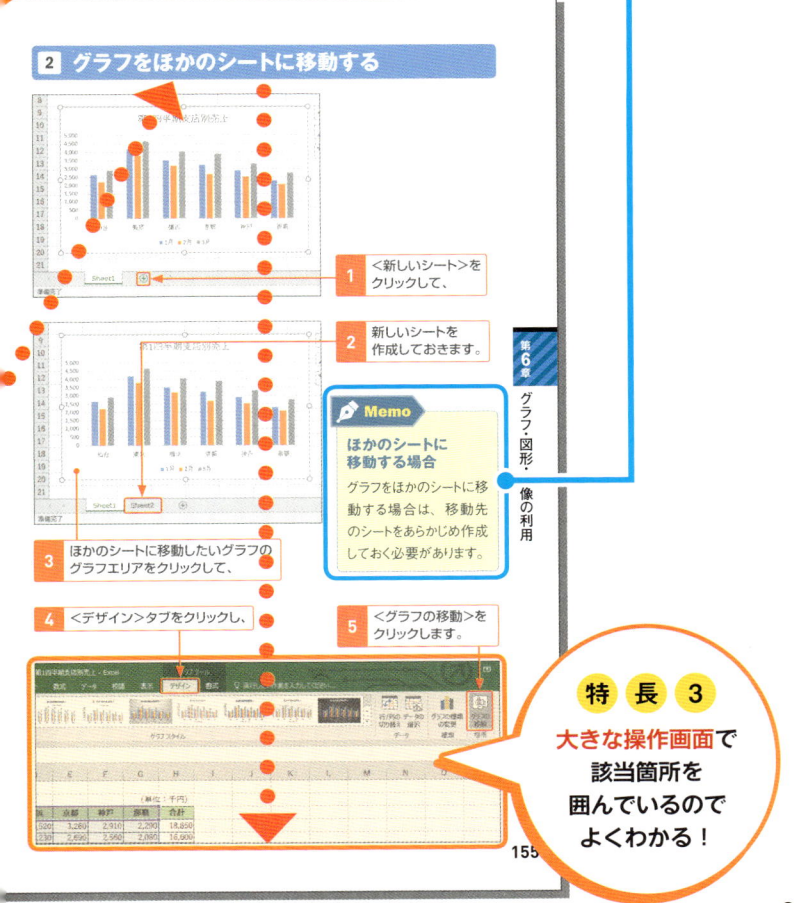

2 グラフをほかのシートに移動する

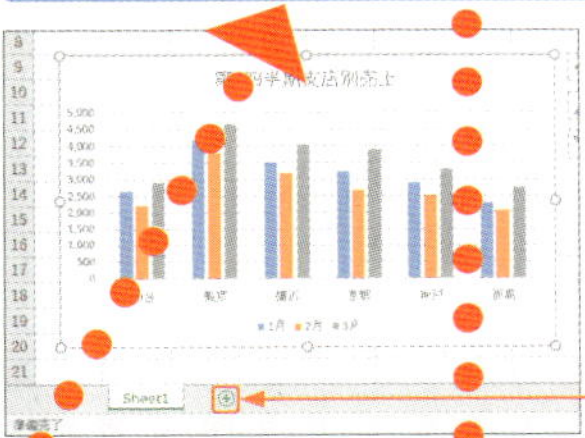

1 ＜新しいシート＞をクリックして、

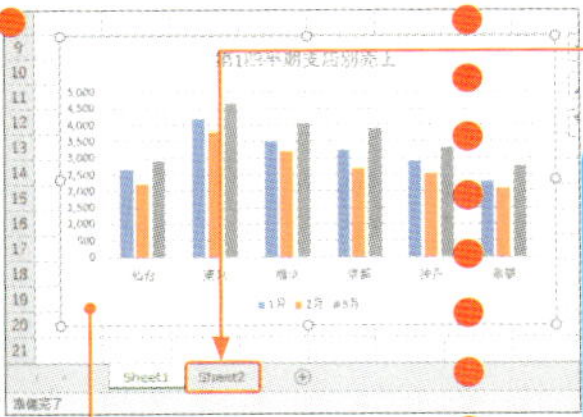

2 新しいシートを作成しておきます。

3 ほかのシートに移動したいグラフのグラフエリアをクリックして、

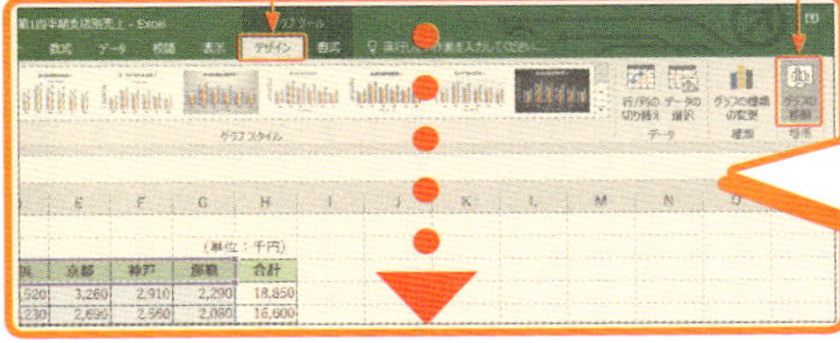

Memo

ほかのシートに移動する場合

グラフをほかのシートに移動する場合は、移動先のシートをあらかじめ作成しておく必要があります。

第6章 グラフ・図形・画像の利用

4 ＜デザイン＞タブをクリックし、

5 ＜グラフの移動＞をクリックします。

155

特 長 3

大きな操作画面で
該当箇所を
囲んでいるので
よくわかる！

パソコンの基本操作

- 本書の解説は、基本的にマウスを使って操作することを前提としています。
- お使いのパソコンのタッチパッド、タッチ対応モニターを使って操作する場合は、各操作を次のように読み替えてください。

1 マウス操作

▼クリック（左クリック）

クリック（左クリック）の操作は、画面上にある要素やメニューの項目を選択したり、ボタンを押したりする際に使います。

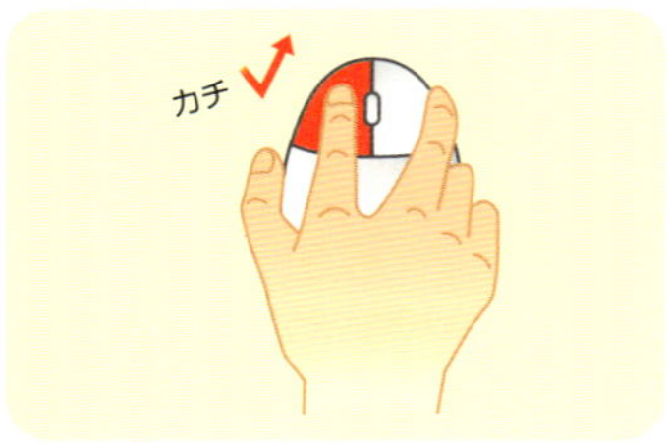

マウスの左ボタンを1回押します。

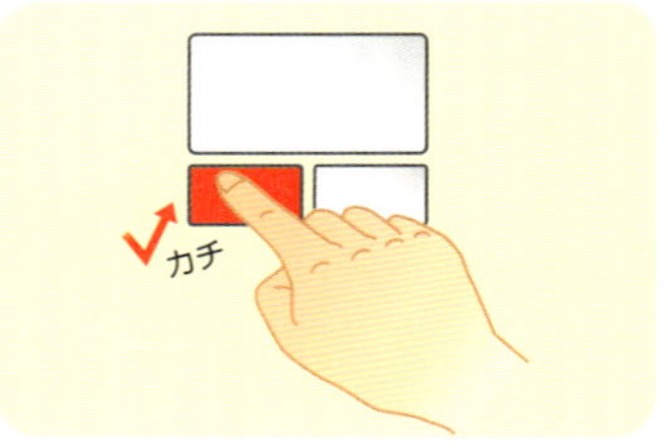

タッチパッドの左ボタン（機種によっては左下の領域）を1回押します。

▼右クリック

右クリックの操作は、操作対象に関する特別なメニューを表示する場合などに使います。

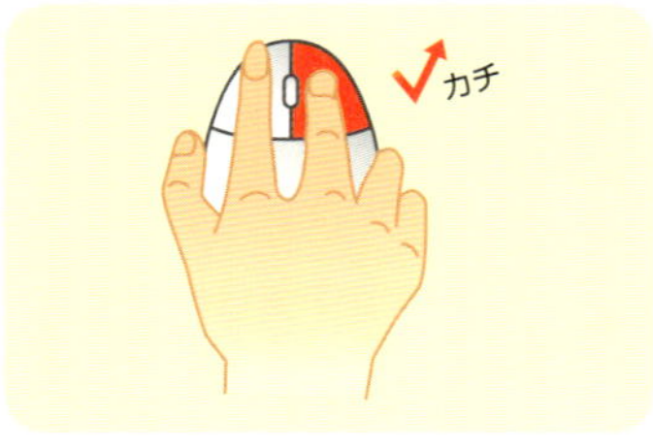

マウスの右ボタンを1回押します。

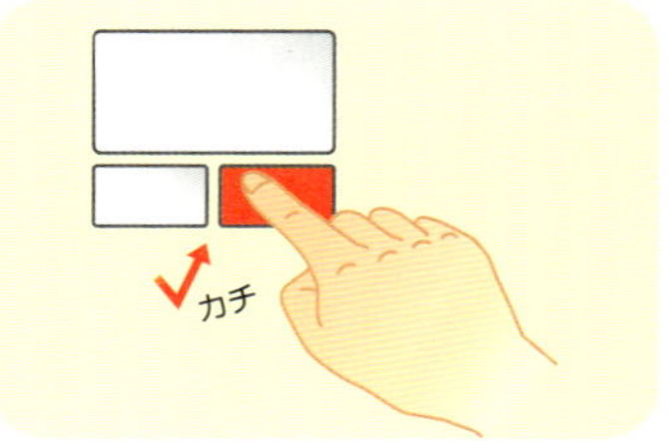

タッチパッドの右ボタン（機種によっては右下の領域）を1回押します。

▼ダブルクリック

ダブルクリックの操作は、各種アプリを起動したり、ファイルやフォルダーなどを開く際に使います。

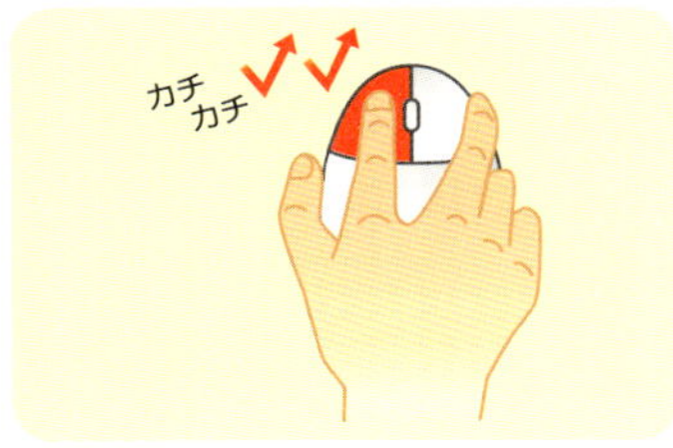

マウスの左ボタンをすばやく2回押します。

タッチパッドの左ボタン(機種によっては左下の領域)をすばやく2回押します。

▼ドラッグ

ドラッグの操作は、画面上の操作対象を別の場所に移動したり、操作対象のサイズを変更する際などに使います。

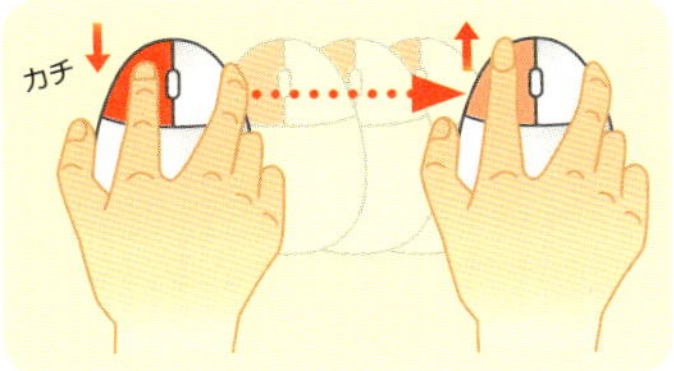

マウスの左ボタンを押したまま、マウスを動かします。目的の操作が完了したら、左ボタンから指を離します。

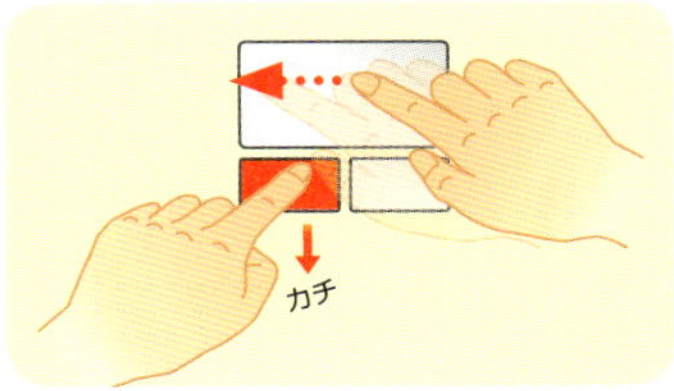

タッチパッドの左ボタン(機種によっては左下の領域)を押したまま、タッチパッドを指でなぞります。目的の操作が完了したら、左ボタンから指を離します。

Memo

ホイールの使い方

ほとんどのマウスには、左ボタンと右ボタンの間にホイールが付いています。ホイールを上下に回転させると、Webページなどの画面を上下にスクロールすることができます。そのほかにも、Ctrlを押しながらホイールを回転させると、画面を拡大/縮小したり、フォルダーのアイコンの大きさを変えたりできます。

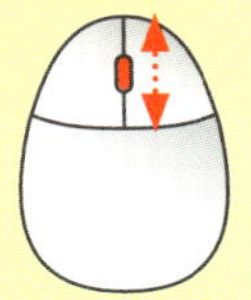

2 利用する主なキー

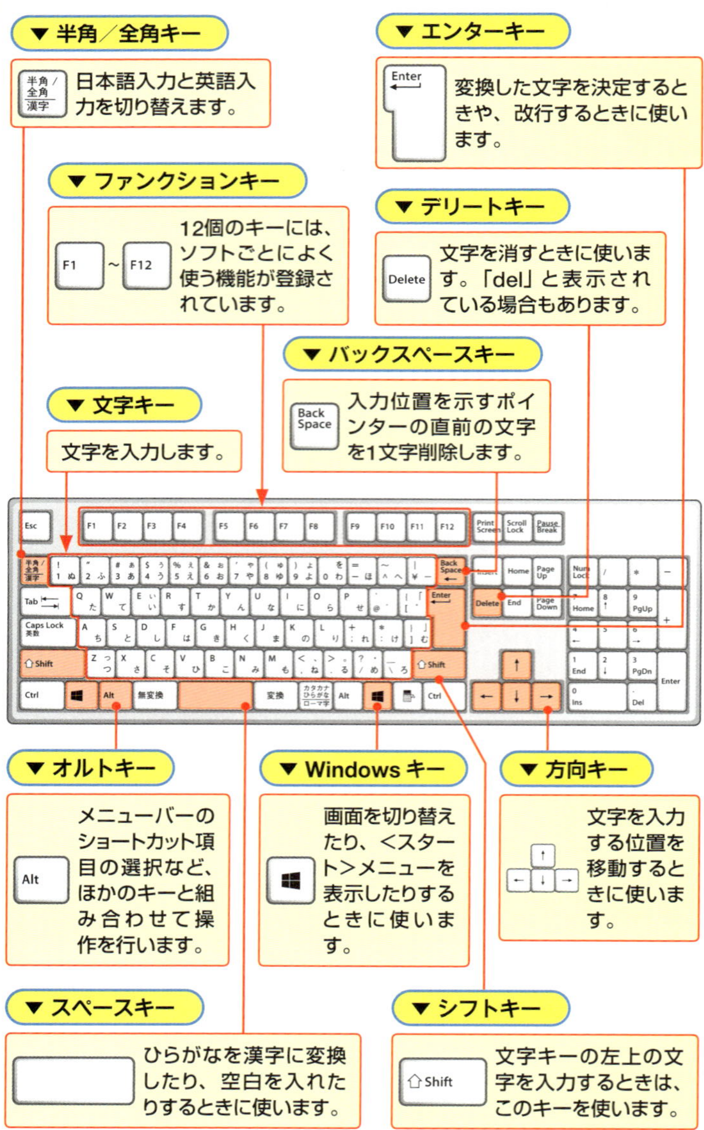
▼ 半角／全角キー
半角/全角 漢字
日本語入力と英語入力を切り替えます。
▼ エンターキー
Enter
変換した文字を決定するときや、改行するときに使います。
▼ ファンクションキー
F1 ～ F12
12個のキーには、ソフトごとによく使う機能が登録されています。
▼ デリートキー
Delete
文字を消すときに使います。「del」と表示されている場合もあります。
▼ バックスペースキー
Back Space
入力位置を示すポインターの直前の文字を1文字削除します。
▼ 文字キー
文字を入力します。
▼ オルトキー
Alt
メニューバーのショートカット項目の選択など、ほかのキーと組み合わせて操作を行います。
▼ Windows キー
画面を切り替えたり、<スタート>メニューを表示したりするときに使います。
▼ 方向キー
文字を入力する位置を移動するときに使います。
▼ スペースキー
ひらがなを漢字に変換したり、空白を入れたりするときに使います。
▼ シフトキー
Shift
文字キーの左上の文字を入力するときは、このキーを使います。

3 タッチ操作

▼タップ

画面に触れてすぐ離す操作です。ファイルなど何かを選択するときや、決定を行う場合に使用します。マウスでのクリックに当たります。

▼ダブルタップ

タップを2回繰り返す操作です。各種アプリを起動したり、ファイルやフォルダーなどを開く際に使用します。マウスでのダブルクリックに当たります。

▼ホールド

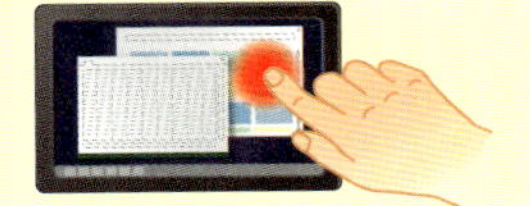

画面に触れたまま長押しする操作です。詳細情報を表示するほか、状況に応じたメニューが開きます。マウスでの右クリックに当たります。

▼ドラッグ

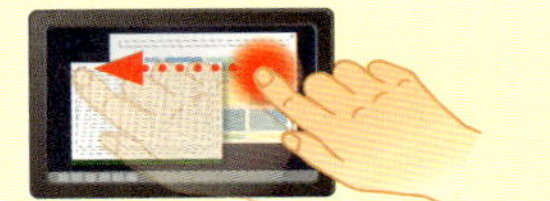

操作対象をホールドしたまま、画面の上を指でなぞり上下左右に移動します。目的の操作が完了したら、画面から指を離します。

▼スワイプ／スライド

画面の上を指でなぞる操作です。ページのスクロールなどで使用します。

▼フリック

画面を指で軽く払う操作です。スワイプと混同しやすいので注意しましょう。

▼ピンチ／ストレッチ

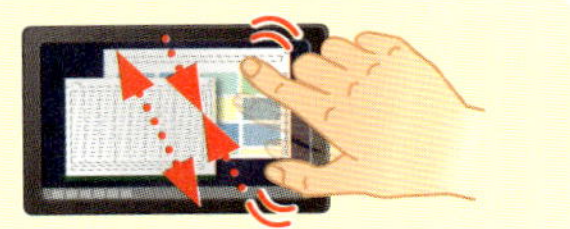

2本の指で対象に触れたまま指を広げたり狭めたりする操作です。拡大(ストレッチ)／縮小(ピンチ)が行えます。

▼回転

2本の指先を対象の上に置き、そのまま両方の指で同時に右または左方向に回転させる操作です。

Download

サンプルファイルのダウンロード

●本書で使用しているサンプルファイルは、以下のURLのサポートページからダウンロードすることができます。ダウンロードしたときは圧縮ファイルの状態なので、展開してから使用してください。

http://gihyo.jp/book/2016/978-4-7741-7836-3/support

▼サンプルファイルをダウンロードする

1 ブラウザー（ここではMicrosoft Edge）を起動します。

2 ここをクリックしてURLを入力し、Enterを押します。

3 表示された画面をスクロールし、<ダウンロード>にある<サンプルファイル>をクリックすると、

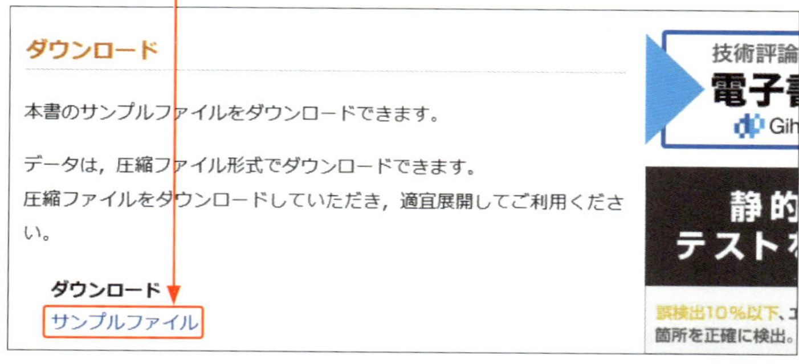

4 ファイルがダウンロードされるので、<開く>をクリックします。

miniExcel2016_kihonwaza_sample.zip はダウンロードを終了しました。 開く ダウンロードの表示

▼ダウンロードした圧縮ファイルを展開する

1 エクスプローラーの画面が開くので、

2 表示されたフォルダーをクリックし、デスクトップにドラッグします。

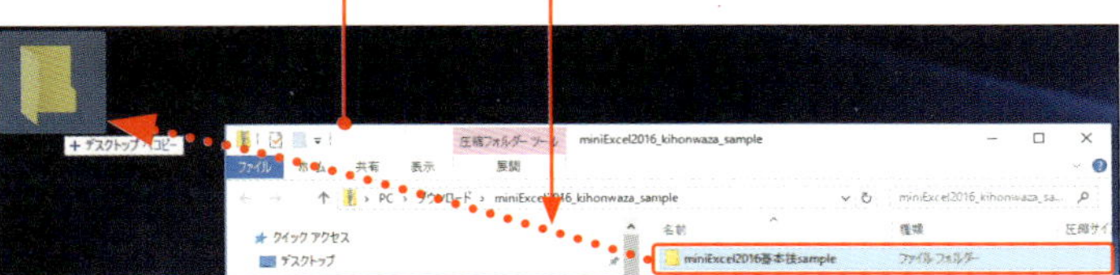

3 展開されたフォルダーがデスクトップに表示されます。

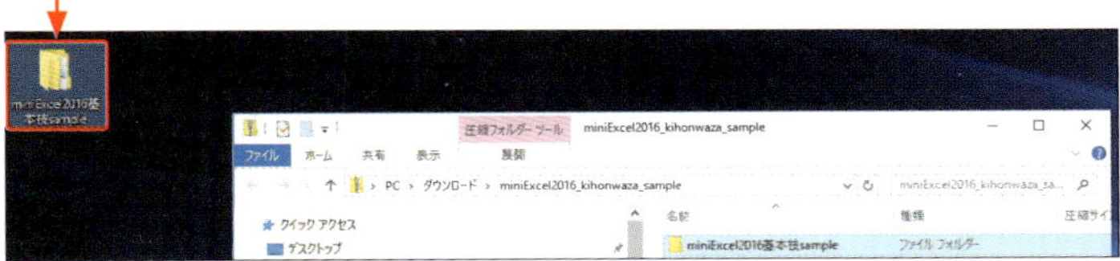

4 展開されたフォルダーをダブルクリックすると、

5 各章のフォルダーが表示されます。

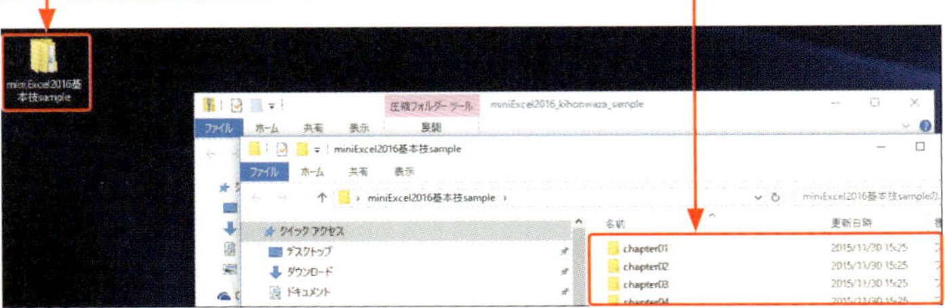

Memo

保護ビューが表示された場合

サンプルファイルを開くと、図のようなメッセージが表示されます。＜編集を有効にする＞をクリックすると、本書と同様の画面表示になり、操作を行うことができます。

ここをクリックします。

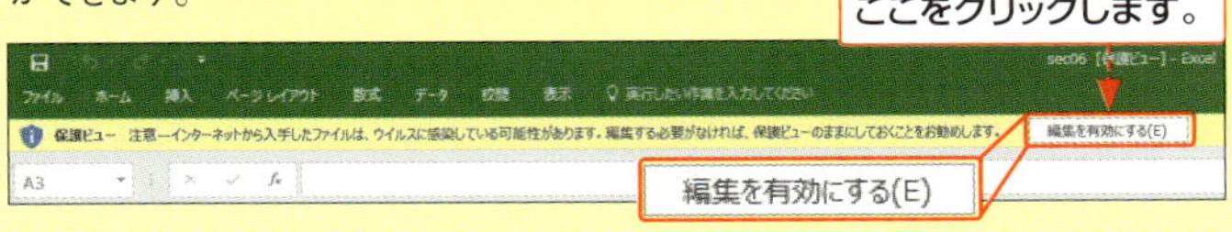

CONTENTS 目次

第1章 Excel 2016の基本操作

第2章 表の作成

第4章 文字とセルの書式

第5章 セル・シート・ブックの操作

第6章 グラフ・図形・画像の利用

印刷の操作

ご注意：ご購入・ご利用の前に必ずお読みください

- 本書に記載された内容は、情報の提供のみを目的としています。したがって、本書を用いた運用は、必ずお客様自身の責任と判断によって行ってください。これらの情報の運用の結果について、技術評論社および著者はいかなる責任も負いません。
- ソフトウェアに関する記述は、特に断りのないかぎり、2015年11月末日現在での最新バージョンをもとにしています。ソフトウェアはバージョンアップされる場合があり、本書での説明とは機能内容や画面図などが異なってしまうこともあり得ます。あらかじめご了承ください。
- インターネットの情報についてはURLや画面等が変更されている可能性があります。ご注意ください。

以上の注意事項をご承諾いただいた上で、本書をご利用願います。これらの注意事項をお読みいただかずに、お問い合わせいただいても、技術評論社は対処しかねます。あらかじめ、ご承知おきください。

第1章

Excel 2016の基本操作

01 Excelとは?

Excelは、四則演算や関数計算、グラフ作成、データベースとしての活用など、**さまざまな機能を持つ表計算ソフト**です。表などに書式を設定して、**見栄えのする文書を作成**することもできます。

1 表計算ソフトとは?

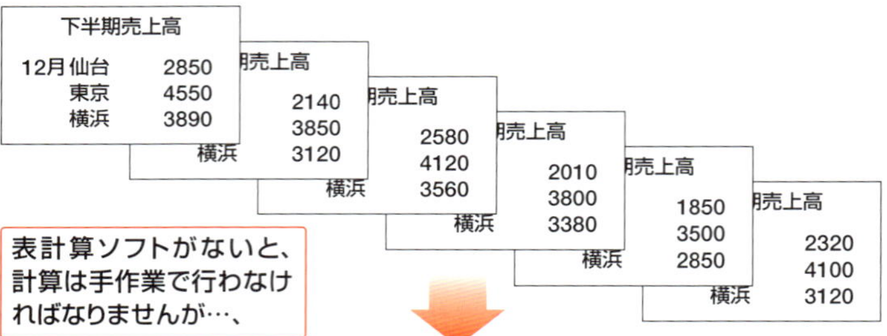

表計算ソフトがないと、計算は手作業で行わなければなりませんが…、

表計算ソフトを使うと、膨大なデータの集計をかんたんに行うことができます。データをあとから変更しても、自動的に再計算されます。

C4 3800

	A	B	C	D	E
1		仙台	東京	横浜	合計
2	7月	2,320	4,100	3,120	9,540
3	8月	1,850	3,500	2,850	8,200
4	9月	2,010	3,800	3,380	9,190
5	10月	2,580	4,120	3,560	10,260
6	11月	2,140	3,850	3,120	9,110
7	12月	2,850	4,550	3,890	11,290
8	合計	13,750	23,920	19,920	57,590

C4 4000

	A	B	C	D	E
1		仙台	東京	横浜	合計
2	7月	2,320	4,100	3,120	9,540
3	8月	1,850	3,500	2,850	8,200
4	9月	2,[illegible]	4,000	3,380	9,390
5	10月	2,580	4,120	3,560	10,260
6	11月	2,140	3,850	3,120	9,110
7	12月	2,850	4,550	3,890	11,290
8	合計	13,750	24,120	19,920	57,790

Keyword

表計算ソフト

表計算ソフトは、表のもとになるマス目(セル)に数値や数式を入力して、データの集計や分析をしたり、表形式の書類を作成したりするためのアプリです。

2 Excelではこんなことができる

面倒な計算も関数を使えばかんたんに行うことができます。

2016/1/15

下半期支店別売上実績

東地区の下半期売上実績です。各自ご確認ください。

（単位：千円）

	仙台	東京	横浜	合計
7月	2,320	4,100	3,120	9,540
8月	1,850	3,500	2,850	8,200
9月	2,010	3,800	3,380	9,190
10月	2,580	4,120	3,560	10,260
11月	2,140	3,850	3,120	9,110
12月	2,850	4,550	3,890	11,290
売上実績	13,750	23,920	19,920	57,590
売上目標	14,000	23,000	20,000	57,000
達成率	98.21%	104.00%	99.60%	101.04%

表の数値からグラフを作成して、データを視覚化できます。

> **Memo**
> ### 数式や関数の利用
> 数式や関数を使うと、複雑で面倒な計算や各種作業をかんたんに行うことができます。

> **Memo**
> ### グラフの作成
> 表のデータをもとに、さまざまなグラフを作成することができます。もとになったデータが変更されると、グラフの内容も自動的に変更されます。

大量のデータを効率よく管理できます。

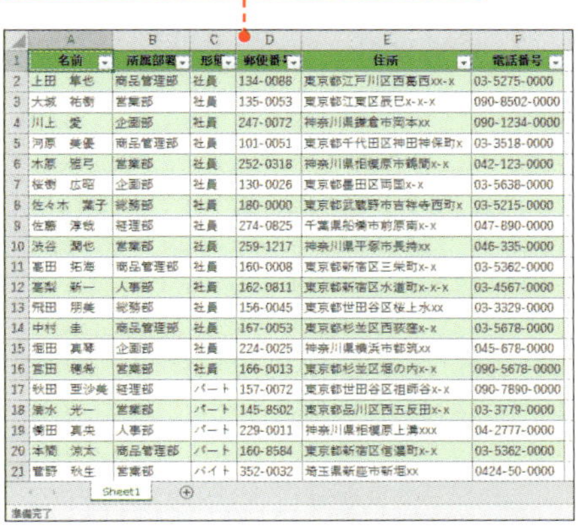

名前	所属部署	形態	郵便番号	住所	電話番号
上田　隼也	商品管理部	社員	134-0088	東京都江戸川区西葛西xx-x	03-5275-0000
大城　祐樹	営業部	社員	135-0053	東京都江東区辰巳x-x-x	090-8502-0000
川上　愛	企画部	社員	247-0072	神奈川県鎌倉市岡本xx	090-1234-0000
河原　美優	商品管理部	社員	101-0051	東京都千代田区神田神保町x	03-3518-0000
木原　雅弓	営業部	社員	252-0318	神奈川県相模原市鶴間x-x	042-123-0000
桜樹　広昭	企画部	社員	130-0026	東京都墨田区両国x-x	03-5638-0000
佐々木　葉子	総務部	社員	180-0000	東京都武蔵野市吉祥寺西町x	03-5215-0000
佐藤　淳哉	経理部	社員	274-0825	千葉県船橋市前原南x-x	047-890-0000
渋谷　潤也	営業部	社員	259-1217	神奈川県平塚市長持xx	046-335-0000
高田　拓海	商品管理部	社員	160-0008	東京都新宿区三栄町x-x	03-5362-0000
高梨　新一	人事部	社員	162-0811	東京都新宿区水道町x-x-x	03-4567-0000
飛田　朋美	総務部	社員	156-0045	東京都世田谷区桜上水xx	03-3329-0000
中村　圭	商品管理部	社員	167-0053	東京都杉並区西荻窪x-x	03-5678-0000
堀田　真琴	企画部	社員	224-0025	神奈川県横浜市都筑xx	045-678-0000
富田　穂希	営業部	社員	166-0013	東京都杉並区堀の内x-x	090-5678-0000
秋田　亜沙美	経理部	パート	157-0072	東京都世田谷区祖師谷x-x	090-7890-0000
清水　光一	営業部	パート	145-8502	東京都品川区西五反田x-x	03-3779-0000
横田　真央	人事部	パート	229-0011	神奈川県相模原上溝xxx	04-2777-0000
本間　涼太	商品管理部	パート	160-8584	東京都新宿区信濃町x-x	03-5362-0000
菅野　秋生	営業部	バイト	352-0032	埼玉県新座市新堀xx	0424-50-0000

> **Memo**
> ### データベースとしての活用
> 表の中から条件に合うものを抽出したり、並べ替えたり、項目別にデータを集計したりするためのデータベース機能が利用できます。

Section 02

Excel 2016を起動／終了する

Excel 2016を起動するには、Windows 10の＜スタート＞から＜すべてのアプリ＞をクリックして、＜Excel 2016＞をクリックします。Excelを終了するには、＜閉じる＞をクリックします。

1 Excel 2016を起動してブックを開く

Windows 10を起動しておきます。

1 ＜スタート＞をクリックして、

2 ＜すべてのアプリ＞をクリックします。

3 ＜Excel 2016＞をクリックすると、

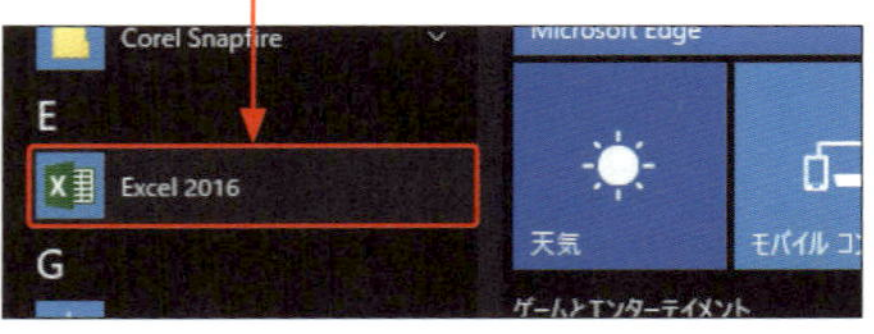

4 Excel 2016が起動して、スタート画面が開きます。

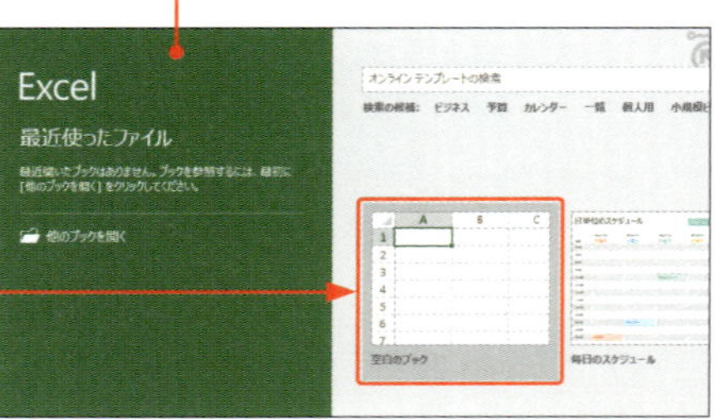

5 ＜空白のブック＞をクリックすると、

Memo

Windows 8.1でExcel 2016を起動する

Windows 8.1の場合は、＜スタート＞画面に表示されている＜Excel 2016＞をクリックします。＜スタート＞画面にExcelのアイコンがない場合は、＜スタート＞画面の左下にある⬇をクリックします。

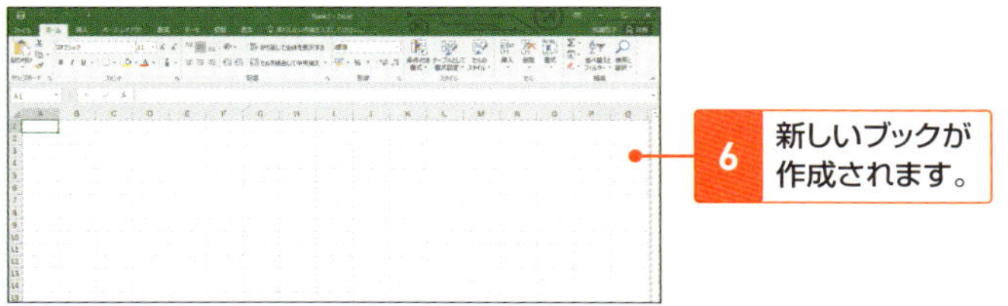

6 新しいブックが作成されます。

2 Excel 2016を終了する

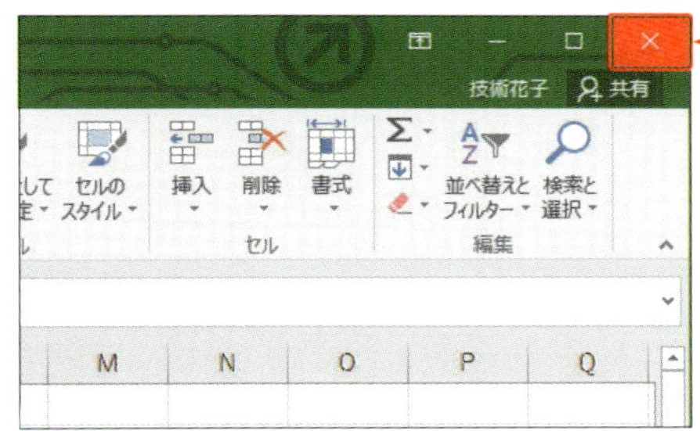

1 <閉じる>をクリックすると、

2 Excel 2016が終了して、デスクトップ画面が表示されます。

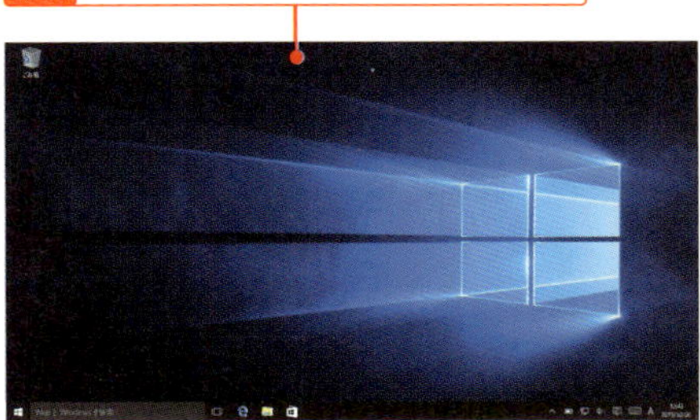

Memo

複数のブックを開いている場合

複数のブックを開いている場合は、クリックしたウィンドウのブックだけが閉じます。

Memo

ブックを保存していない場合

ブックの作成や編集をしていた場合、保存しないで終了しようとすると、確認のメッセージが表示されます。必要に応じて保存の操作を行ってください。

03 新しいブックを作成する

新しいブックを作成するには、<ファイル>タブの<新規>から<空白のブック>をクリックします。あらかじめ書式などが設定されているテンプレートから作成することもできます。

1 ブックを新規作成する

P.22の方法でExcel 2016を起動して、<空白のブック>をクリックすると、「Book1」というブックが作成されます。

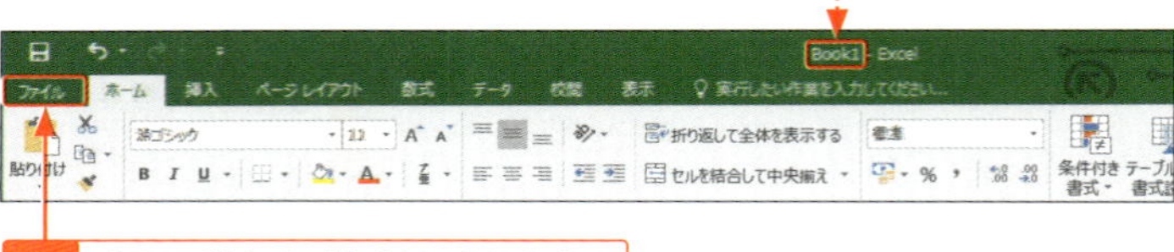

1 <ファイル>タブをクリックします。

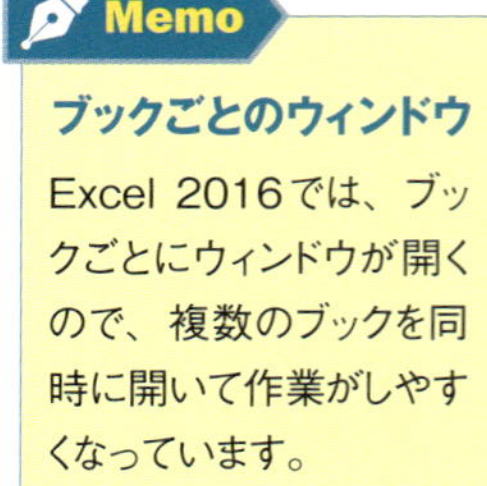

Memo

ブックごとのウィンドウ

Excel 2016では、ブックごとにウィンドウが開くので、複数のブックを同時に開いて作業がしやすくなっています。

2 <新規>をクリックして、

3 <空白のブック>をクリックすると、

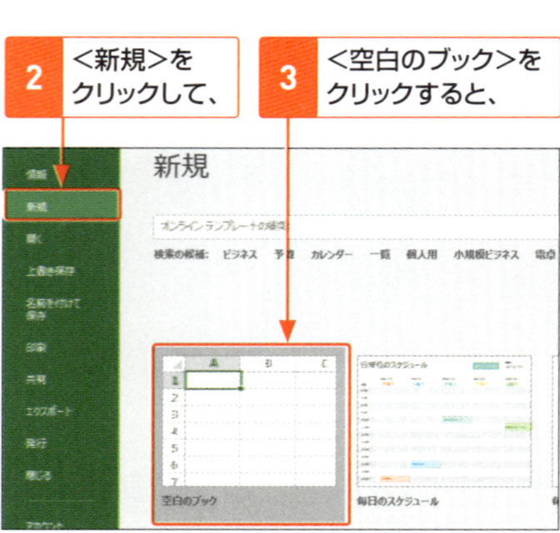

4 「Book2」という名前の2つ目のブックが作成されます。

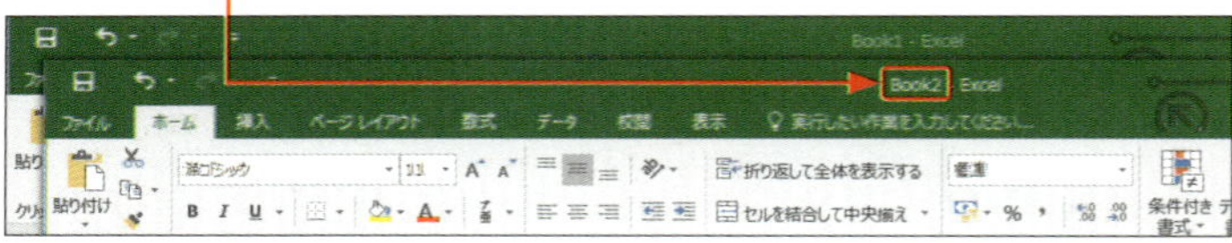

2 テンプレートからブックを作成する

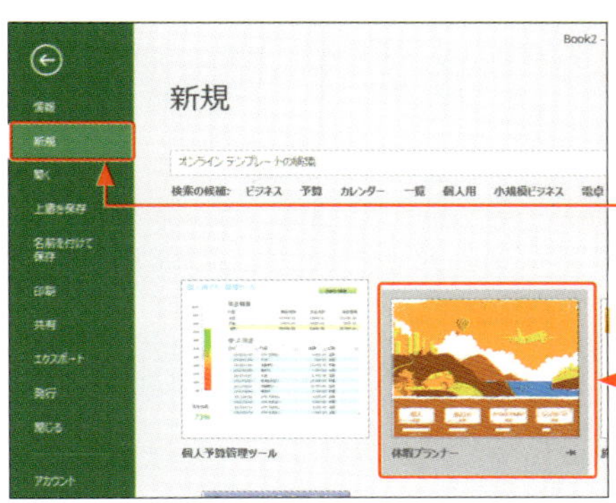

1 <ファイル>タブをクリックして、

2 <新規>をクリックし、

3 目的のテンプレート(ここでは「休暇プランナー」)をクリックします。

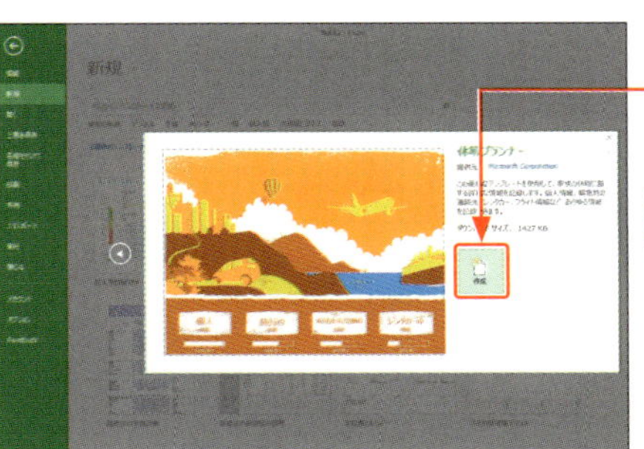

4 テンプレートの内容を確認して<作成>をクリックすると、

5 テンプレートが開きます。

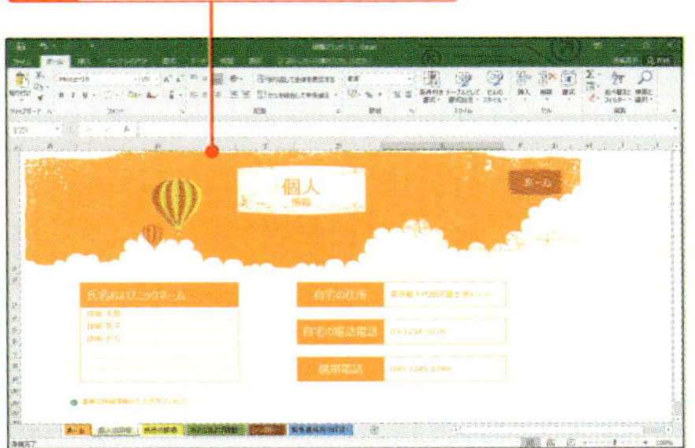

6 通常のブックと同様に編集することができます。

Keyword

テンプレート

「テンプレート」とは、ブックを作成する際にひな形となるファイルのことです。

Hint

テンプレートの検索

<新規>画面に利用したいテンプレートが見つからない場合は、<オンラインテンプレートの検索>にキーワードを入力して検索したり、<検索の候補>から探すことができます。

Section 04

タスクバーにExcelのアイコンを登録する

タスクバーにExcelのアイコンを登録しておくと、Excelをすばやく起動できます。Windows 10のスタートメニューから登録する方法と、起動したExcelのアイコンから登録する方法があります。

1 スタートメニューから登録する

1 <スタート>をクリックして、

2 <すべてのアプリ>をクリックします。

3 <Excel 2016>を右クリックして、

4 <タスクバーにピン留めする>をクリックすると、

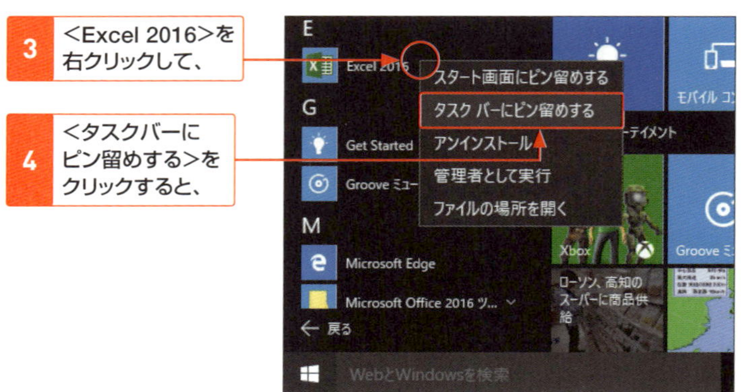

5 タスクバーにExcelのアイコンが登録されます。

2 起動したExcelのアイコンから登録する

1 タスクバーに表示されるExcelのアイコンを右クリックして、

2 <タスクバーにピン留めする>をクリックすると、

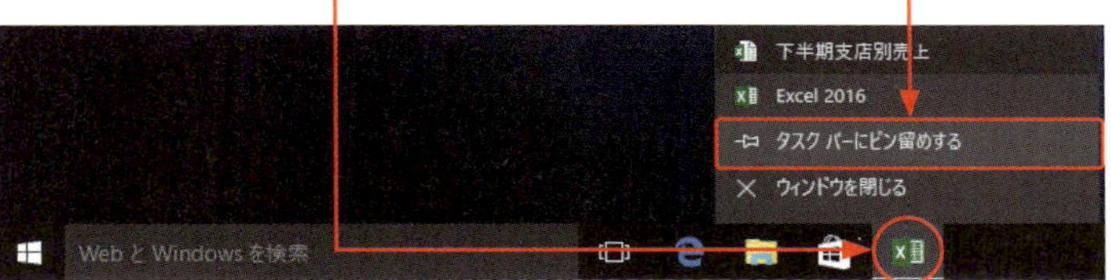

3 タスクバーにExcelのアイコンが登録されます。

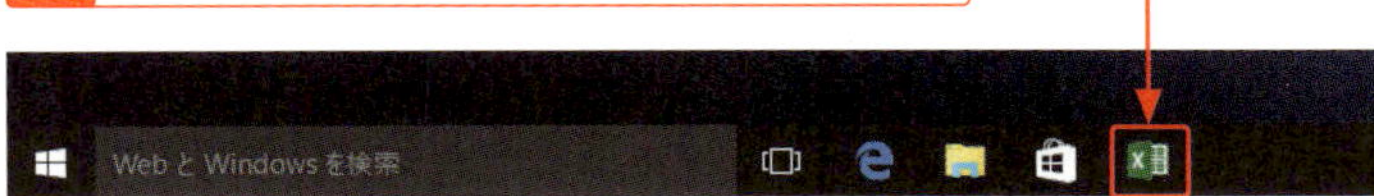

Memo

タスクバーからピン留めを外す

登録したExcelのアイコンをタスクバーから外したいときは、アイコンを右クリックして、<タスクバーからピン留めを外す>をクリックします。

1 アイコンを右クリックして、

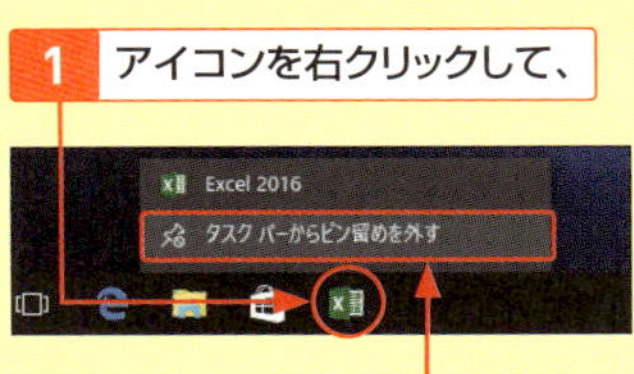

2 <タスクバーからピン留めを外す>をクリックします。

StepUp

スタートメニューにExcelのアイコンを登録する

P.26の手順**4**で<スタート画面にピン留めする>をクリックすると、スタートメニューのタイルにExcelのアイコンを登録することができます。Excelアイコンを外したいときは、アイコンを右クリックして、<スタート画面からピン留めを外す>をクリックします。

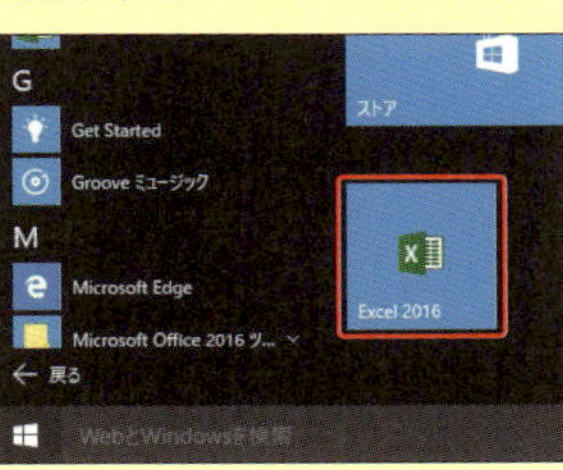

Section 05 Excelの画面構成とブックの構成

Excel 2016の画面は、機能を実行するためのタブと、各タブにあるコマンド、表やグラフなどを作成するためのワークシートから構成されています。ここでしっかり確認しておきましょう。

1 基本的な画面構成

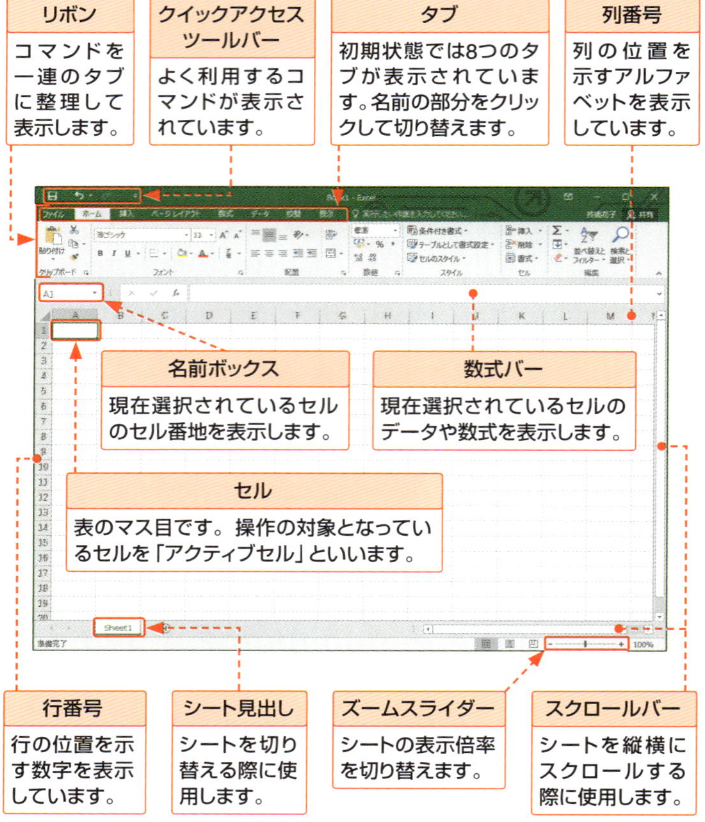

リボン
コマンドを一連のタブに整理して表示します。
クイックアクセスツールバー
よく利用するコマンドが表示されています。
タブ
初期状態では8つのタブが表示されています。名前の部分をクリックして切り替えます。
列番号
列の位置を示すアルファベットを表示しています。
名前ボックス
現在選択されているセルのセル番地を表示します。
数式バー
現在選択されているセルのデータや数式を表示します。
セル
表のマス目です。操作の対象となっているセルを「アクティブセル」といいます。
行番号
行の位置を示す数字を表示しています。
シート見出し
シートを切り替える際に使用します。
ズームスライダー
シートの表示倍率を切り替えます。
スクロールバー
シートを縦横にスクロールする際に使用します。

2 ブック・ワークシート・セル

「ブック」(=ファイル)は、1つまたは複数の「ワークシート」から構成されています。

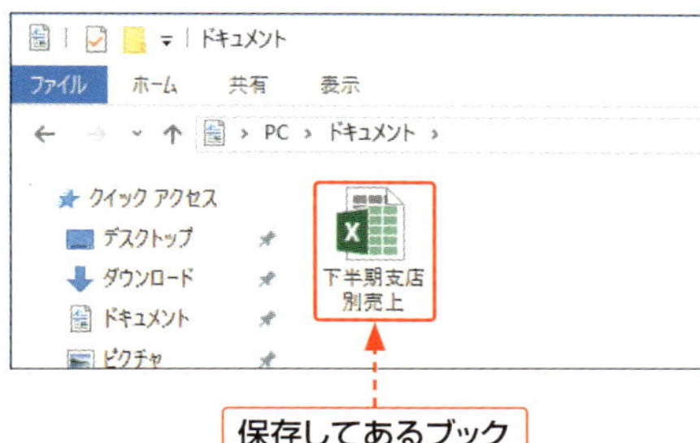

保存してあるブック

> **Keyword**
> **ブック**
> 「ブック」とは、Excelで作成したファイルのことです。ブックは、1つあるいは複数のワークシートから構成されます。

> **Keyword**
> **セル**
> 「セル」とは、ワークシートを構成する一つ一つのマス目のことです。ワークシートは、複数のセルから構成されています。

ワークシート

下半期支店別売上実績　2016/1/15　(単位：千円)

	東地区 仙台	東地区 東京	東地区 横浜	西地区 京都	西地区 神戸	西地区 那覇	合計
7月	2,320	4,100	3,120	2,990	2,450	1,920	16,900
8月	1,850	3,500	2,850	2,250	1,940	1,890	14,280
9月	2,010	3,800	3,380	2,550	2,050	2,200	15,990
10月	2,580	4,120	3,560	3,350	2,820	2,310	18,740
11月	2,140	3,850	3,120	3,050	2,550	2,100	16,810
12月	2,850	4,550					
売上実績	13,750	23,920					
売上目標	14,000	23,000					
差額	-250	920					
達成率	98.21%	104.00%					

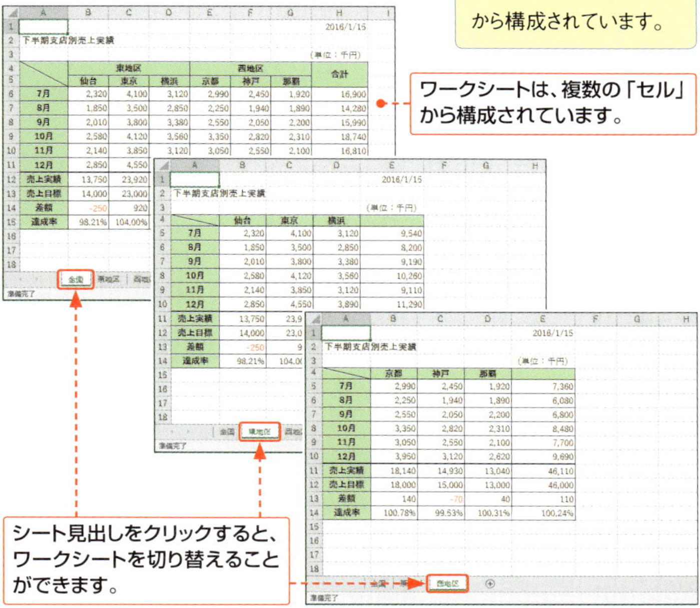

全国　東地区　西地区

下半期支店別売上実績　2016/1/15　(単位：千円)

	仙台	東京	横浜	
7月	2,320	4,100	3,120	9,540
8月	1,850	3,500	2,850	8,200
9月	2,010	3,800	3,380	9,190
10月	2,580	4,120	3,560	10,260
11月	2,140	3,850	3,120	9,110
12月	2,850	4,550	3,890	11,290
売上実績	13,750	23,9		
売上目標	14,000	23,0		
差額	-250	9		
達成率	98.21%	104.0		

全国　東地区　西地区

下半期支店別売上実績　2016/1/15　(単位：千円)

	京都	神戸	那覇	
7月	2,990	2,450	1,920	7,360
8月	2,250	1,940	1,890	6,080
9月	2,550	2,050	2,200	6,800
10月	3,350	2,820	2,310	8,480
11月	3,050	2,550	2,100	7,700
12月	3,950	3,120	2,620	9,690
売上実績	18,140	14,930	13,040	46,110
売上目標	18,000	15,000	13,000	46,000
差額	140	-70	40	110
達成率	100.78%	99.53%	100.31%	100.24%

全国　東地区　西地区

ワークシートは、複数の「セル」から構成されています。

シート見出しをクリックすると、ワークシートを切り替えることができます。

06 リボンの基本操作

Excelでは、ほとんどの機能をリボンで実行することができます。作業スペースが狭く感じるときは、リボンを折りたたんで、必要なときだけ表示させることができます。

1 作業に応じてタブを切り替える

フォントや文字配置を変更するときは<ホーム>タブ、グラフを作成するときは<挿入>タブというように、作業に応じてタブを切り替えて使用します。

1 たとえば、グラフを作成するときは<挿入>タブをクリックして、

2 目的のグラフのコマンドをクリックします。

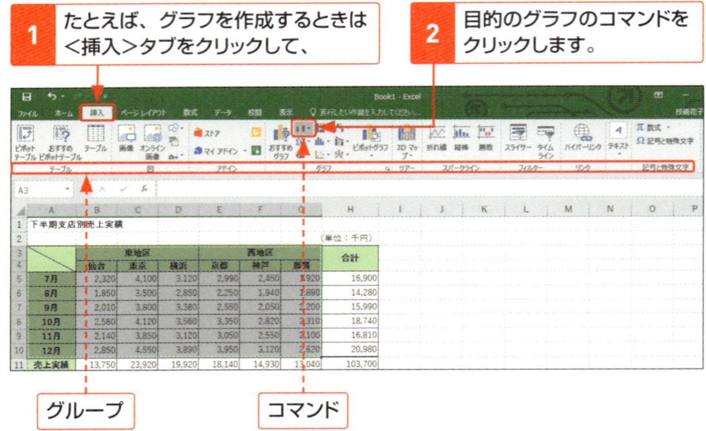

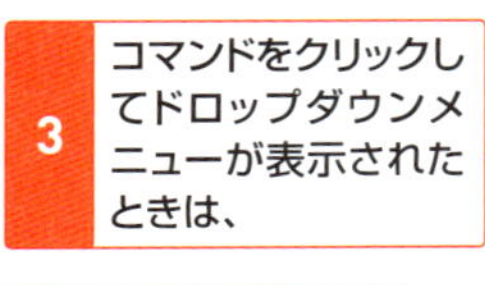

3 コマンドをクリックしてドロップダウンメニューが表示されたときは、

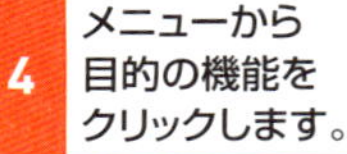

4 メニューから目的の機能をクリックします。

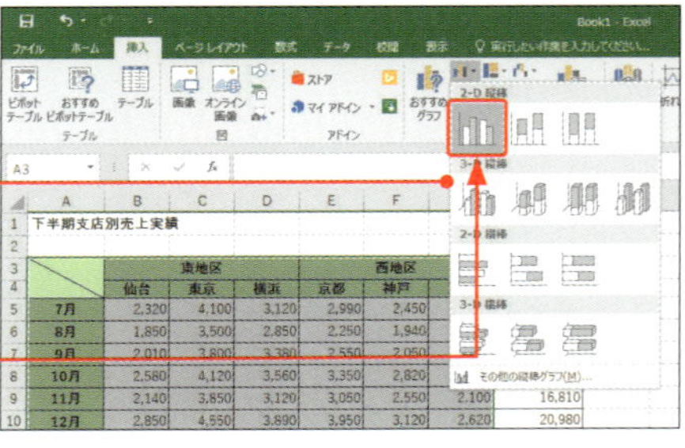

2 リボンの表示／非表示を切り替える

1 ＜リボンを折りたたむ＞をクリックすると、

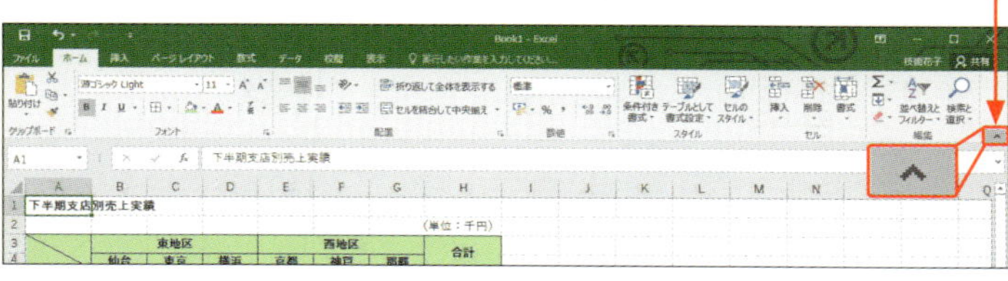

2 リボンが折りたたまれ、タブの名前の部分のみが表示されます。

3 目的のタブの名前の部分をクリックすると、

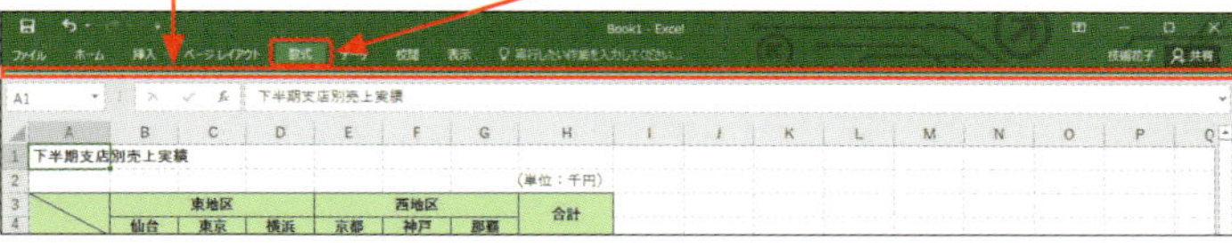

4 リボンが一時的に表示され、クリックしたタブの内容が表示されます。

5 ＜リボンの固定＞をクリックすると、リボンが常に表示された状態になります。

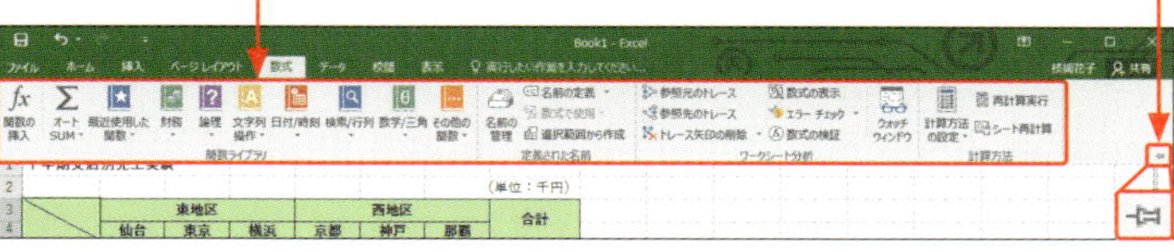

Memo

＜リボンの表示オプション＞を使って切り替える

画面右上にある＜リボンの表示オプション＞をクリックして、＜タブの表示＞をクリックすると、タブの名前の部分のみの表示になります。再度＜リボンの表示オプション＞をクリックして、＜タブとコマンドの表示＞をクリックすると、リボンが表示されます。

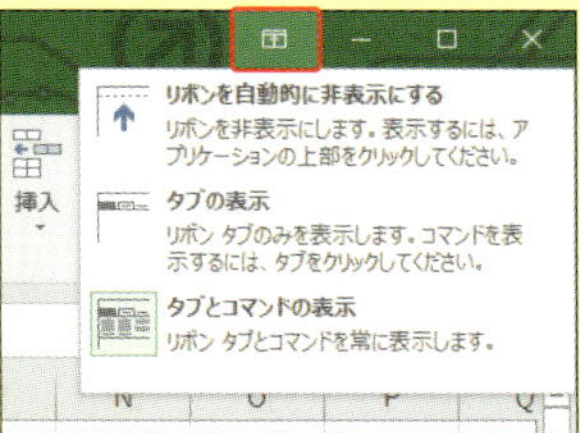

Section 第1章 » Excel 2016の基本操作

07 表示倍率を変更する

表の文字が小さすぎて読みにくい場合や、表が大きすぎて全体が把握できない場合は、ワークシートを拡大や縮小して見やすくすることができます。初期の状態では100%に設定されています。

第1章 Excel 2016の基本操作

1 ワークシートを拡大／縮小表示する

初期の状態では、表示倍率は100%に設定されています。

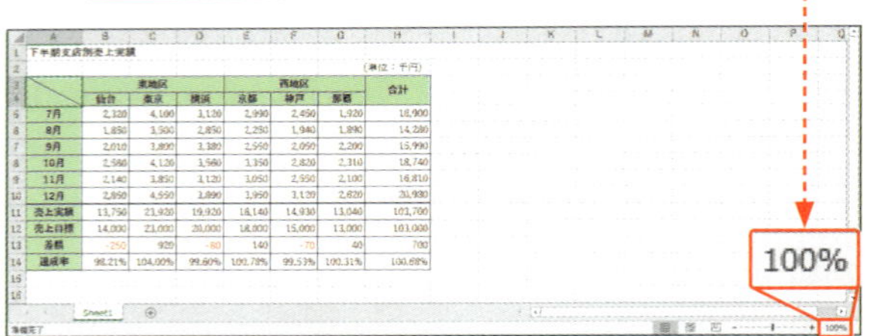

下半期支店別売上実績

（単位：千円）

	東地区			西地区			合計
	仙台	東京	横浜	京都	神戸	那覇	
7月	2,320	4,100	3,120	2,990	2,450	1,920	16,900
8月	1,850	3,500	2,850	2,250	1,940	1,890	14,280
9月	2,010	3,800	3,380	2,550	2,050	2,200	15,990
10月	2,580	4,120	3,560	3,350	2,820	2,310	18,740
11月	2,140	3,850	3,120	3,050	2,550	2,100	16,810
12月	2,850	4,550	3,890	3,950	3,120	2,620	20,980
売上実績	13,750	23,920	19,920	18,140	14,930	13,040	103,700
売上目標	14,000	23,000	20,000	18,000	15,000	13,000	103,000
差額	-250	920	-80	140	-70	40	700
達成率	98.21%	104.00%	99.60%	100.78%	99.53%	100.31%	100.68%

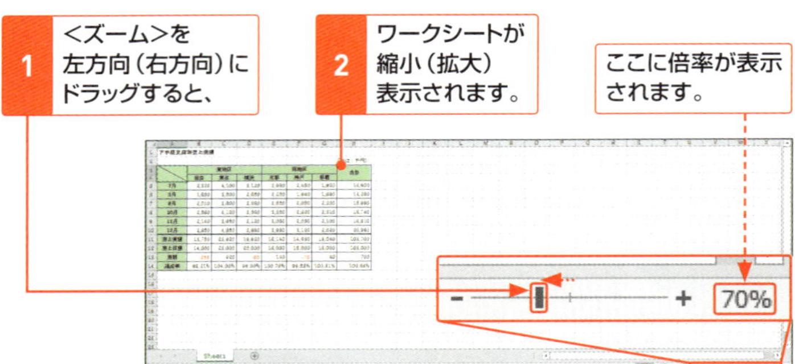

Hint

標準の表示倍率に戻すには？

ワークシートの表示倍率を標準に戻すには、<表示>タブの<100%>をクリックします。

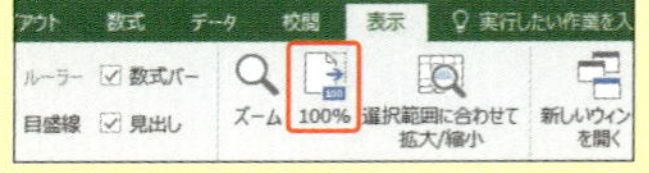

2 選択したセル範囲をウィンドウ全体に表示する

1 拡大表示したいセル範囲を選択して、

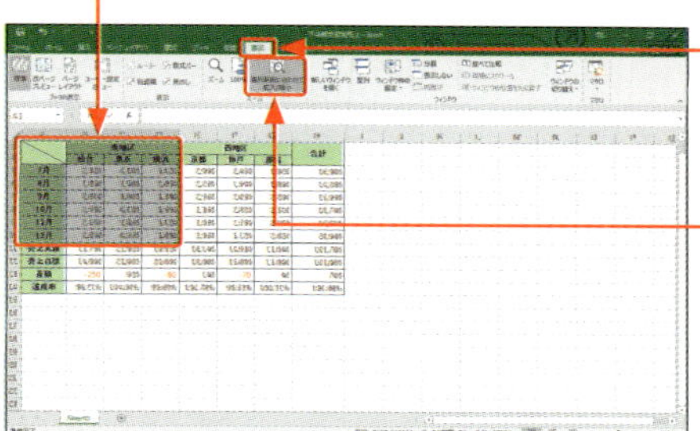

2 <表示>タブをクリックします。

3 <選択範囲に合わせて拡大／縮小>をクリックすると、

4 選択したセル範囲が、ウィンドウ全体に表示されます。

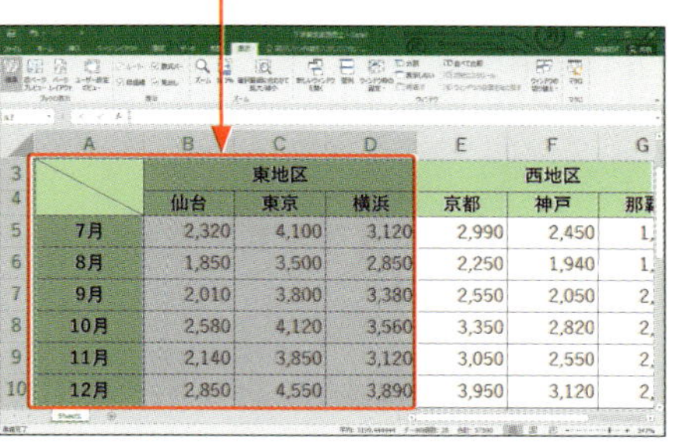

	A	B	C	D	E	F	G
3		東地区			西地区		
4		仙台	東京	横浜	京都	神戸	那覇
5	7月	2,320	4,100	3,120	2,990	2,450	1,
6	8月	1,850	3,500	2,850	2,250	1,940	1,
7	9月	2,010	3,800	3,380	2,550	2,050	2,
8	10月	2,580	4,120	3,560	3,350	2,820	2,
9	11月	2,140	3,850	3,120	3,050	2,550	2,
10	12月	2,850	4,550	3,890	3,950	3,120	2,

Memo

表示倍率は印刷に反映されない

表示倍率は印刷には反映されません。ワークシートを拡大／縮小して印刷したい場合は、P.177のStepUpを参照してください。

StepUp

<ズーム>ダイアログボックスの利用

ワークシートの表示倍率は、<表示>タブの<ズーム>をクリックすると表示される<ズーム>ダイアログボックスを利用して変更することもできます。

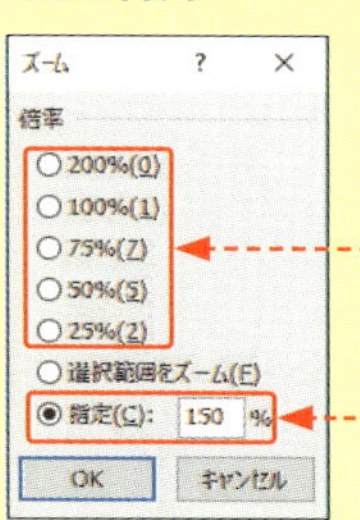

ここで倍率を指定します。

10～400%の数値を直接入力することもできます。

08 ブックを保存する

ブックの保存には、新規に作成したブックや編集したブックに名前を付けて保存する名前を付けて保存と、ブック名を変更せずに内容を更新する上書き保存とがあります。

1 ブックに名前を付けて保存する

1 <ファイル>タブをクリックして、

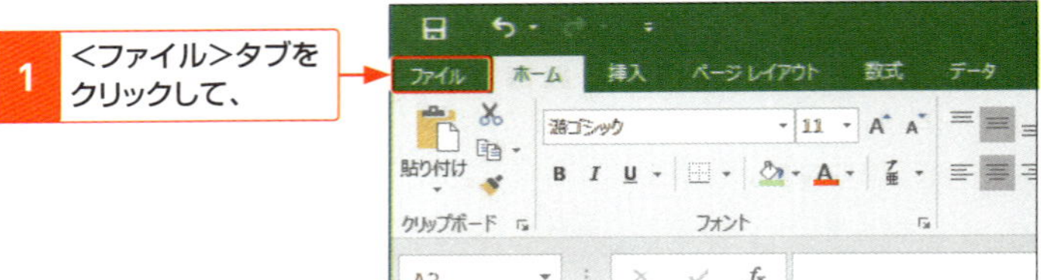

2 <名前を付けて保存>をクリックします。

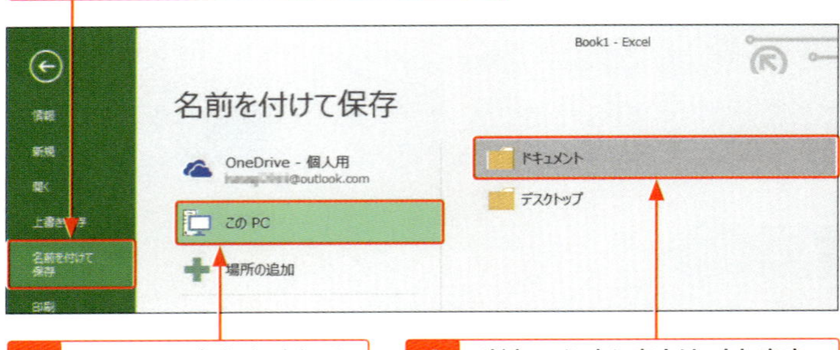

3 <このPC>をクリックして、

4 <ドキュメント>をクリックします。

> **Memo**
>
> **ブックの保存先**
>
> パソコン環境によっては、OneDriveのドキュメントフォルダーが既定の保存先に指定されます。OneDriveに保存したくない場合は、<名前を付けて保存>ダイアログボックスで保存先を指定し直すとよいでしょう。

ここで保存先を選ぶこともできます。

5 ファイル名を入力して、

6 <保存>をクリックすると、

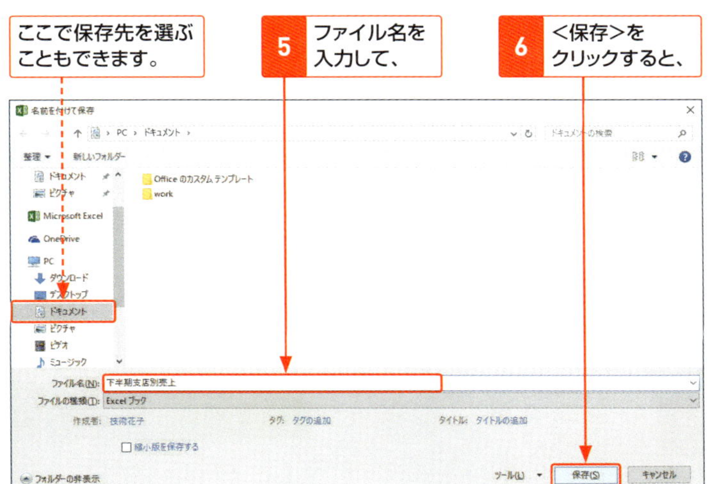

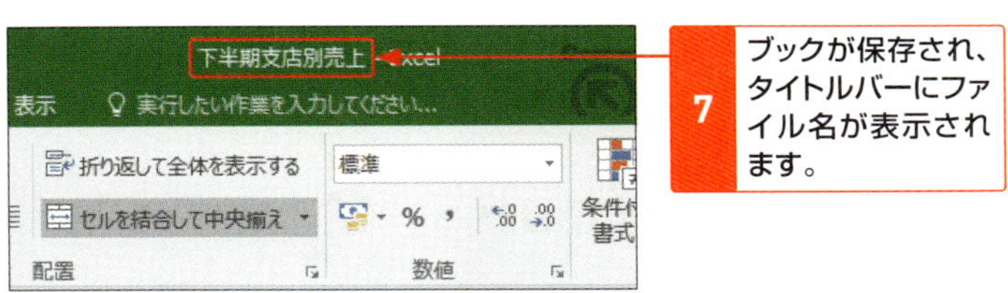

7 ブックが保存され、タイトルバーにファイル名が表示されます。

2 ブックを上書き保存する

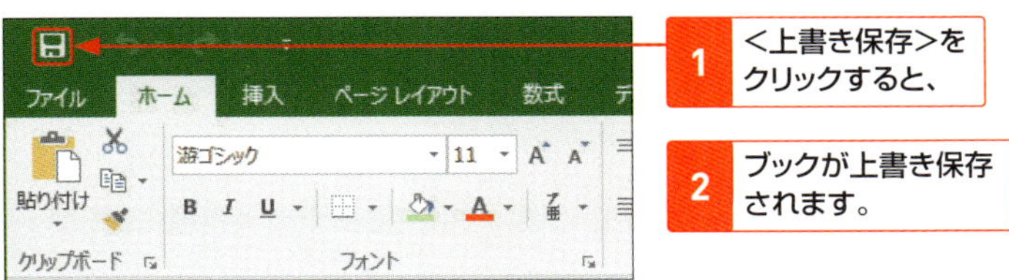

1 <上書き保存>をクリックすると、

2 ブックが上書き保存されます。

Memo

上書き保存を行うそのほかの方法

上書き保存は、<ファイル>タブをクリックして、<上書き保存>をクリックしても行うことができます。

保存したブックを閉じる／開く

作業が終了してブックを保存したら、ブック（ファイル）を閉じます。また、保存してあるブックを開くには、<ファイルを開く>ダイアログボックスを利用します。

1 保存したブックを閉じる

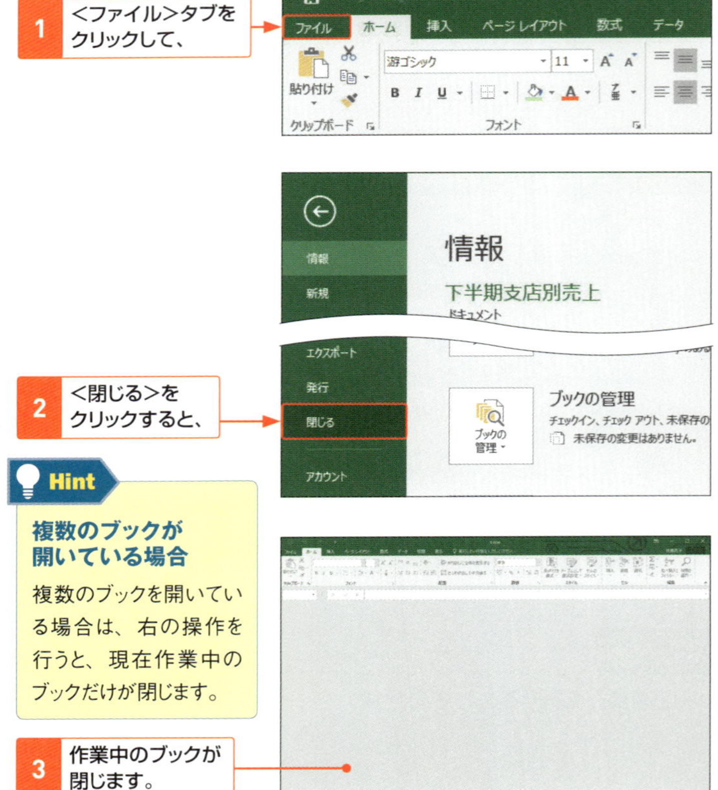

> **Hint**
> **複数のブックが開いている場合**
> 複数のブックを開いている場合は、右の操作を行うと、現在作業中のブックだけが閉じます。

2 保存したブックを開く

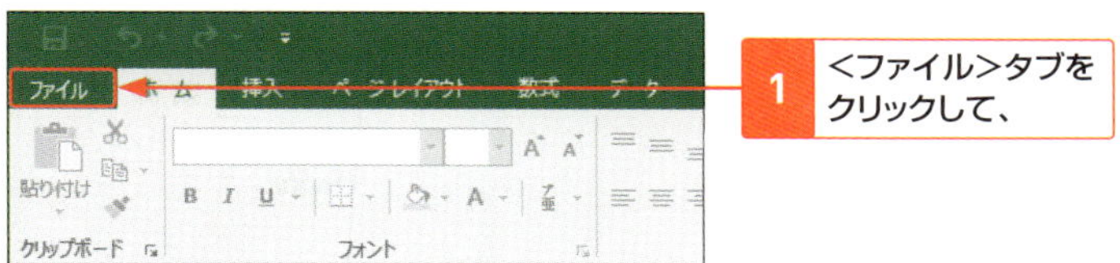

1 <ファイル>タブをクリックして、

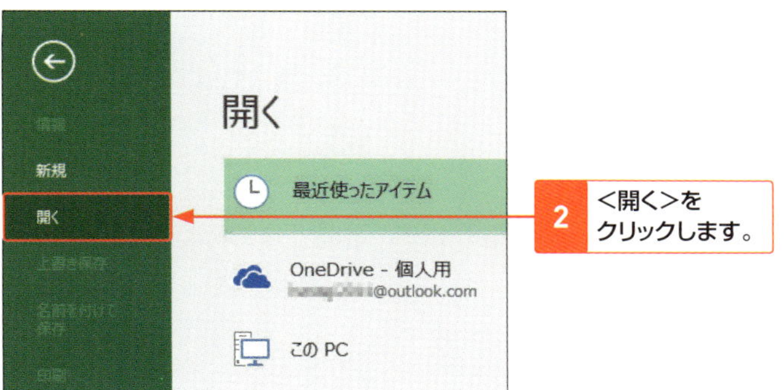

2 <開く>をクリックします。

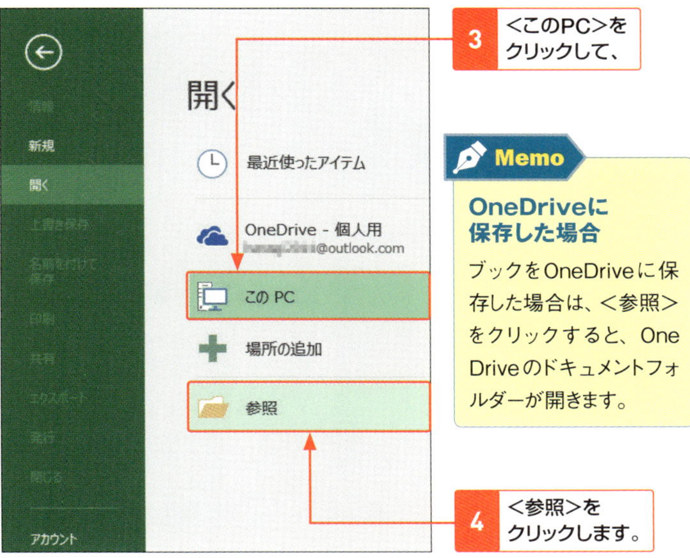

3 <このPC>をクリックして、

4 <参照>をクリックします。

Memo

OneDriveに保存した場合

ブックをOneDriveに保存した場合は、<参照>をクリックすると、OneDriveのドキュメントフォルダーが開きます。

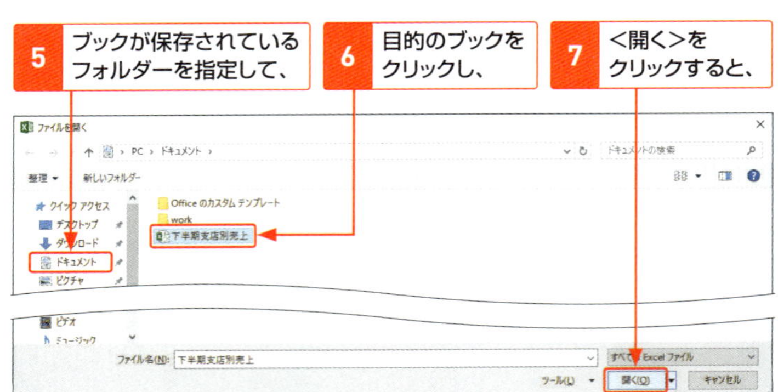

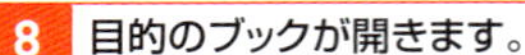

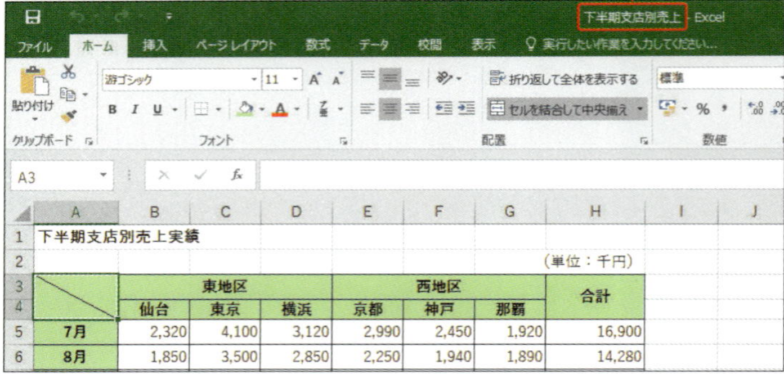

	A	B	C	D	E	F	G	H
1	下半期支店別売上実績							
2								(単位：千円)
3		東地区			西地区			合計
4		仙台	東京	横浜	京都	神戸	那覇	
5	7月	2,320	4,100	3,120	2,990	2,450	1,920	16,900
6	8月	1,850	3,500	2,850	2,250	1,940	1,890	14,280

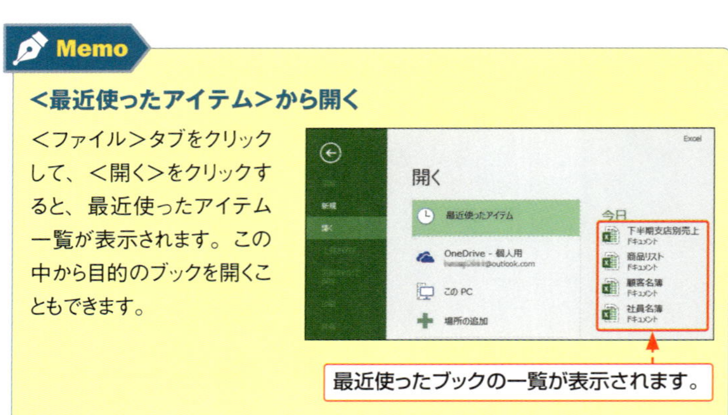

Memo

<最近使ったアイテム>から開く

<ファイル>タブをクリックして、<開く>をクリックすると、最近使ったアイテム一覧が表示されます。この中から目的のブックを開くこともできます。

第1章 Excel 2016の基本操作

StepUp

保存後にファイル名を変更するには?

ブックに付けたファイル名を変更するには、エクスプローラー画面を表示して、保存先のフォルダーを開き、＜ホーム＞タブの＜名前の変更＞をクリックします。ただし、ブックを開いていると変更できません。

1 ＜エクスプローラー＞アイコンをクリックして、

2 名前を変更したいブックをクリックし、

3 ＜ホーム＞タブをクリックして、

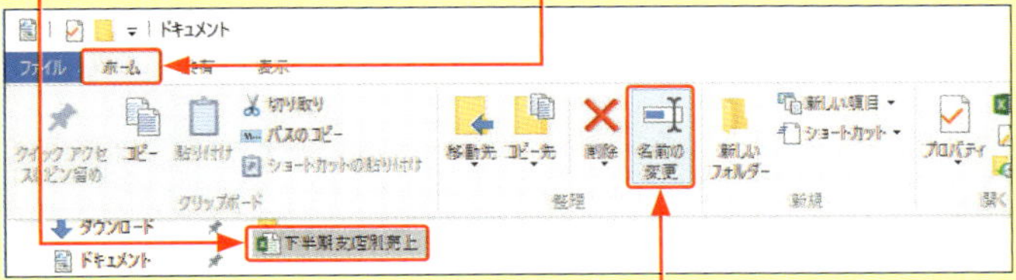

4 ＜名前の変更＞をクリックします。

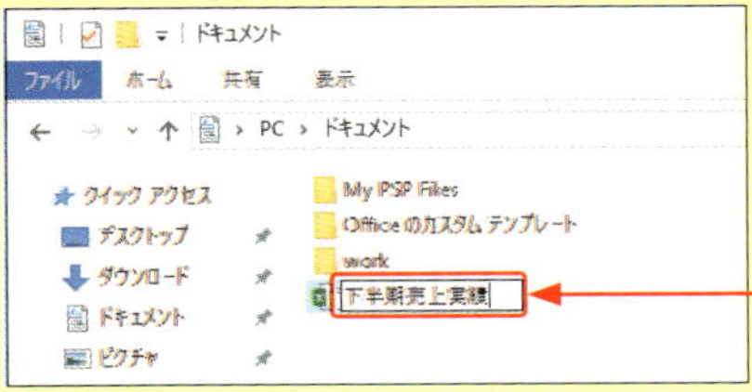

5 ファイル名が入力できる状態になるので、新しいファイル名を入力して、Enterを押します。

Hint

ブックを削除するには?

保存してあるブックを削除するには、エクスプローラー画面で保存先のフォルダーを開いて、削除したいブックのアイコンを＜ごみ箱＞へドラッグします。あるいは、ブックを右クリックして＜削除＞をクリックします。ただし、ブックを開いていると削除できません。

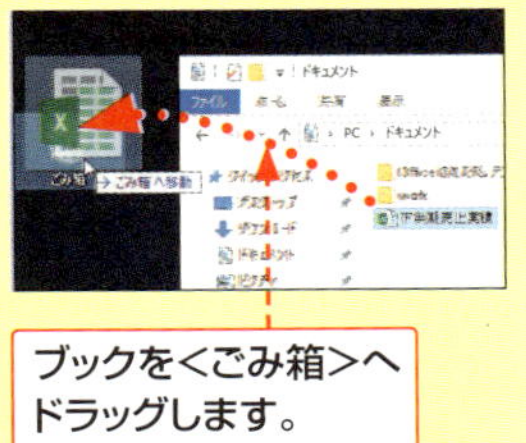
ブックを＜ごみ箱＞へドラッグします。

タッチモードを利用する

パソコンがタッチスクリーンに対応している場合は、クイックアクセスツールバーに＜タッチ／マウスモードの切り替え＞が表示されます。このコマンドでタッチモードとマウスモードを切り替えることができます。タッチモードに切り替えると、コマンドの間隔が広がって、タッチ操作がしやすくなります。タッチスクリーンの基本操作については、P.7を参照してください。

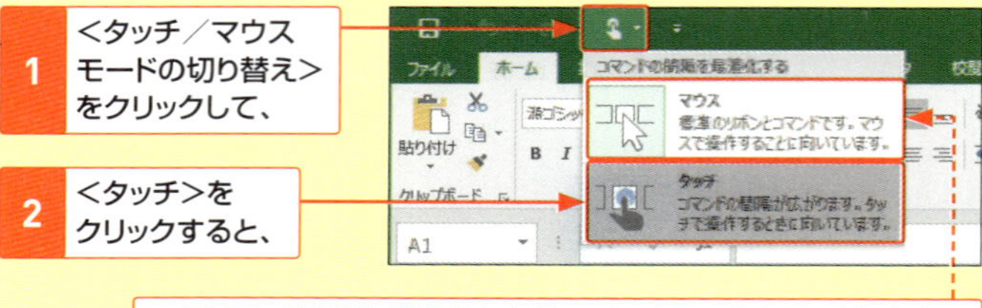

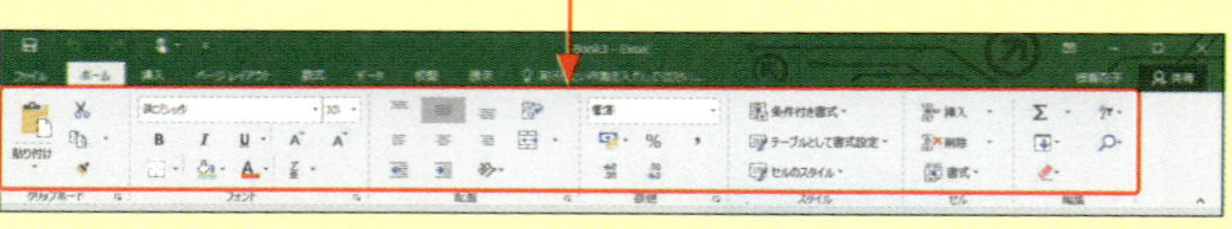

＜タッチ／マウスモードの切り替え＞が表示されていない場合は、＜クイックアクセスツールバーのユーザー設定＞をクリックして、＜タッチ／マウスモードの切り替え＞をクリックします。

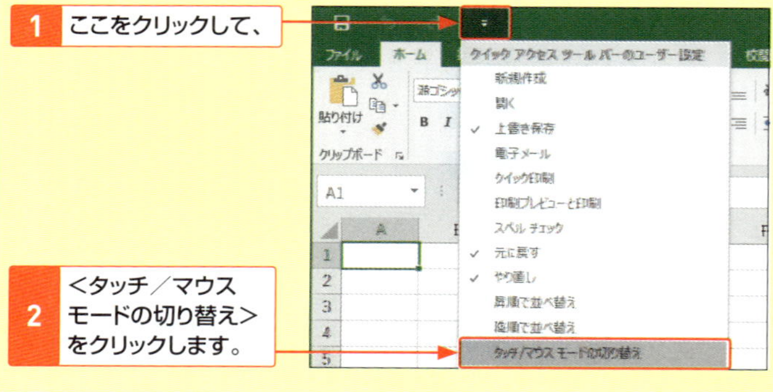

第2章

表の作成

デ一タ入力の基本

セルにデータを入力するには、セルをクリックして選択状態にします。データを入力すると、通貨スタイルや日付スタイルなど、適切な表示形式が自動的に設定されます。

1 データを入力する

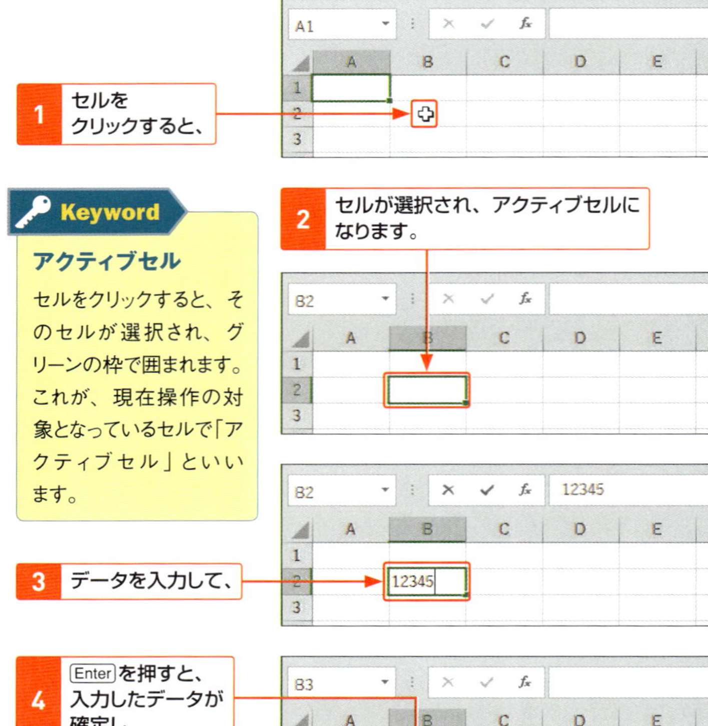
1 セルを
クリックすると、
2 セルが選択され、アクティブセルになります。
3 データを入力して、
4 Enter を押すと、入力したデータが確定し、
5 アクティブセルが下に移動します。
A1
B2
B2
12345
B3
A
B
C
D
E
1
2
3
12345
12345

Keyword

アクティブセル

セルをクリックすると、そのセルが選択され、グリーンの枠で囲まれます。これが、現在操作の対象となっているセルで「アクティブセル」といいます。

2 「,」や「¥」、「%」付きの数値を入力する

「,」(カンマ)付きで数値を入力する

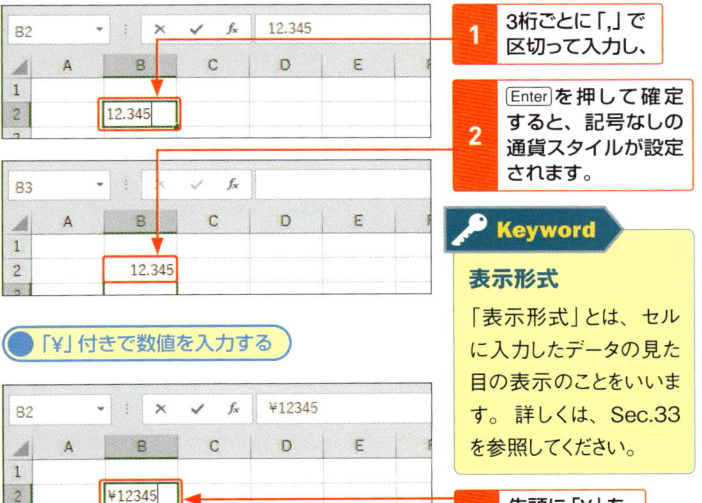

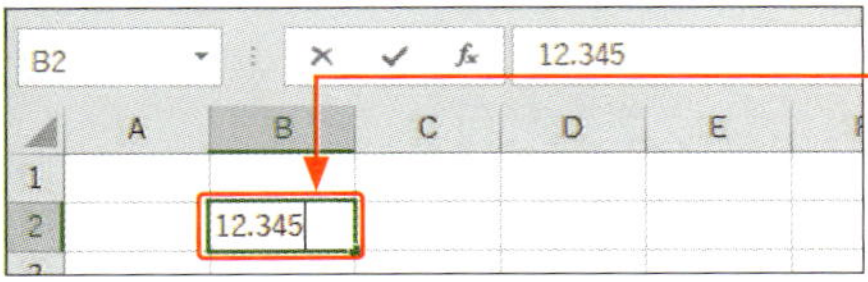

1 3桁ごとに「,」で区切って入力し、

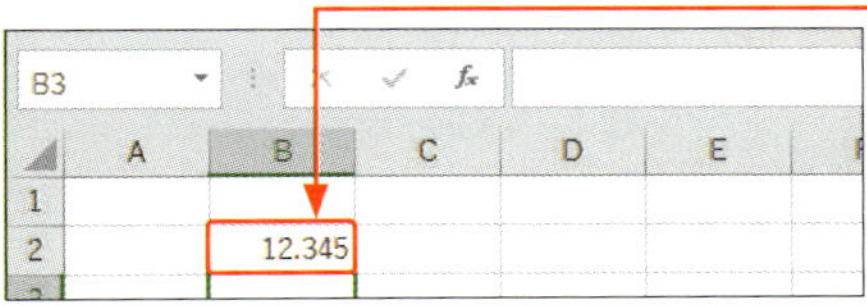

2 Enterを押して確定すると、記号なしの通貨スタイルが設定されます。

Keyword

表示形式

「表示形式」とは、セルに入力したデータの見た目の表示のことをいいます。詳しくは、Sec.33を参照してください。

「¥」付きで数値を入力する

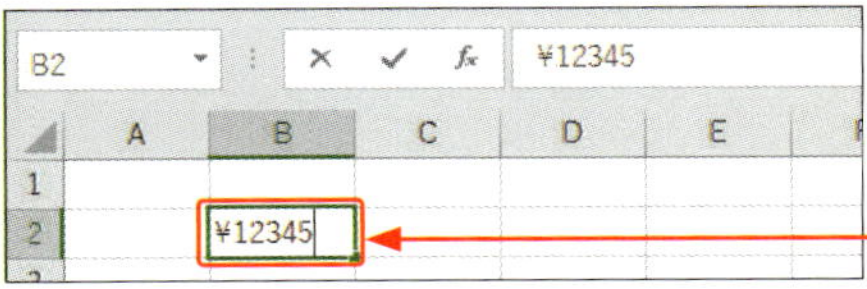

1 先頭に「¥」を付けて入力し、

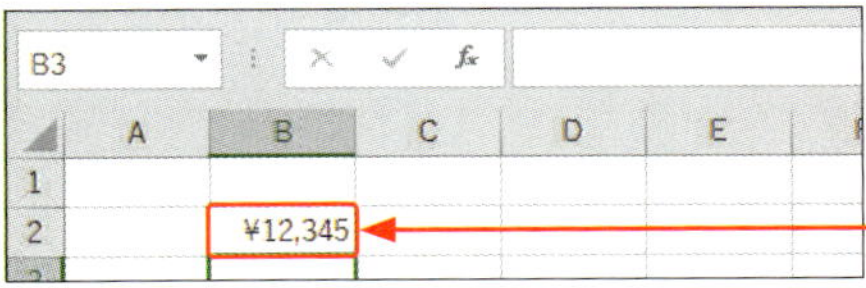

2 Enterを押して確定すると、記号付きの通貨スタイルが設定されます。

「%」付きで数値を入力する

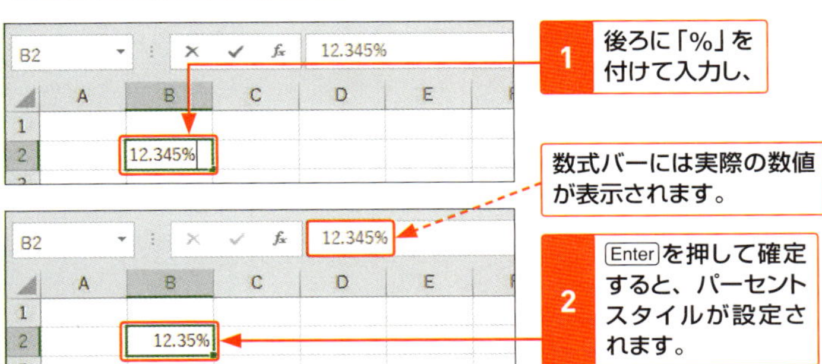

1 後ろに「%」を付けて入力し、

数式バーには実際の数値が表示されます。

2 Enterを押して確定すると、パーセントスタイルが設定されます。

第2章 表の作成

3 日付・時刻を入力する

西暦の日付を入力する

1 数値を「/」（スラッシュ）、もしくは「-」（ハイフン）で区切って入力し、

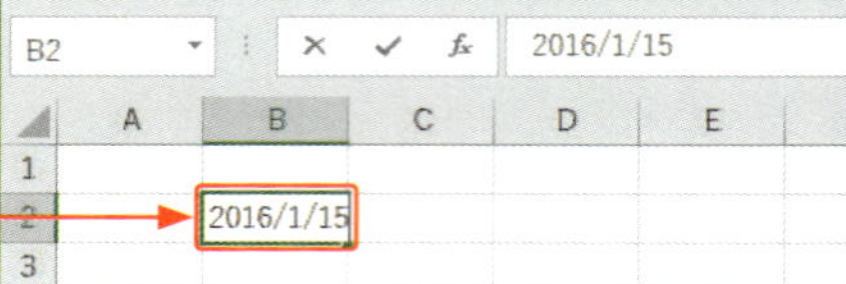

2 Enterを押して確定すると、西暦の日付スタイルが設定されます。

和暦の日付を入力する

1 数値の先頭に「H」を付けて、「.」（ピリオド）で区切って入力し、

2 Enterを押して確定すると、和暦のユーザー定義スタイルが設定されます。

時刻を入力する

1 「時、分、秒」を表す数値を「:」（コロン）で区切って入力し、

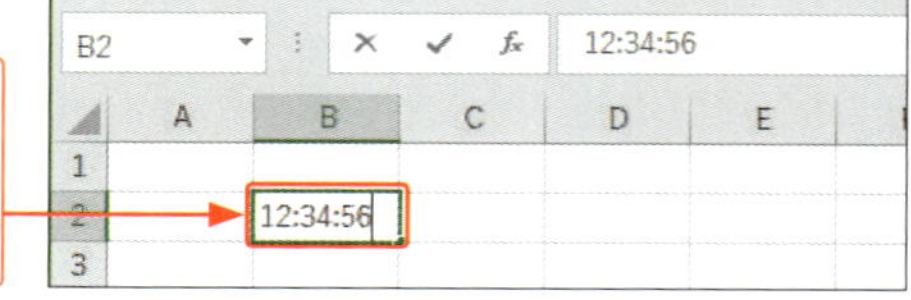

2 Enterを押して確定すると、時刻のユーザー定義スタイルが設定されます。

Hint

入力したとおりに表示させるには

「0」で始まる数値や、日付とみなされる文字を入力すると、下図のように自動的に表示形式が設定されてしまいます。

1 日付とみなされる文字を入力すると、

2 日付の表示形式が自動的に適用されてしまいます。

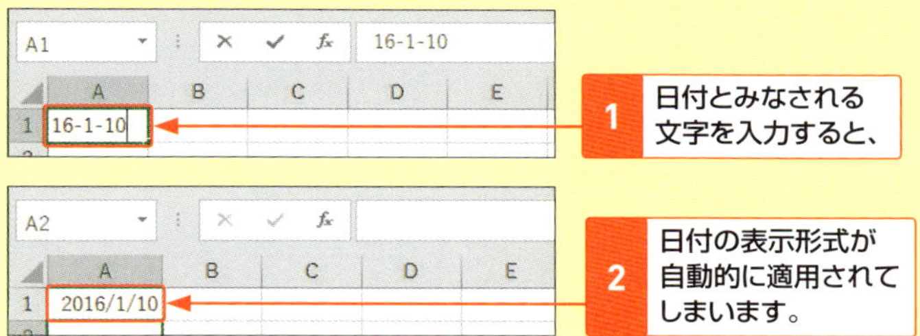

入力したとおりに表示させたい場合は、下の手順で操作して、セルの表示形式を「文字列」に変更してから入力します。

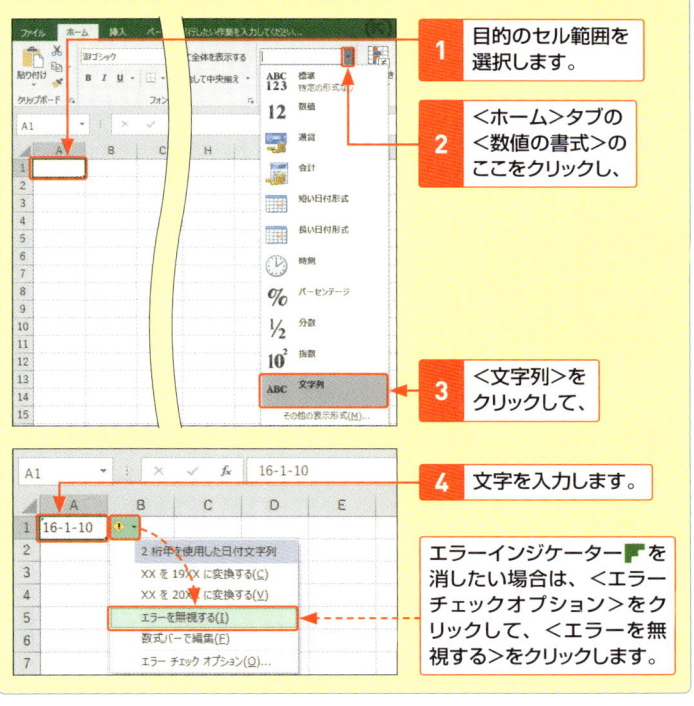

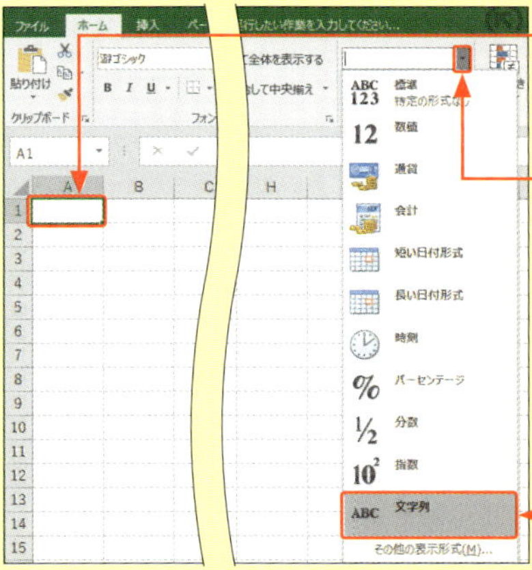

1 目的のセル範囲を選択します。

2 <ホーム>タブの<数値の書式>のここをクリックし、

3 <文字列>をクリックして、

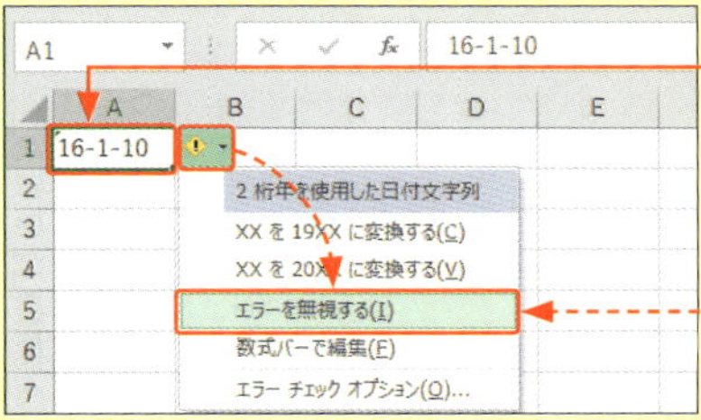

4 文字を入力します。

エラーインジケーター を消したい場合は、<エラーチェックオプション>をクリックして、<エラーを無視する>をクリックします。

同じデータや連続するデータを入力する

オートフィル機能を利用すると、同じデータや連続するデータをドラッグ操作ですばやく入力することができます。間隔を指定して日付データを入力することもできます。

1 同じデータを入力する

1 データを入力したセルをクリックします。

2 フィルハンドルにマウスポインターを合わせて、

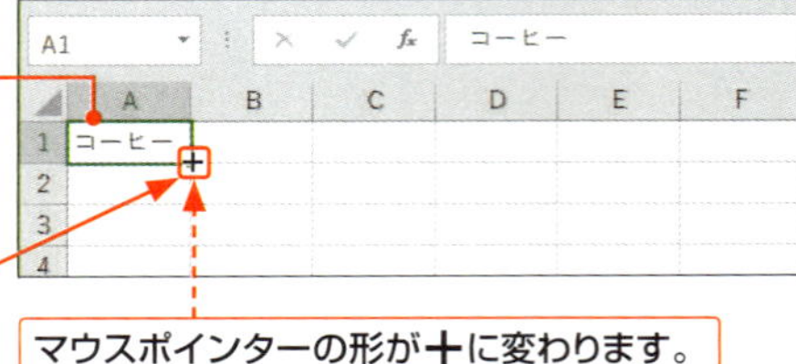

マウスポインターの形が＋に変わります。

3 下方向へドラッグし、

Keyword

オートフィル

「オートフィル」とは、セルのデータをもとにして、連続データや同じデータをドラッグ操作で自動的に入力する機能のことです。

4 マウスのボタンを離すと、同じデータが入力されます。

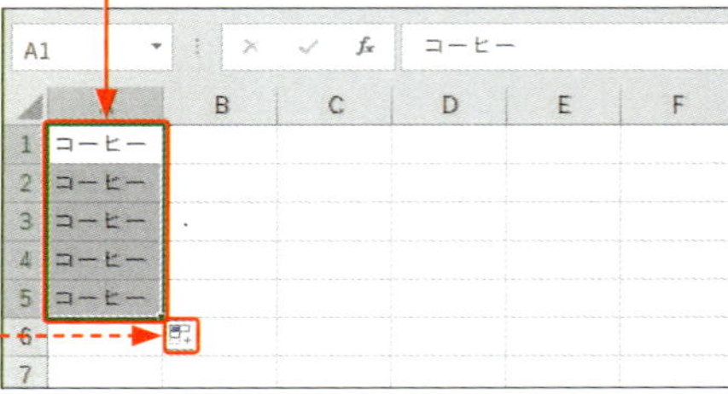

オートフィルオプション（P.48参照）

2 連続するデータを入力する

曜日を入力する

1 「日曜日」と入力されたセルをクリックして、フィルハンドルをドラッグすると、

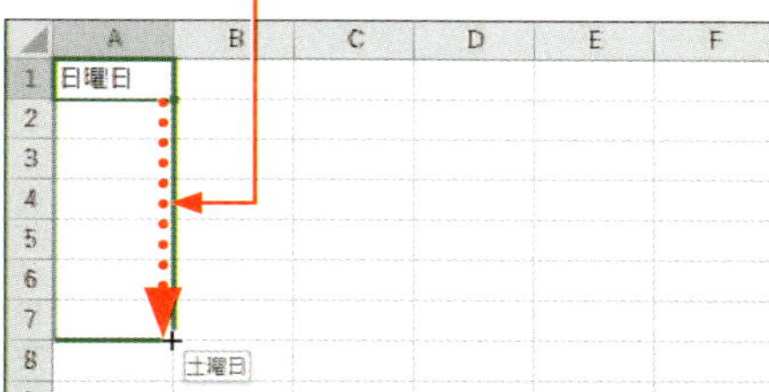

2 曜日の連続データが入力されます。

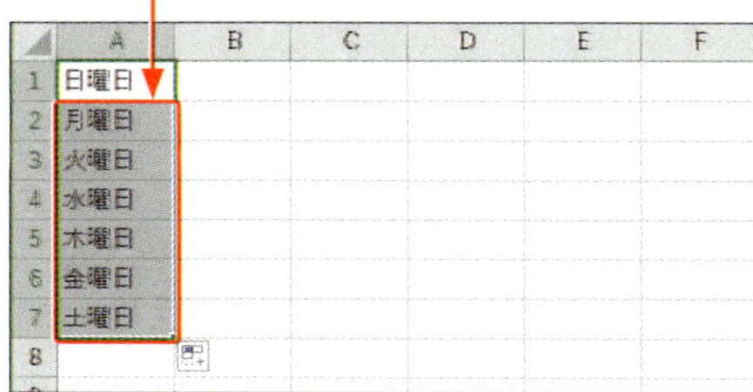

連続する数値を入力する

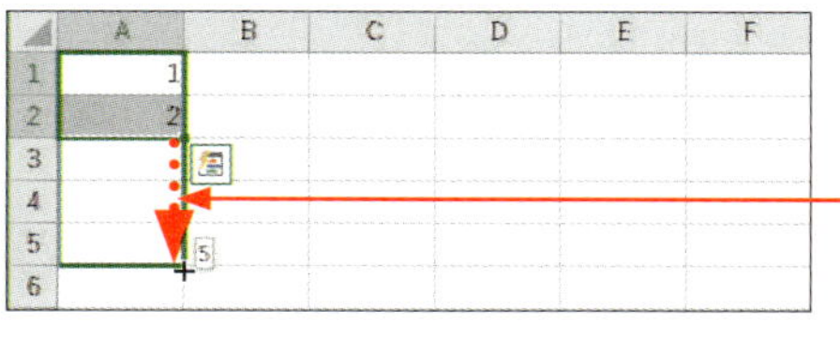

1 連続する数値が入力されたセルを選択し、フィルハンドルをドラッグすると、

2 数値の連続データが入力されます。

Hint

こんな場合も連続データになる

下図のようなデータも連続データとみなされます。

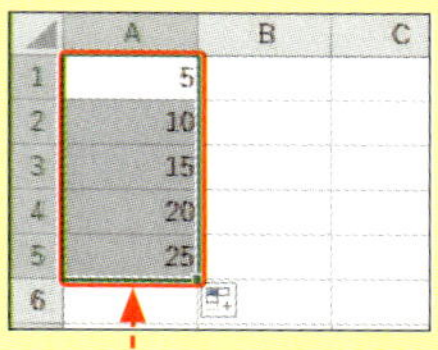

間隔を空けた2つ以上の数字

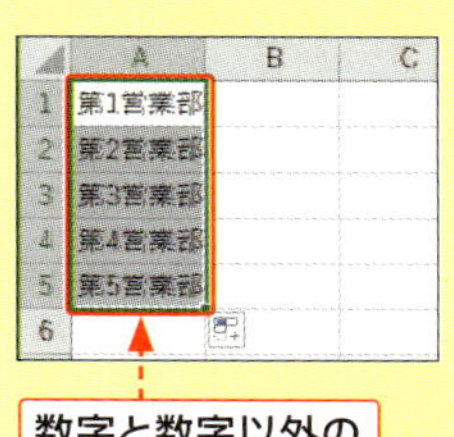

数字と数字以外の文字を含むデータ

3 オートフィルの動作を変更する

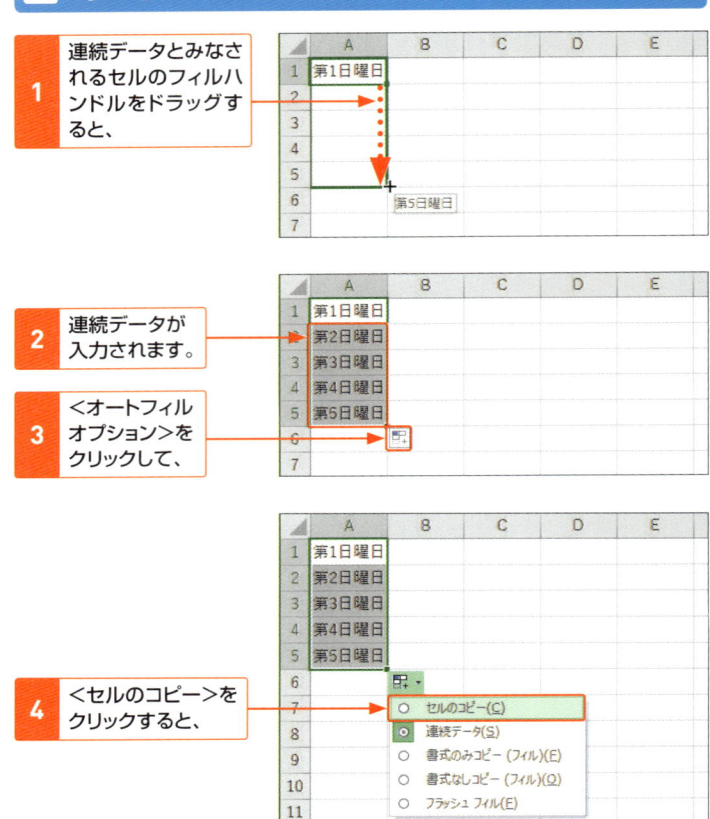

1 連続データとみなされるセルのフィルハンドルをドラッグすると、

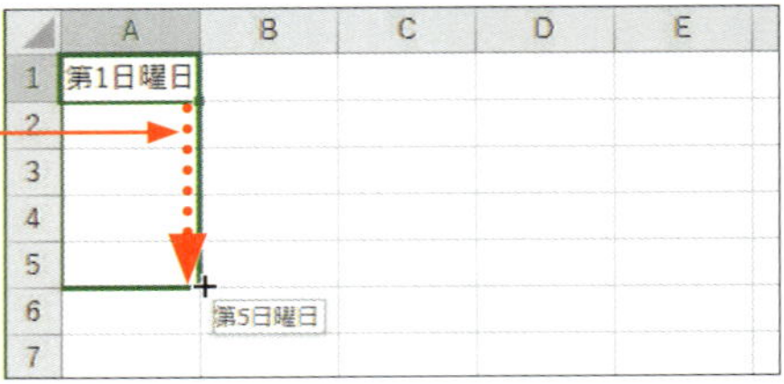

2 連続データが入力されます。

3 ＜オートフィルオプション＞をクリックして、

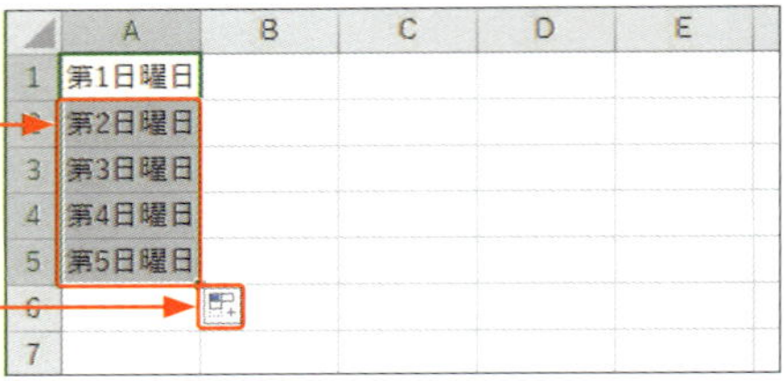

4 ＜セルのコピー＞をクリックすると、

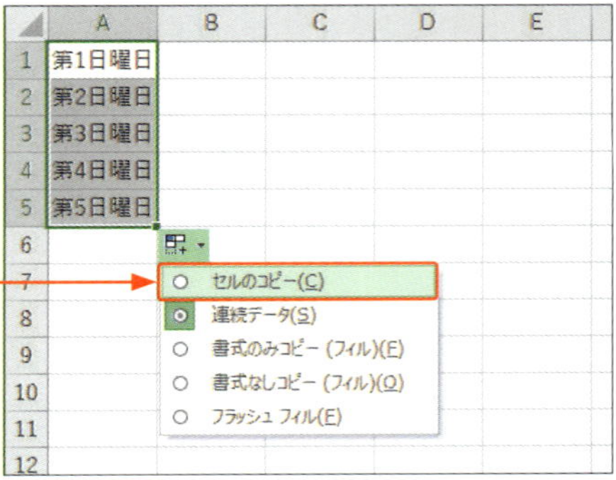

5 データのコピーに変更されます。

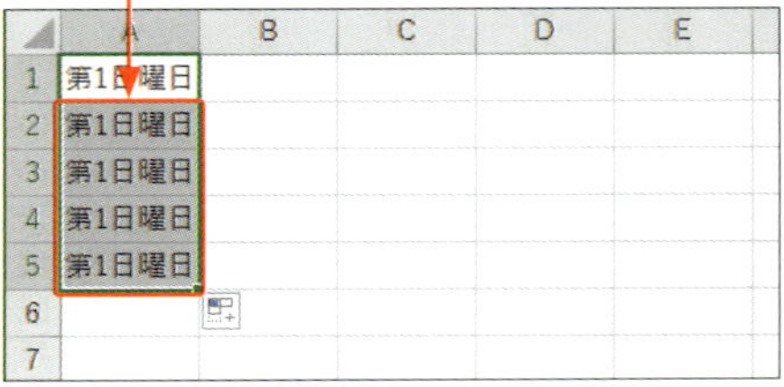

＜オートフィルオプション＞の利用

オートフィルの動作は、＜オートフィルオプション＞をクリックすることで変更できます。

4 間隔を指定して日付データを入力する

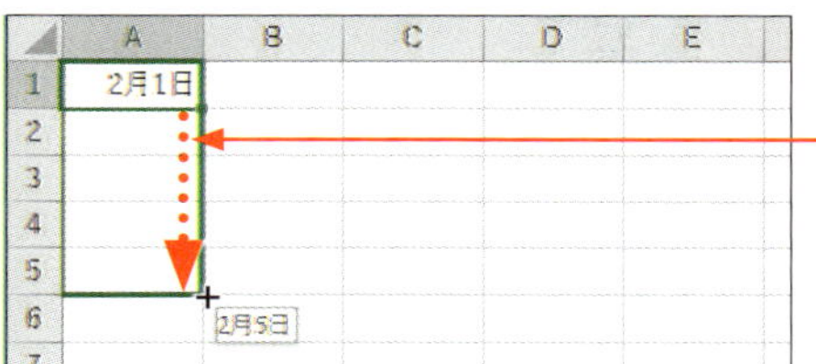

1 日付が入力されたセルのフィルハンドルをドラッグすると、

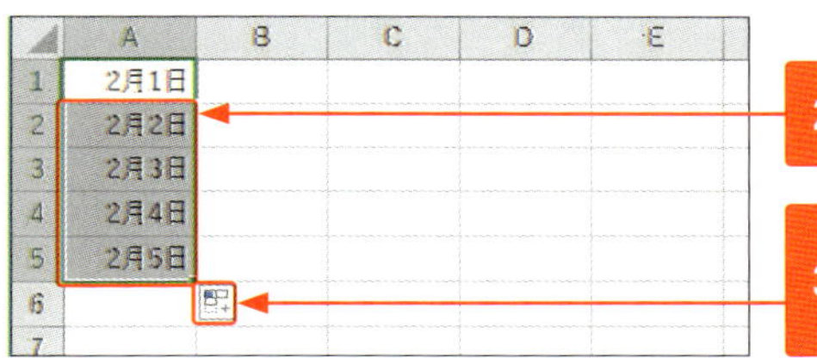

2 連続データが入力されます。

3 <オートフィルオプション>をクリックして、

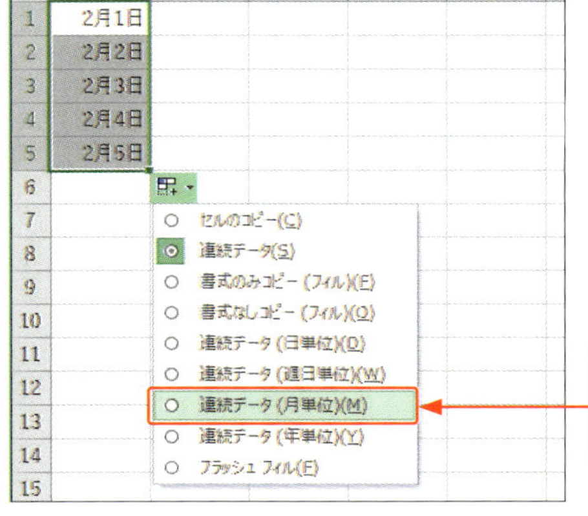

4 <連続データ(月単位)>をクリックすると、

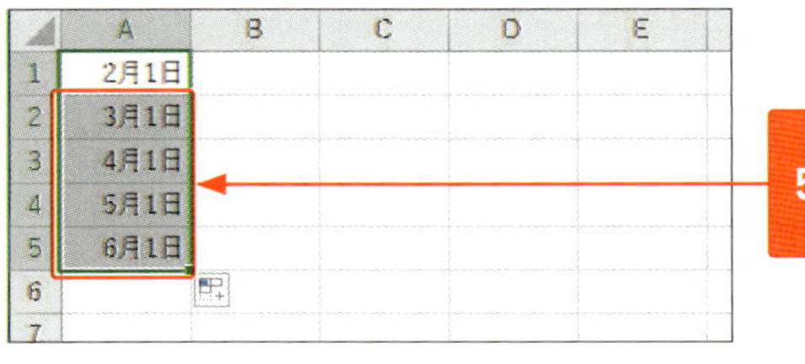

5 日付が月単位の間隔で入力されます。

12 データを修正／削除する

セルに入力したデータを修正するには、セルのデータをすべて書き換える方法と、データの一部を修正する方法があります。また、セル内のデータだけを消したい場合は、データを削除します。

1 セル内のデータ全体を書き換える

「10月」を「1月」に修正します。

1 修正するセルをクリックして、

	A	B	C	D	E	F
1						
2	下半期売上					
3		仙台	東京	横浜		
4	10月	2580	4120	3560		
5	11月	2140	3850	3120		
6	12月	2850	4550	3890		
7	売上実績					

2 データを入力すると、もとのデータが書き換えられます。

	A	B	C	D	E	F
1						
2	下半期売上					
3		仙台	東京	横浜		
4	1月	2580	4120	3560		
5	11月	2140	3850	3120		
6	12月	2850	4550	3890		
7	売上実績					

3 Enter を押すと、セルの修正が確定します。

	A	B	C	D	E	F
1						
2	下半期売上					
3		仙台	東京	横浜		
4	1月	2580	4120	3560		
5	11月	2140	3850	3120		
6	12月	2850	4550	3890		
7	売上実績					

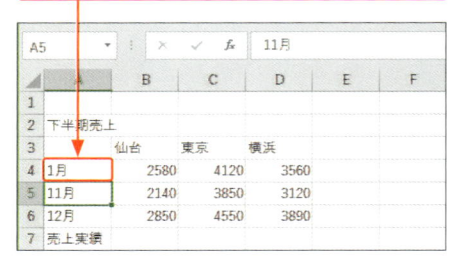

Hint

修正をキャンセルするには?

入力を確定する前に修正を取り消したい場合は、Esc を数回押します。入力を確定した直後の取り消し方法については、P.54を参照してください。

2 セル内のデータの一部を修正する

文字を挿入する

「下半期」の後ろに「支店別」を入力します。

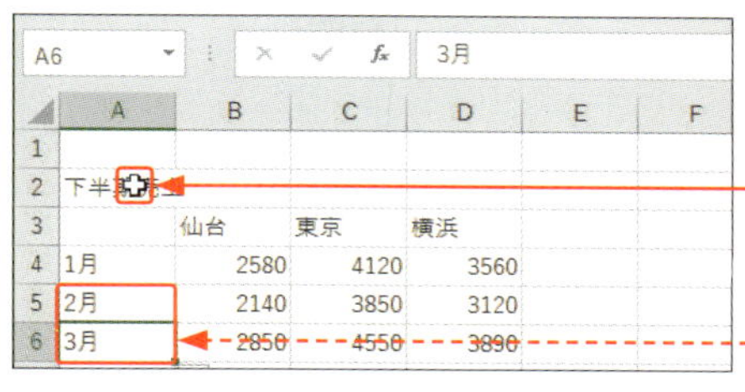

1 修正したいデータの入ったセルをダブルクリックすると、

これらのセルも書き換えています。

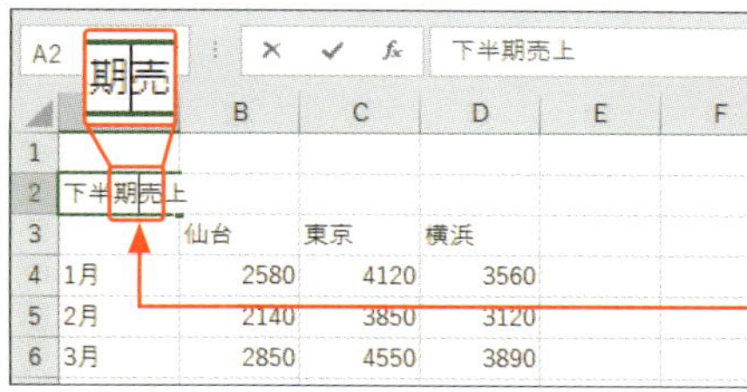

2 セル内にカーソルが表示されます。

3 修正したい文字の後ろにカーソルを移動して、

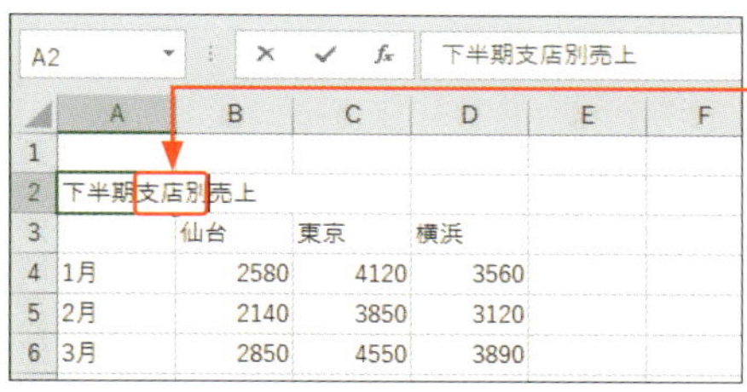

4 データを入力し、

5 Enter を押すと、カーソルの位置にデータが挿入されます。

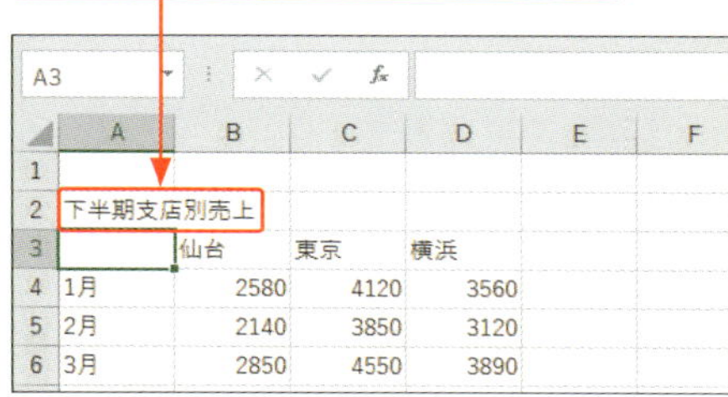

Memo

データの一部を削除する

セル内にカーソルが表示されている状態で、Delete や BackSpace を押すと、カーソルの前後の文字を削除できます。

第2章 表の作成

文字を上書きする

「下半期」を「第1四半期」に修正します。

1 セル内にカーソルを表示します（P.51参照）。

2 データの一部をドラッグして選択し、

A2 下半期支店別売上

	A	B	C	D	E
1					
2	下半期支店別売上				
3		仙台	東京	横浜	
4	1月	2580	4120	3560	
5	2月	2140	3850	3120	
6	3月	2850	4550	3890	

3 データを入力すると、選択した部分が書き換えられます。

A2 第1四半期支店別売上

	A	B	C	D	E
1					
2	第1四半期支店別売上				
3		仙台	東京	横浜	
4	1月	2580	4120	3560	
5	2月	2140	3850	3120	
6	3月	2850	4550	3890	

4 Enterを押すと、セルの修正が確定します。

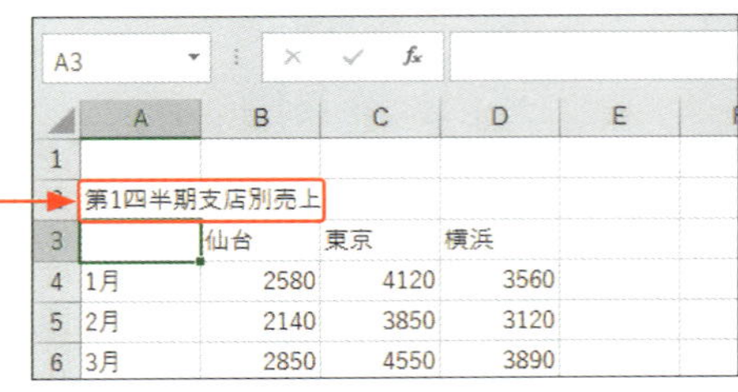

StepUp

数式バーを利用して修正する

セル内のデータの修正は、数式バーでも行うことができます。目的のセルをクリックして数式バーをクリックすると、数式バー内にカーソルが表示され、データが修正できるようになります。

1 修正するセルをクリックして、

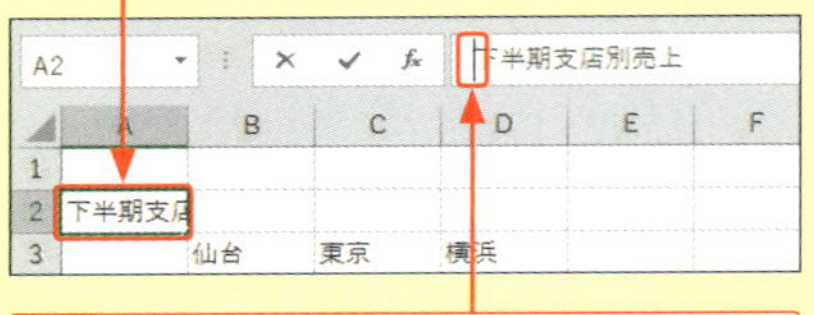

2 数式バーをクリックすると、カーソルが表示され、修正できる状態になります。

第2章 表の作成

3 セルのデータを削除する

1 データを削除するセルをクリックして、

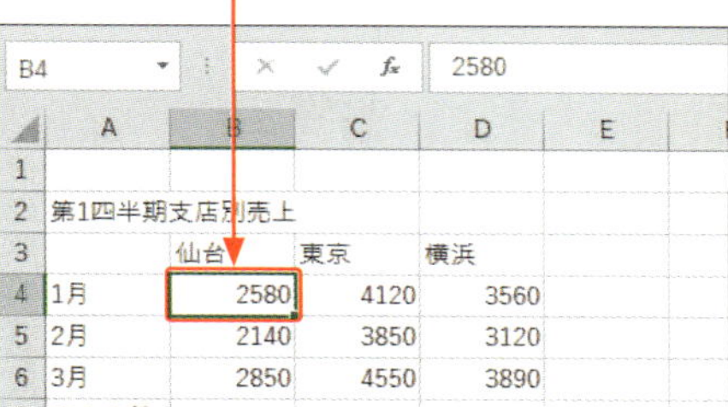

2 Delete を押すと、

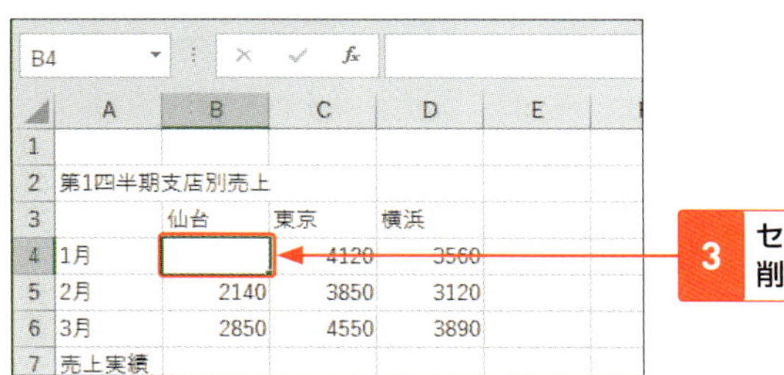

3 セルのデータが削除されます。

Hint

複数のセルのデータを削除する

データを削除するセル範囲をドラッグして選択し（Sec.14参照）、Delete を押すと、選択したセルのデータが削除されます。

StepUp

書式も含めて削除する

上記の手順では、セルのデータは削除されますが、罫線や背景色などの書式は削除されません。書式も含めて削除する場合は、セル範囲を選択して右の操作を行います。

1 <ホーム>タブの<クリア>をクリックして、

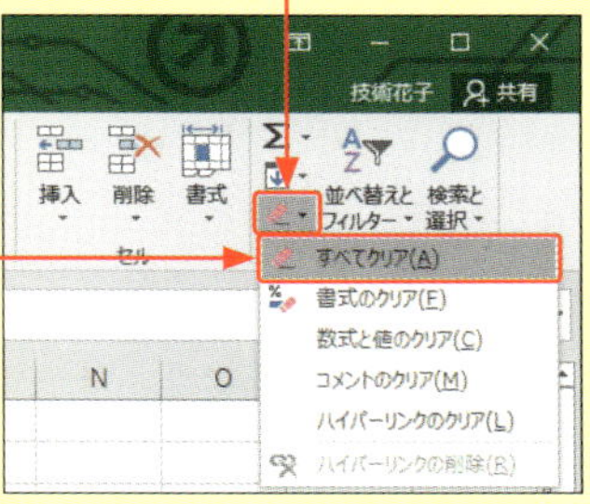

2 <すべてクリア>をクリックします。

13 操作をもとに戻す／やり直す

操作をやり直したい場合は、クイックアクセスツールバーの＜元に戻す＞や＜やり直し＞を使います。直前の操作だけでなく、複数の操作をまとめて戻すこともできます。

1 操作をもとに戻す

間違えてデータを削除してしまいました。

1 ＜元に戻す＞をクリックすると、

ファイル　ホーム　挿入　ページレイアウト　数式　データ

C5

	A	B	C	D	E
1					
2	第1四半期支店別売上				
3		仙台	東京	横浜	
4	1月	2580	4120	3560	
5	2月	2140		3120	
6	3月	2850	4550	3890	
7	売上実績				
8					

C5　3850

	A	B	C	D	E
1					
2	第1四半期支店別売上				
3		仙台	東京	横浜	
4	1月	2580	4120	3560	
5	2月	2140	3850	3120	
6	3月	2850	4550	3890	
7	売上実績				
8					

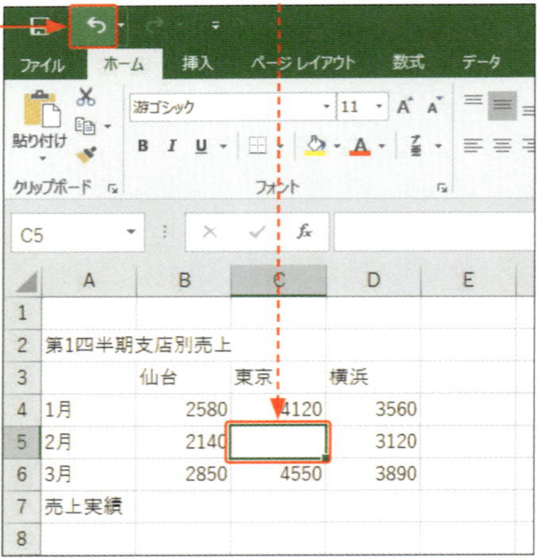

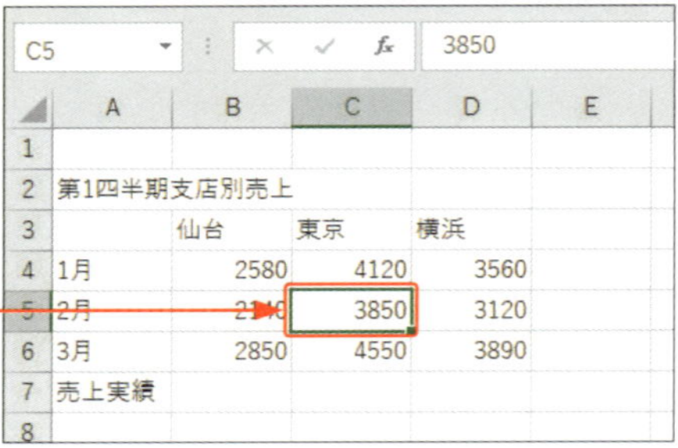

2 直前に行った操作（データの削除）が取り消されます。

> **Memo**
>
> **操作をもとに戻す**
>
> ＜元に戻す＞をクリックすると、クリックするたびに、直前に行った操作を取り消すことができます。ただし、ファイルをいったん終了すると、取り消すことはできなくなります。

2 操作をやり直す

P.54の、直前に行った操作が取り消された状態から実行します。

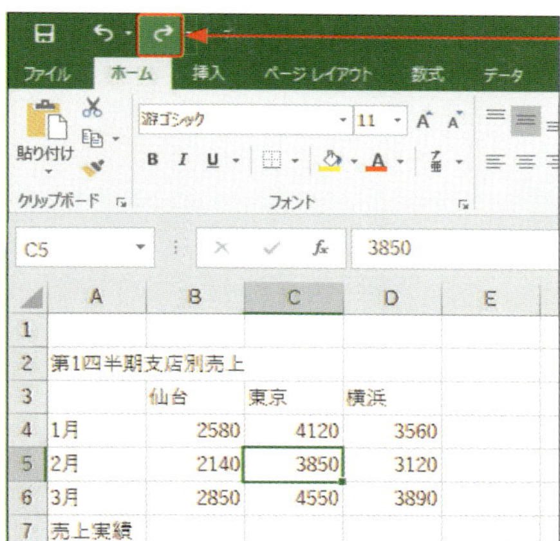

1 <やり直し>をクリックすると、

2 取り消した操作がやり直され、データが削除されます。

Memo

操作をやり直す

クイックアクセスツールバーの<やり直し>をクリックすると、取り消した操作を順番にやり直すことができます。ただし、ファイルをいったん終了すると、やり直すことはできなくなります。

StepUp

複数の操作をまとめてもとに戻す／やり直す

複数の操作をまとめて取り消したり、やり直したりするには、<元に戻す>や<やり直し>のをクリックして、一覧から戻したい操作や、やり直したい操作を選択します。

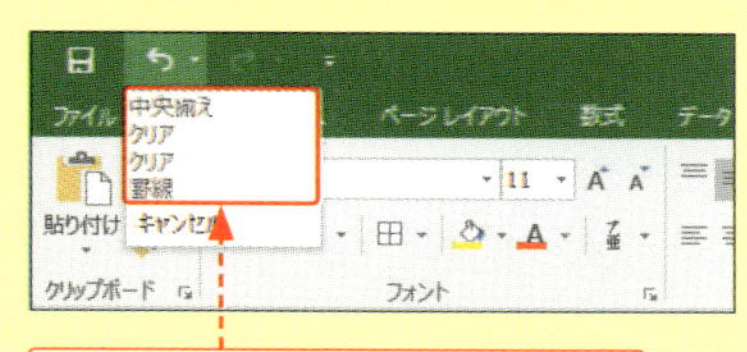

複数の操作をまとめて取り消す／やり直すことができます。

第2章 表の作成

14 セル範囲を選択する

データのコピーや移動、書式設定などを行う際には、操作の対象となるセルやセル範囲を選択します。複数のセルや行・列などを同時に選択しておけば、まとめて設定できるので効率的です。

1 複数のセル範囲を選択する

マウス操作だけで選択する

1 選択範囲の始点となるセルにマウスポインターを合わせます。

	A	B	C	D	E
1	第1四半期支店別売上				
2		仙台	東京	横浜	
3	1月	2660	4210	3520	
4	2月	2250	3790	3230	
5	3月	2920	4660	4050	
6	売上実績				
7					
8					

2 そのまま、終点となるセルまでドラッグし、

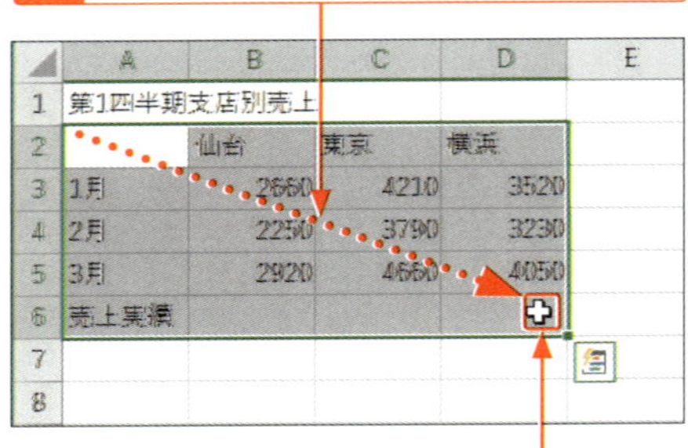

3 マウスのボタンを離すと、セル範囲が選択されます。

Hint

範囲を選択する際のマウスポインターの形

ドラッグ操作でセル範囲を選択するときは、マウスポインターの形が✚の状態で行います。これ以外の状態では、セル範囲を選択することができません。

Memo

セル範囲の選択方法の使い分け

選択する範囲がそれほど大きくない場合はマウスでの操作、セル範囲が広い場合は、マウスとキーボードの操作が便利です。

マウスとキーボードでセル範囲を選択する

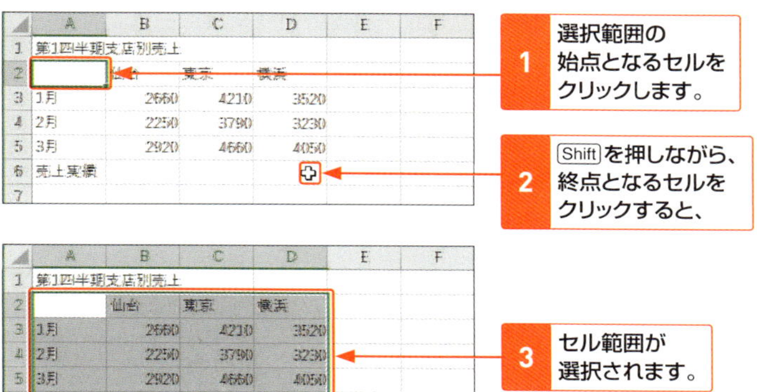
1 選択範囲の始点となるセルをクリックします。
2 Shift を押しながら、終点となるセルをクリックすると、
3 セル範囲が選択されます。

マウスとキーボードで選択範囲を広げる

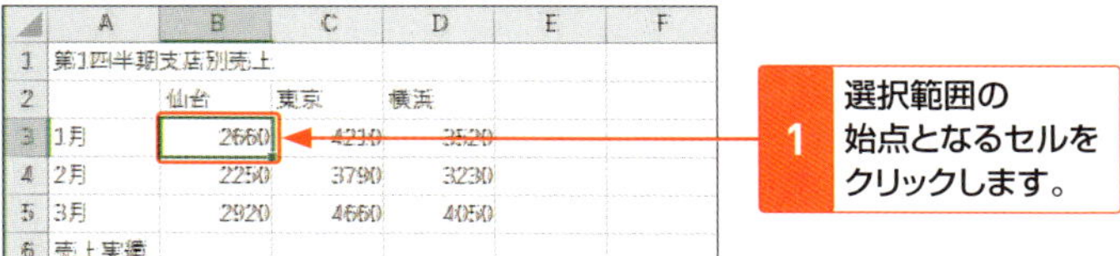
1 選択範囲の始点となるセルをクリックします。

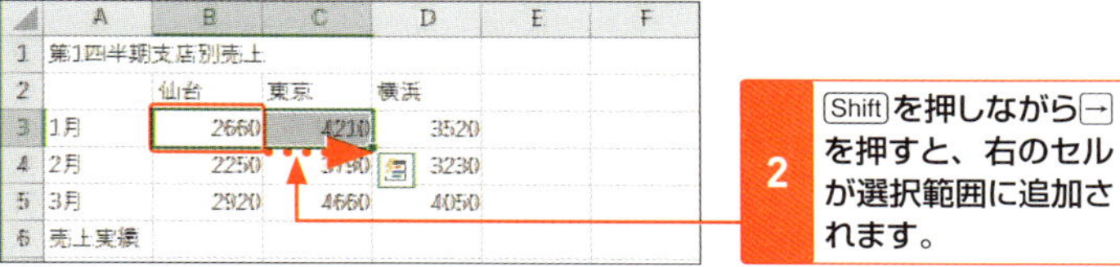
2 Shift を押しながら → を押すと、右のセルが選択範囲に追加されます。

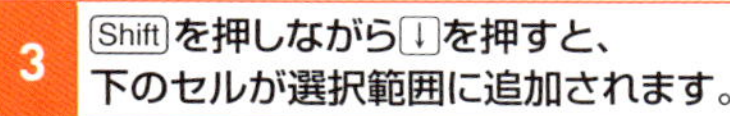
3 Shift を押しながら ↓ を押すと、下のセルが選択範囲に追加されます。

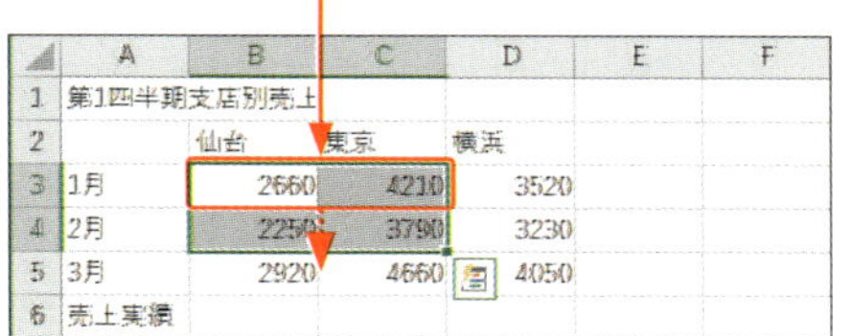

Hint

選択を解除するには?

セル範囲の選択を解除するには、ワークシート内のいずれかのセルをクリックします。

2 離れた位置にあるセルを選択する

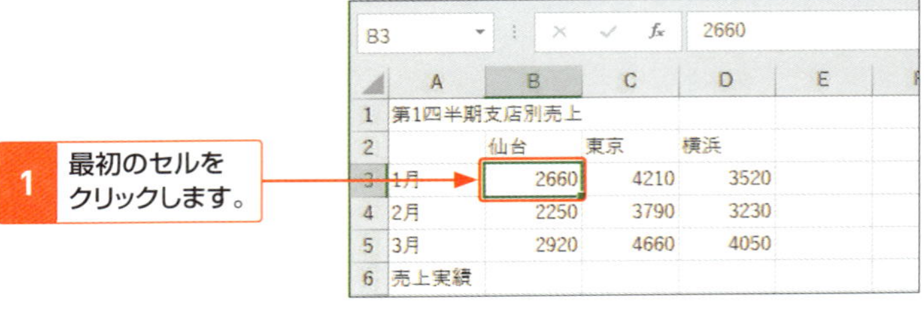

2 Ctrl を押しながら別のセルをクリックすると、セルが追加選択されます。

3 アクティブセル領域を選択する

1 セルをクリックして、

2 Ctrl ＋ Shift ＋ : を押すと、

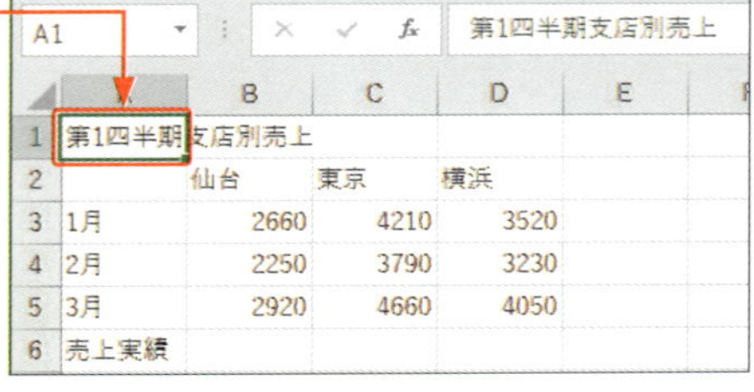

Keyword

アクティブセル

データが入力された矩形（長方形）のセル範囲のことを「アクティブセル領域」といいます。

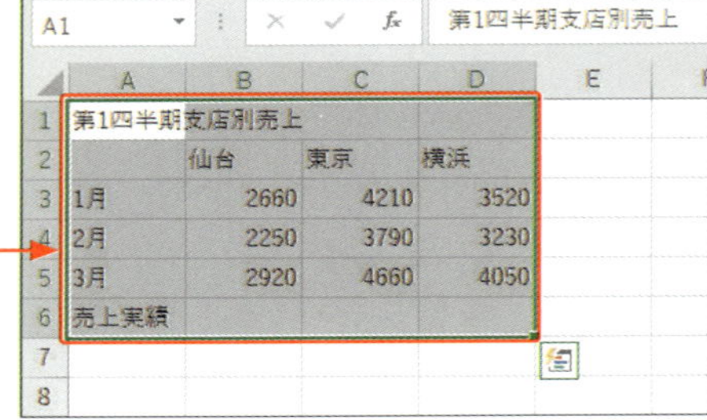

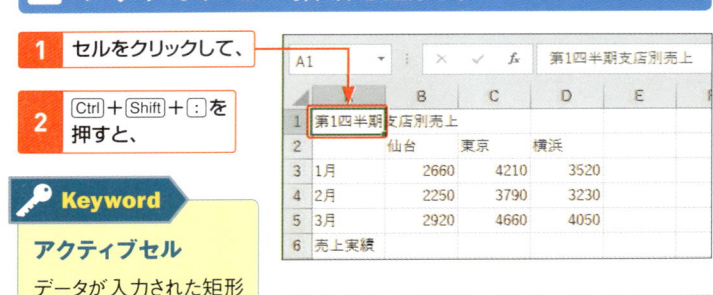

3 アクティブセル領域が選択されます。

4 行や列をまとめて選択する

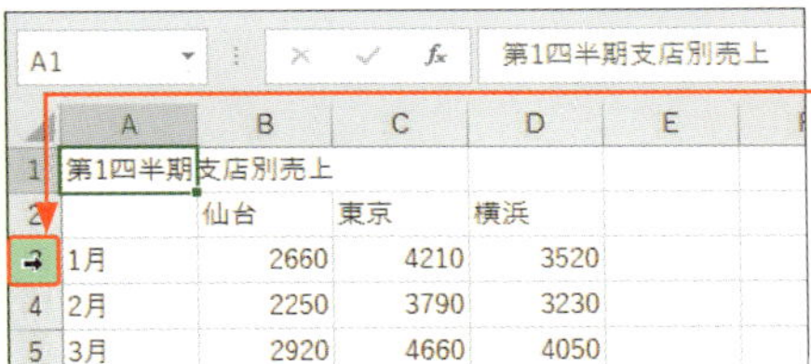

1 行番号の上にマウスポインターを合わせて、

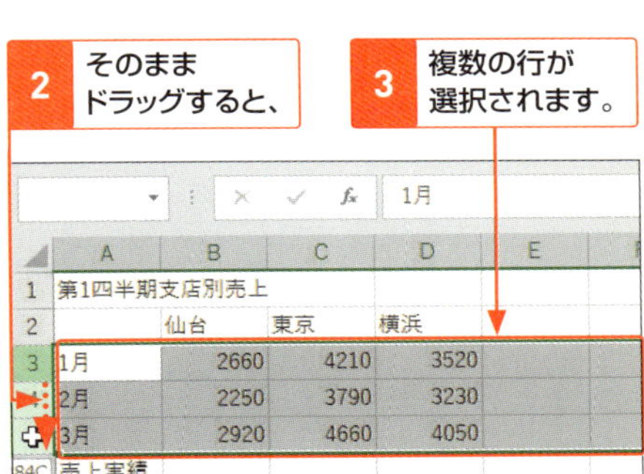

StepUp

ワークシート全体の選択

ワークシート左上の、行番号と列番号が交差している部分をクリックすると、ワークシート全体を選択することができます。

5 離れた位置にある行や列を選択する

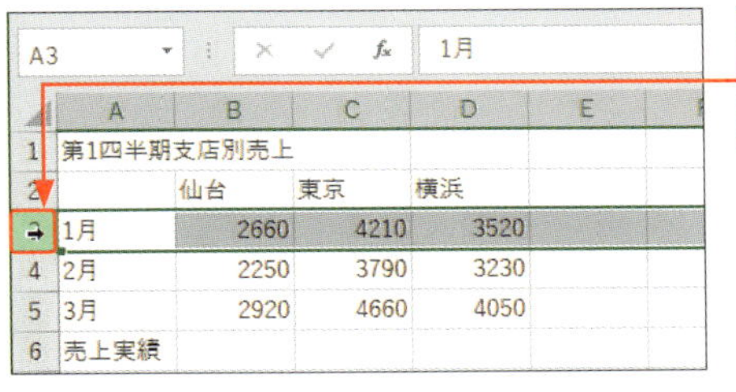

1 行番号をクリックすると、行全体が選択されます。

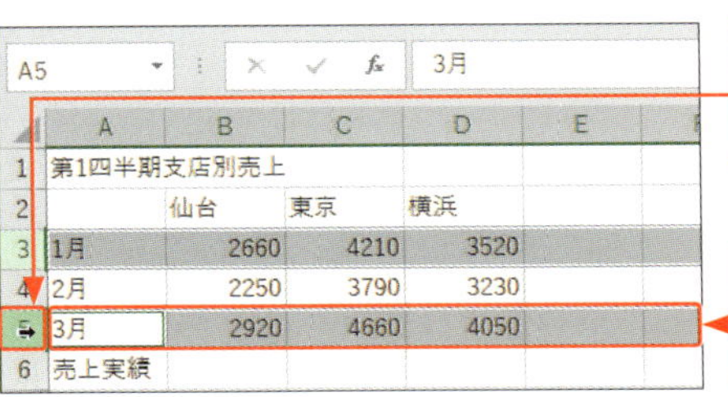

2 Ctrl を押しながら行番号をクリックすると、

3 離れた位置にある行が追加選択されます。

Section 15 データをコピーして貼り付ける

入力済みのデータと同じデータを入力する場合は、データをコピーして貼り付けると入力の手間が省けます。ここでは、コマンドを使う方法とドラッグ操作を使う方法を紹介します。

1 データをコピーして貼り付ける

1 コピーするセル範囲を選択して(P.56参照)、

2 <ホーム>タブをクリックし、

3 <コピー>をクリックします。

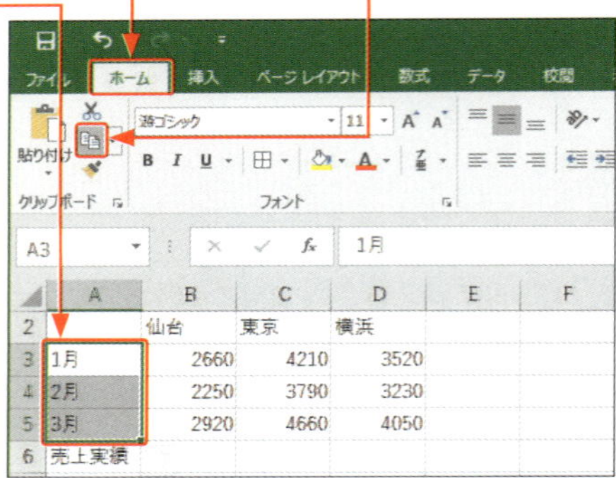

Memo

データの貼り付け

コピーもとのセル範囲が破線で囲まれている間は、コピーもとのデータを何度でも貼り付けることができます。

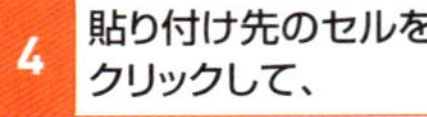

4 貼り付け先のセルをクリックして、

5 <ホーム>タブの<貼り付け>の上半分をクリックすると、

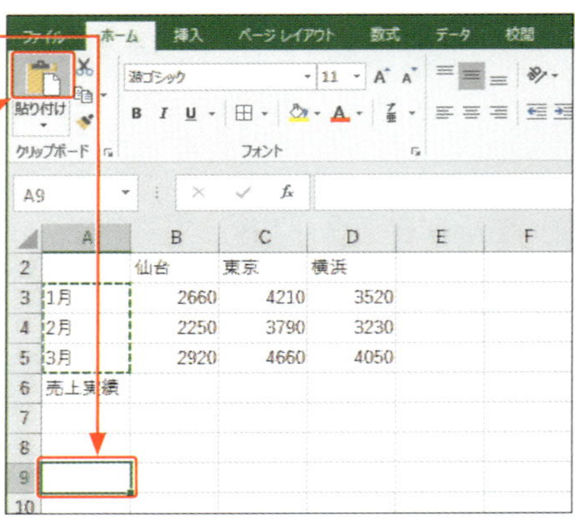

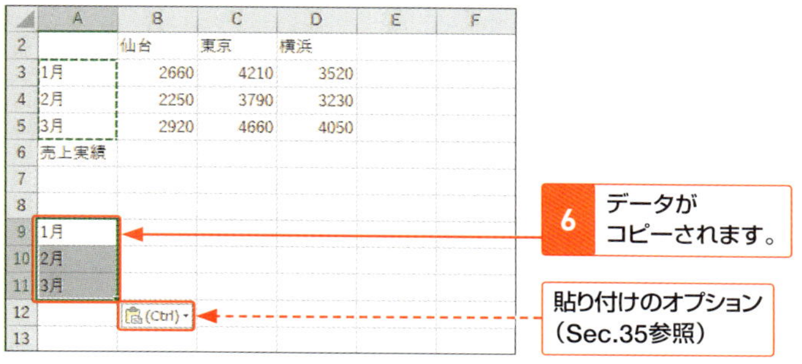

2 ドラッグ操作でデータをコピーする

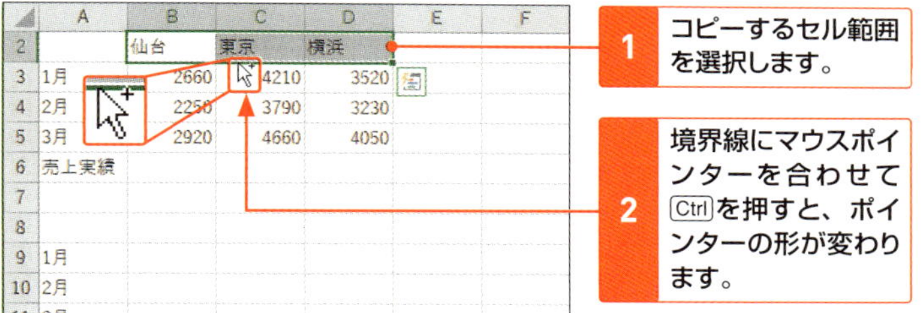

コピーするセル範囲を選択します。
境界線にマウスポインターを合わせて Ctrl を押すと、ポインターの形が変わります。

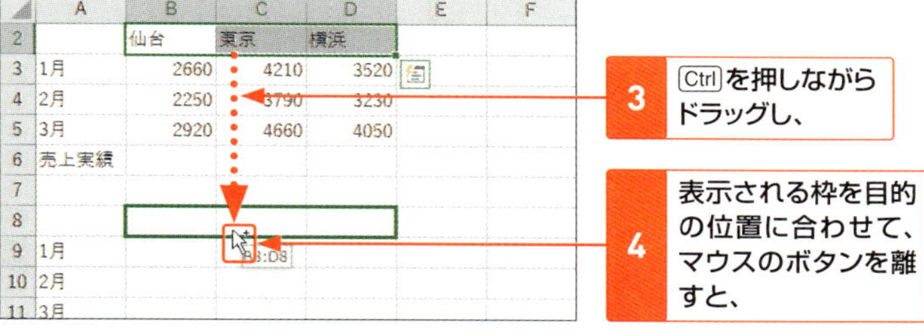

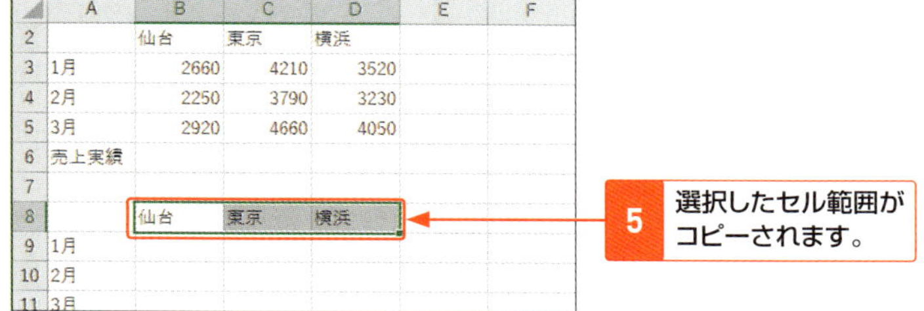

16 データを移動する

入力済みのデータを移動するには、セル範囲を切り取って、目的の位置に貼り付けます。方法はいくつかありますが、ここでは、コマンドを使う方法とドラッグ操作を使う方法を紹介します。

1 データを切り取って貼り付ける

1 移動するセル範囲を選択して、

2 <ホーム>タブをクリックし、

3 <切り取り>をクリックします。

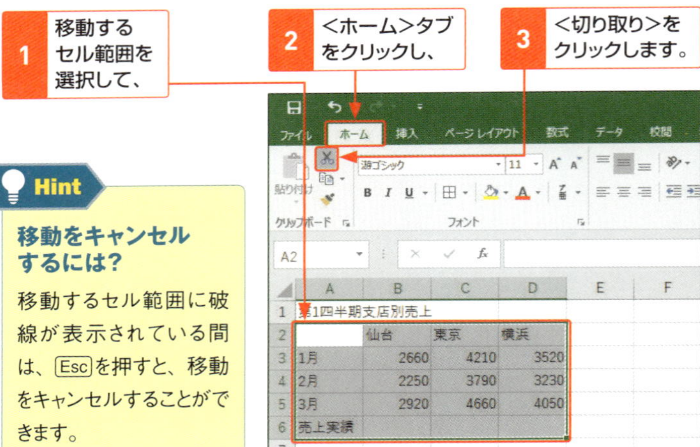

Hint

移動をキャンセルするには?

移動するセル範囲に破線が表示されている間は、Escを押すと、移動をキャンセルすることができます。

4 移動先のセルをクリックして、

5 <ホーム>タブの<貼り付け>の上半分をクリックすると、

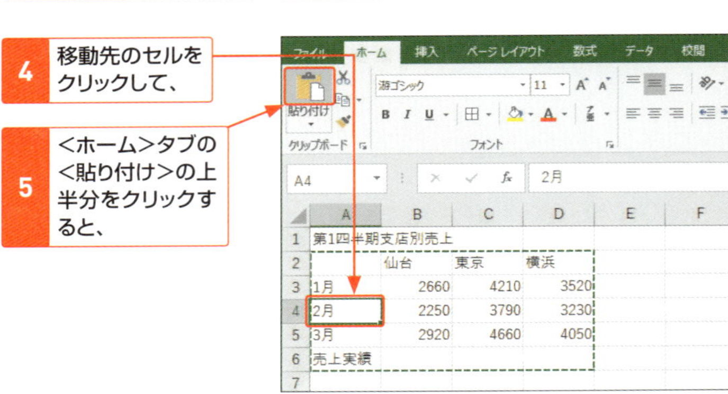

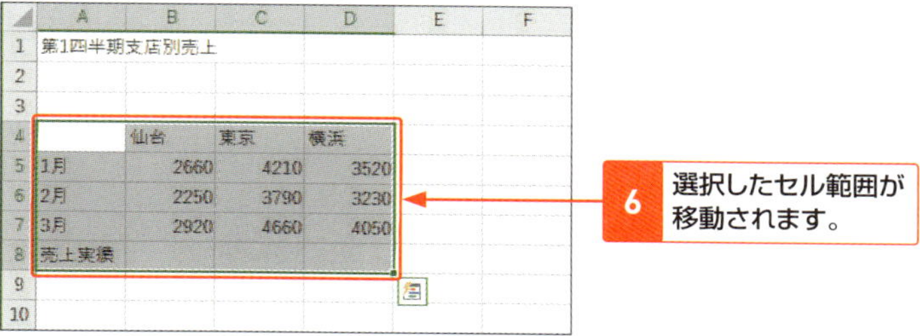

6 選択したセル範囲が移動されます。

2 ドラッグ操作でデータを移動する

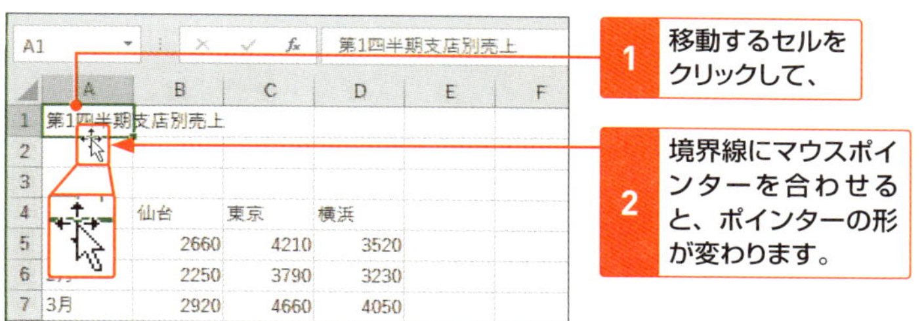

1 移動するセルをクリックして、

2 境界線にマウスポインターを合わせると、ポインターの形が変わります。

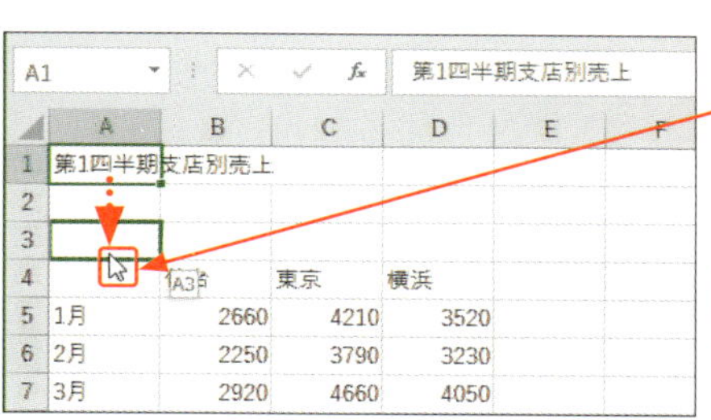

3 移動先へドラッグしてマウスのボタンを離すと、

4 選択したセルが移動されます。

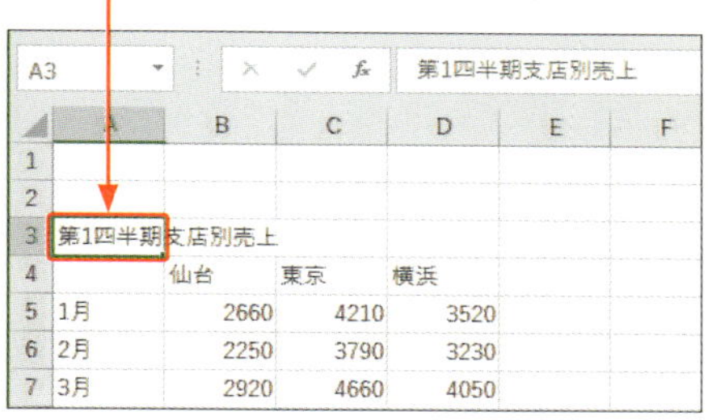

Memo

ドラッグ操作でコピー／移動する際の注意点

ドラッグ操作でデータをコピー／移動すると、クリップボードにデータが保管されないため、データは一度しか貼り付けられません。クリップボードとは、Windowsの機能の1つで、データが一時的に保管される場所のことです。

Section 17

罫線を引く

ワークシートに目的のデータを入力したら、表が見やすいように罫線を引きます。罫線を引くには、＜ホーム＞タブの＜罫線＞を利用します。セルに斜線を引くこともできます。

1 セル範囲に罫線を引く

1 目的のセル範囲を選択して、

2 ＜ホーム＞タブをクリックします。

3 ＜罫線＞のここをクリックして、

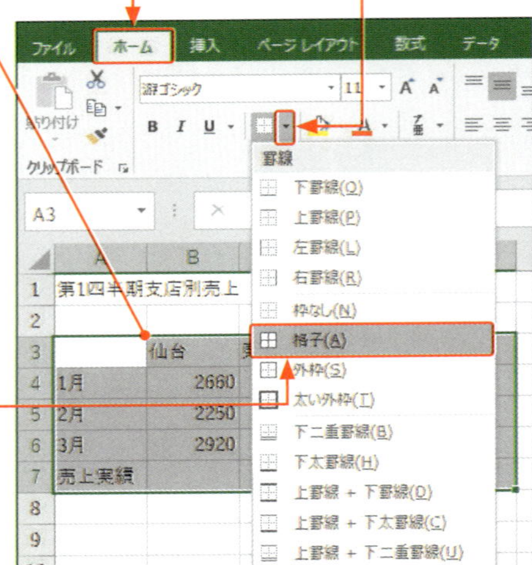

4 罫線の種類をクリックすると（ここでは＜格子＞）、

Hint

罫線を消去するには?

罫線を消去するには、目的のセル範囲を選択して、罫線メニューを表示し、手順4で＜枠なし＞をクリックします。

	A	B	C	D	E
1	第1四半期支店別売上				
2					
3		仙台	東京	横浜	合計
4	1月	2660	4210	3520	
5	2月	2250	3790	3230	
6	3月	2920	4660	4050	
7	売上実績				
8					

5 選択したセル範囲に罫線が引かれます。

2 セルに斜線を引く

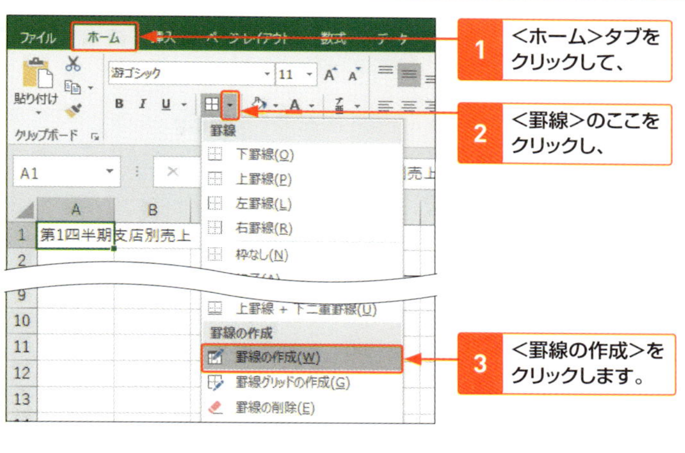

1 <ホーム>タブをクリックして、

2 <罫線>のここをクリックし、

3 <罫線の作成>をクリックします。

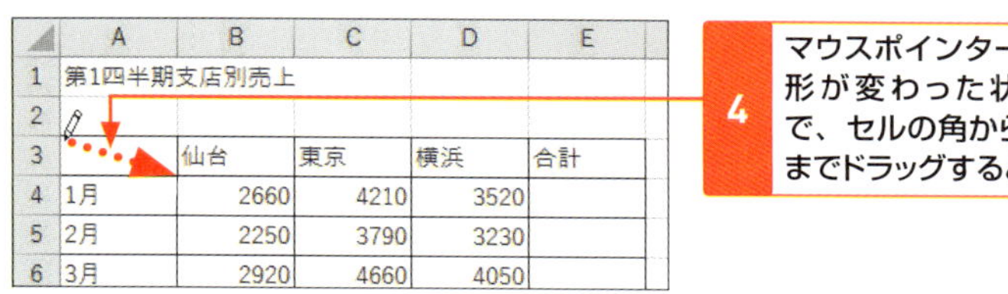

4 マウスポインターの形が変わった状態で、セルの角から角までドラッグすると、

5 斜線が引かれます。

6 Esc を押して、マウスポインターをもとに戻します。

Hint 罫線の一部を削除するには?

一部の罫線を削除するには、手順 3 で<罫線の削除>をクリックして、罫線を削除したいセル範囲をドラッグ、またはクリックします。

	A	B	C	D
1	第1四半期支店別売上			
2				
3		仙台	東京	横浜
4	1月	2660	4210	352(

罫線のスタイルや色を変更する

罫線のスタイルや色は任意に変更することができます。罫線メニューの<線のスタイル>や<線の色>から目的のスタイルや色を指定してから罫線を引きます。

1 線のスタイルを指定して罫線を引く

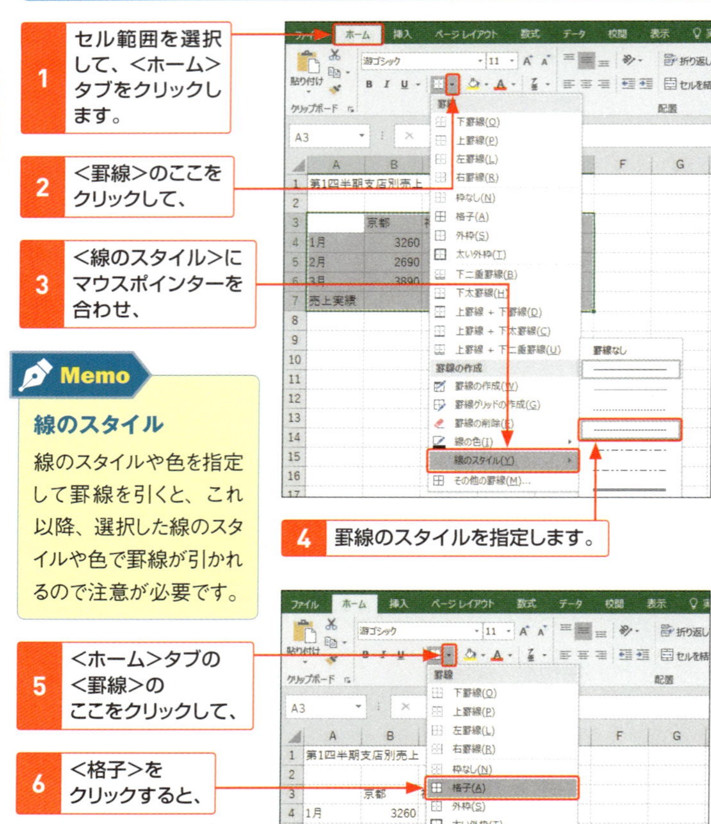

1 セル範囲を選択して、<ホーム>タブをクリックします。

2 <罫線>のここをクリックして、

3 <線のスタイル>にマウスポインターを合わせ、

4 罫線のスタイルを指定します。

5 <ホーム>タブの<罫線>のここをクリックして、

6 <格子>をクリックすると、

Memo

線のスタイル

線のスタイルや色を指定して罫線を引くと、これ以降、選択した線のスタイルや色で罫線が引かれるので注意が必要です。

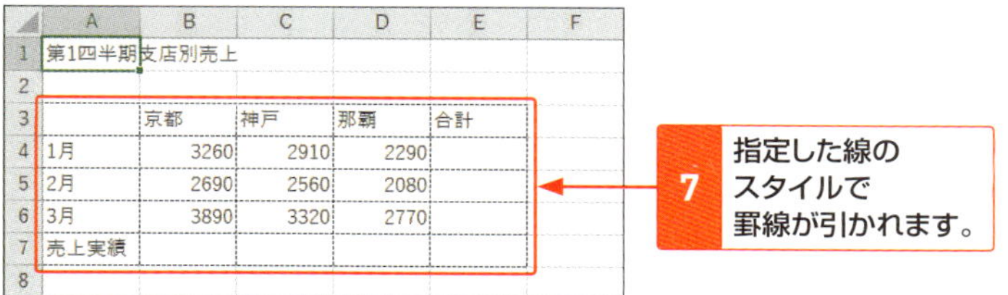

7 指定した線の
スタイルで
罫線が引かれます。

2 罫線の一部のスタイルを変更する

1 罫線のスタイルを変更したいセル範囲をドラッグして選択します。

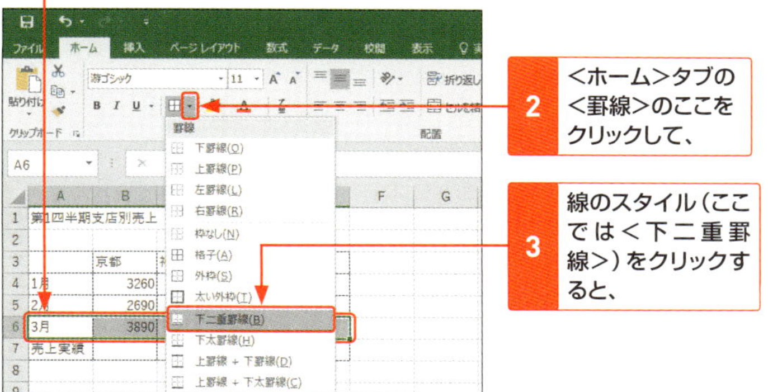

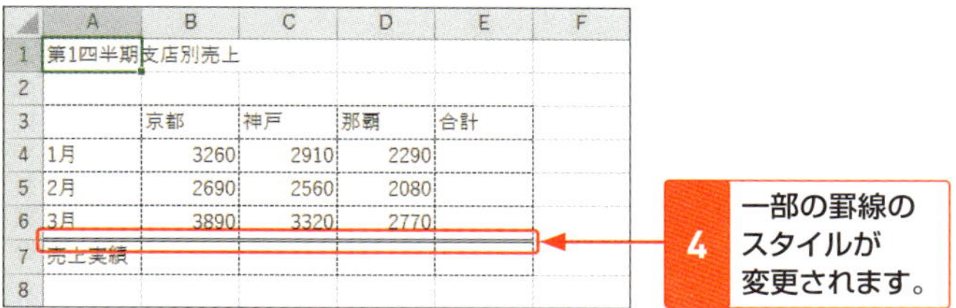

4 一部の罫線の
スタイルが
変更されます。

StepUp

<セルの書式設定>ダイアログボックスの利用

罫線メニューの最下段にある<その他の罫線>をクリックすると<セルの書式設定>ダイアログボックスの<罫線>が表示されます。このダイアログボックスを利用すると、線のスタイルや色などをまとめて設定することができます。

第2章 表の作成

3 罫線の色を変更する

1 ＜ホーム＞タブの＜罫線＞のここをクリックし、

2 ＜線の色＞にマウスポインターを合わせて、

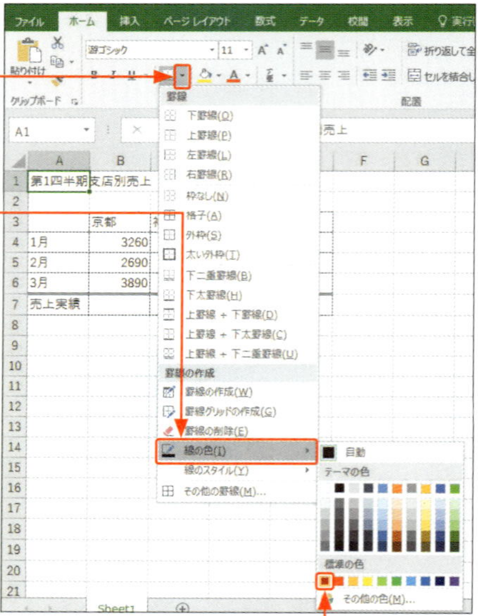

3 目的の色をクリックします。

Hint

すべての罫線の色を変更するには?

すべての罫線の色を変更する場合は、セル範囲を選択してから線の色を指定し、手順 1 の罫線メニューから＜格子＞をクリックします。

4 マウスポインターの形が変わった状態で、色を変えたい罫線をドラッグすると、

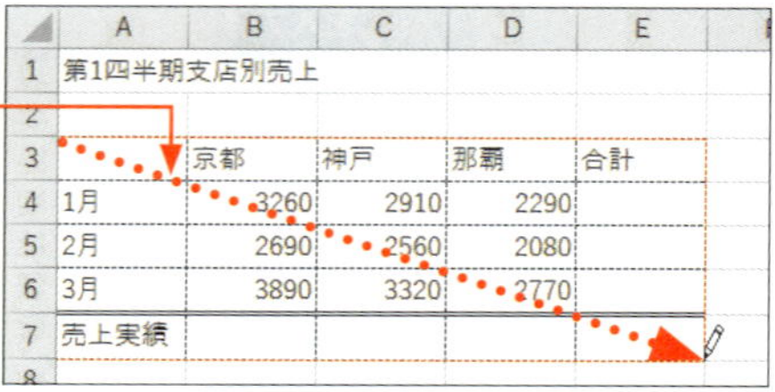

5 ドラッグした罫線（ここでは周囲の罫線）の色が変更されます。

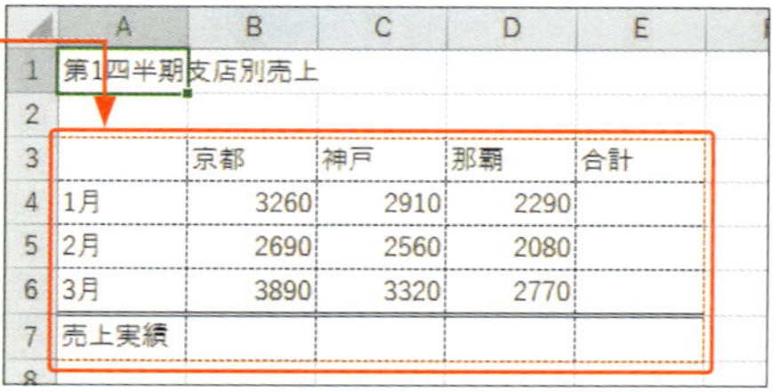

6 Esc を押して、マウスポインターをもとの形に戻します。

第3章

数式や関数の利用

19 数式を入力する

数値を計算するには、結果を表示するセルに数式を入力します。数式は、**セル内に数値や算術演算子を入力**して計算するほかに、**数値のかわりにセル参照を指定**して計算することができます。

■数式とは

「数式」とは、さまざまな計算をするための計算式のことです。「=」(等号)と数値データ、算術演算子と呼ばれる記号(*、/、+、-など)を入力して結果を求めます。数値を入力するかわりにセル番地などを指定して計算することもできます。「=」や数値、算術演算子などは、すべて半角で入力します。

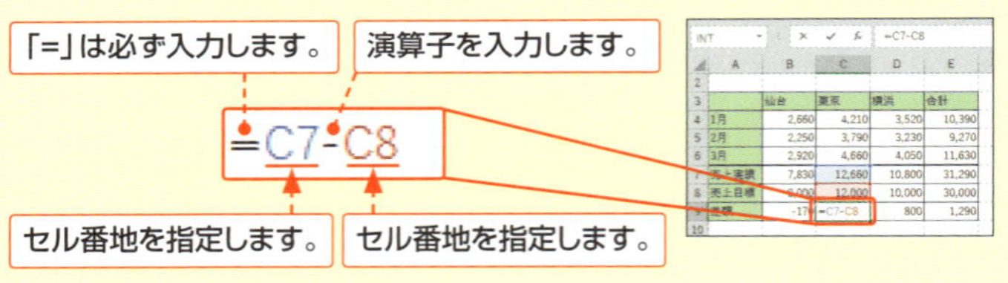

「=」は必ず入力します。
演算子を入力します。
=C7-C8
セル番地を指定します。
セル番地を指定します。

1 数式を入力して計算する

セル[B9]にセル[B7]の売上実績とセル[B8]の売上目標の差額を計算します。

1 差額を計算するセルをクリックして、半角で「=」を入力します。

INT =

	A	B	C	D	E	F	G
2							
3		仙台	東京	横浜	合計		
4	1月	2,660	4,210	3,520	10,390		
5	2月	2,250	3,790	3,230	9,270		
6	3月	2,920	4,660	4,050	11,630		
7	売上実績	7,830	12,660	10,800	31,290		
8	売上目標	8,000	12,000	10,000	30,000		
9	差額	=					
10							

Memo

文字書式とセルの背景色

この章で使用している表には、数値に桁区切りスタイルを、セルに背景色を設定しています。これらの文字とセルの書式については、第4章で解説します。

2 続いて半角で「7830-8000」と入力して、

	A	B	C	D	E	F
2						
3		仙台	東京	横浜	合計	
4	1月	2,660	4,210	3,520	10,390	
5	2月	2,250	3,790	3,230	9,270	
6	3月	2,920	4,660	4,050	11,630	
7	売上実績	7,830	12,660	10,800	31,290	
8	売上目標	8,000	12,000	10,000	30,000	
9	差額	=7830-8000				
10						

3 Enter を押すと、

	A	B	C	D	E	F
2						
3		仙台	東京	横浜	合計	
4	1月	2,660	4,210	3,520	10,390	
5	2月	2,250	3,790	3,230	9,270	
6	3月	2,920	4,660	4,050	11,630	
7	売上実績	7,830	12,660	10,800	31,290	
8	売上目標	8,000	12,000	10,000	30,000	
9	差額	-170				
10						

4 計算結果が表示されます。

Keyword

算術演算子

「算術演算子」(演算子)とは、数式の中の算術演算に用いられる記号のことで、以下のようなものがあります。

+ 足し算
− 引き算
* かけ算
/ 割り算
^ べき乗
% パーセンテージ

2 セル参照を利用して計算する

セル[C9]にセル[C7]の売上実績とセル[C8]の売上目標の差額を計算します。

1 差額を計算するセルに、半角で「=」を入力します。

INT　×　✓　fx　=

	A	B	C	D	E	F
2						
3		仙台	東京	横浜	合計	
4	1月	2,660	4,210	3,520	10,390	
5	2月	2,250	3,790	3,230	9,270	
6	3月	2,920	4,660	4,050	11,630	
7	売上実績	7,830	12,660	10,800	31,290	
8	売上目標	8,000	12,000	10,000	30,000	
9	差額	-170	=			
10						

Keyword

セル参照

「セル参照」とは、数式の中で数値のかわりにセル番地を指定することです。セル参照を利用すると、データを修正した場合、計算結果が自動的に更新されます。

C9 =C7-

	A	B	C	D	E	F
2						
3		仙台	東京	横浜	合計	
4	1月	2,660	4,210	3,520	10,390	
5	2月	2,250	3,790	3,230	9,270	
6	3月	2,920	4,660	4,050	11,630	
7	売上実績	7,830	12,660	10,800	31,290	
8	売上目標	8,000	12,000	10,000	30,000	
9	差額	-170	=C7-			
10						

2 参照するセルをクリックすると、

3 クリックしたセルのセル番地が入力されます。

4 「-」(マイナス)を入力して、

Keyword

セル番地

「セル番地」とは、列番号と行番号で表すセルの位置のことです。たとえば[C7]は、列「C」と行「7」の交差するセルを指します。

5 参照するセルをクリックすると、

C8 =C7-C8

	A	B	C	D	E	F
2						
3		仙台	東京	横浜	合計	
4	1月	2,660	4,210	3,520	10,390	
5	2月	2,250	3,790	3,230	9,270	
6	3月	2,920	4,660	4,050	11,630	
7	売上実績	7,830	12,660	10,800	31,290	
8	売上目標	8,000	12,000	10,000	30,000	
9	差額	-170	=C7-C8			
10						

6 クリックしたセルのセル番地が入力されます。

7 Enter を押すと、

Hint

数式の入力を取り消すには?

数式の入力を途中で取り消したい場合は、Esc を押します。

	A	B	C	D	E	F
2						
3		仙台	東京	横浜	合計	
4	1月	2,660	4,210	3,520	10,390	
5	2月	2,250	3,790	3,230	9,270	
6	3月	2,920	4,660	4,050	11,630	
7	売上実績	7,830	12,660	10,800	31,290	
8	売上目標	8,000	12,000	10,000	30,000	
9	差額	-170	660			
10						

8 計算結果が表示されます。

3 ほかのセルに数式をコピーする

セル［C9］には、「=C7-C8」という数式が入力されています（P.71、72参照）。

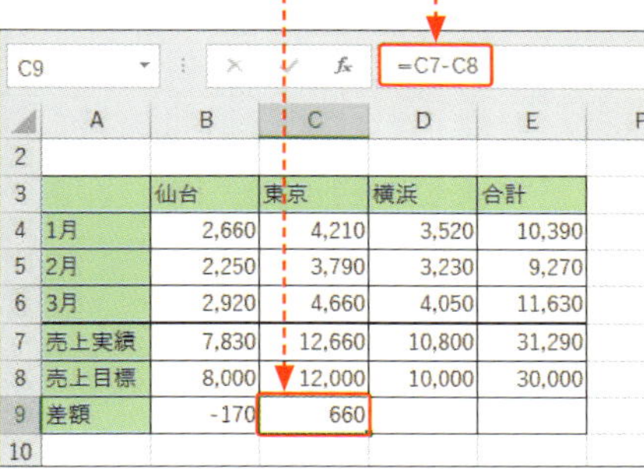

	A	B	C	D	E
3		仙台	東京	横浜	合計
4	1月	2,660	4,210	3,520	10,390
5	2月	2,250	3,790	3,230	9,270
6	3月	2,920	4,660	4,050	11,630
7	売上実績	7,830	12,660	10,800	31,290
8	売上目標	8,000	12,000	10,000	30,000
9	差額	-170	660		

Memo

数式をコピーする

数式をコピーするには、数式が入力されているセル範囲を選択し、フィルハンドル（セルの右下隅にあるグリーンの四角形）をコピー先までドラッグします。

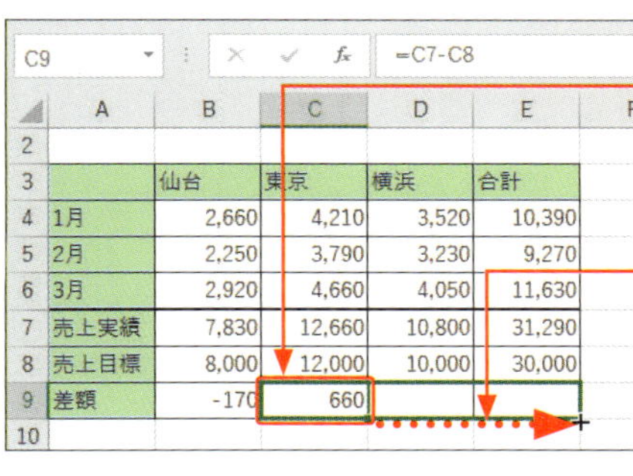

	A	B	C	D	E
3		仙台	東京	横浜	合計
4	1月	2,660	4,210	3,520	10,390
5	2月	2,250	3,790	3,230	9,270
6	3月	2,920	4,660	4,050	11,630
7	売上実績	7,830	12,660	10,800	31,290
8	売上目標	8,000	12,000	10,000	30,000
9	差額	-170	660		

1 数式が入力されているセル［C9］をクリックして、

2 フィルハンドルをドラッグすると、

たとえばセル［E9］の数式は、セル［E7］とセル［E8］の差額を計算する数式に変わります。

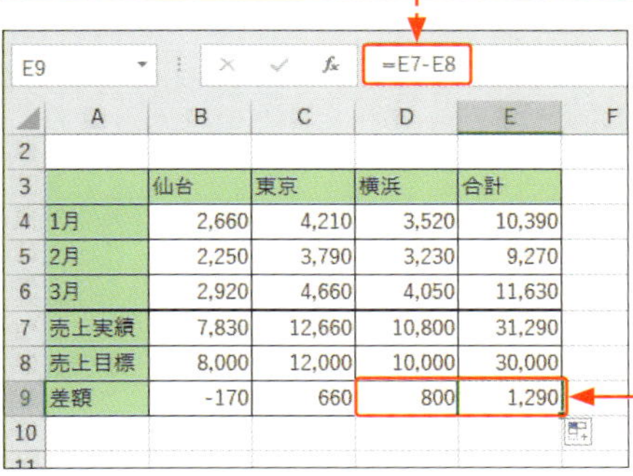

	A	B	C	D	E
3		仙台	東京	横浜	合計
4	1月	2,660	4,210	3,520	10,390
5	2月	2,250	3,790	3,230	9,270
6	3月	2,920	4,660	4,050	11,630
7	売上実績	7,830	12,660	10,800	31,290
8	売上目標	8,000	12,000	10,000	30,000
9	差額	-170	660	800	1,290

Memo

数式が入力されているセルのコピー

数式が入力されているセルをコピーすると、参照先のセルもそのセルと相対的な位置関係が保たれるように、セル参照が自動的に変化します。

3 数式がコピーされます。

20 計算する範囲を変更する

数式内のセル番地に対応するセル範囲は色付きの枠（カラーリファレンス）で囲まれて表示されます。この枠をドラッグすることで、計算する範囲を変更することができます。

1 参照先のセル範囲を変更する

セル［B2］の数式が参照しているセル［E5］をセル［E8］に変更します。

1 このセルをダブルクリックして、カラーリファレンスを表示します。

2 参照先のセル範囲を示す枠にマウスポインターを合わせると、ポインターの形が変わるので、

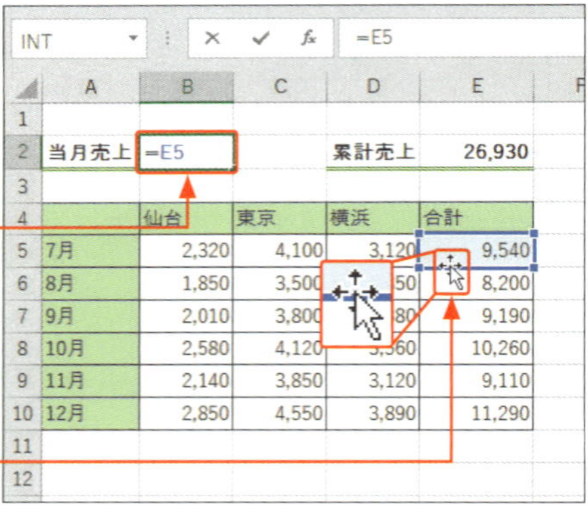

	A	B	C	D	E
1					
2	当月売上	=E5		累計売上	26,930
3					
4		仙台	東京	横浜	合計
5	7月	2,320	4,100	3,120	9,540
6	8月	1,850	3,500		8,200
7	9月	2,010	3,800		9,190
8	10月	2,580	4,120		10,260
9	11月	2,140	3,850	3,120	9,110
10	12月	2,850	4,550	3,890	11,290

3 セル［E8］までカラーリファレンスの枠をドラッグします。

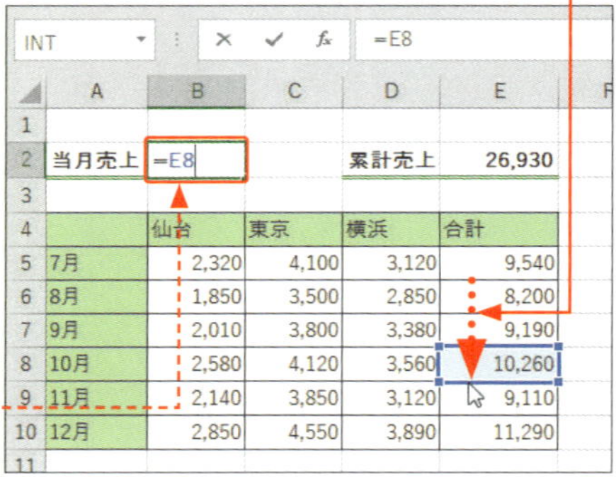

	A	B	C	D	E
1					
2	当月売上	=E8		累計売上	26,930
3					
4		仙台	東京	横浜	合計
5	7月	2,320	4,100	3,120	9,540
6	8月	1,850	3,500	2,850	8,200
7	9月	2,010	3,800	3,380	9,190
8	10月	2,580	4,120	3,560	10,260
9	11月	2,140	3,850	3,120	9,110
10	12月	2,850	4,550	3,890	11,290

枠を移動すると、数式のセル番地も変更されます。

Keyword

カラーリファレンス

「カラーリファレンス」とは、数式内のセル番地とそれに対応するセル範囲に色を付けて、対応関係を示す機能のことです。

2 参照先のセル範囲を広げる

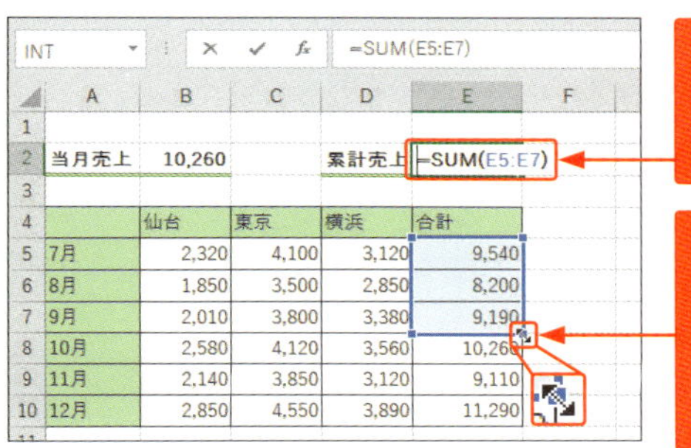

	A	B	C	D	E	F
1						
2	当月売上	10,260		累計売上	=SUM(E5:E7)	
3						
4		仙台	東京	横浜	合計	
5	7月	2,320	4,100	3,120	9,540	
6	8月	1,850	3,500	2,850	8,200	
7	9月	2,010	3,800	3,380	9,190	
8	10月	2,580	4,120	3,560	10,260	
9	11月	2,140	3,850	3,120	9,110	
10	12月	2,850	4,550	3,890	11,290	

1 このセルをダブルクリックして、カラーリファレンスを表示します。

2 参照先のセル範囲を示す枠の右下隅のハンドルにマウスポインターを合わせると、ポインターの形が変わるので、

3 セル［E10］までドラッグします。

4 Enterを押すと、

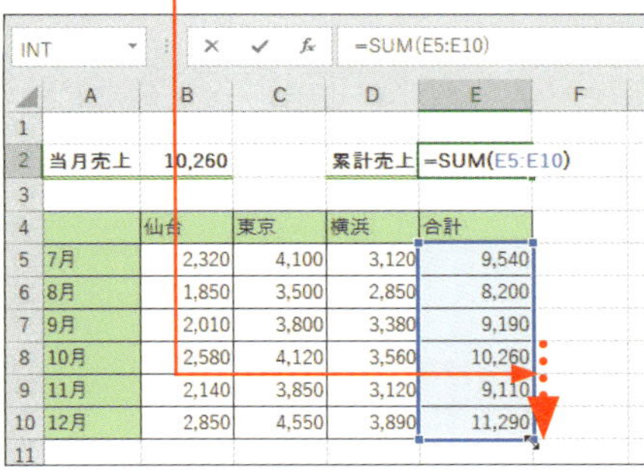

	A	B	C	D	E	F
1						
2	当月売上	10,260		累計売上	=SUM(E5:E10)	
3						
4		仙台	東京	横浜	合計	
5	7月	2,320	4,100	3,120	9,540	
6	8月	1,850	3,500	2,850	8,200	
7	9月	2,010	3,800	3,380	9,190	
8	10月	2,580	4,120	3,560	10,260	
9	11月	2,140	3,850	3,120	9,110	
10	12月	2,850	4,550	3,890	11,290	
11						

5 参照するセル範囲が変更され、合計が再計算されます。

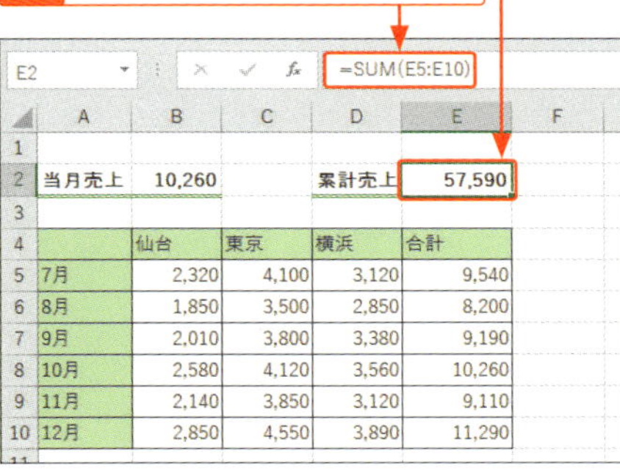

	A	B	C	D	E	F
1						
2	当月売上	10,260		累計売上	57,590	
3						
4		仙台	東京	横浜	合計	
5	7月	2,320	4,100	3,120	9,540	
6	8月	1,850	3,500	2,850	8,200	
7	9月	2,010	3,800	3,380	9,190	
8	10月	2,580	4,120	3,560	10,260	
9	11月	2,140	3,850	3,120	9,110	
10	12月	2,850	4,550	3,890	11,290	

Memo

セル範囲の指定

連続するセル範囲を指定するときは、開始セルと終了セルを「：」（コロン）で区切ります。たとえば手順**1**の図では、セル［E5］、［E6］、［E7］の値の合計を求めているので、「E5:E7」と指定しています。

Memo

参照先はどの方向にも広げられる

カラーリファレンスに表示される四隅のハンドルをドラッグすることで、参照先をどの方向にも広げる（狭める）ことができます。

21 計算の対象を自動で切り替える~参照方式

セルの参照方式には、相対参照、絶対参照、複合参照があり、目的に応じて使い分けることができます。ここでは、3種類の参照方式の違いと、参照方式の切り替え方法を確認しておきましょう。

1 相対参照・絶対参照・複合参照の違い

相対参照

相対参照でセル[A1]を参照する数式をセル[B2]にコピーすると、参照先が[A2]に変化します。

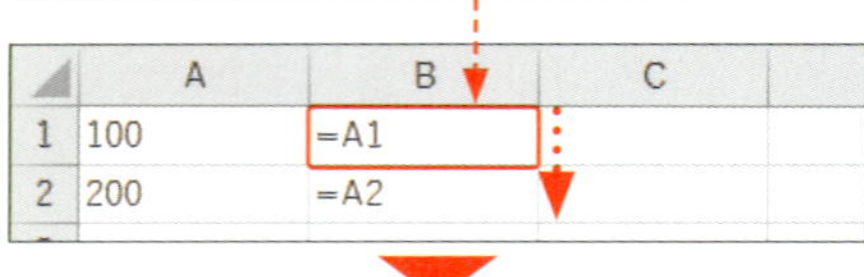

	A	B	C
1	100	=A1	
2	200	=A2	

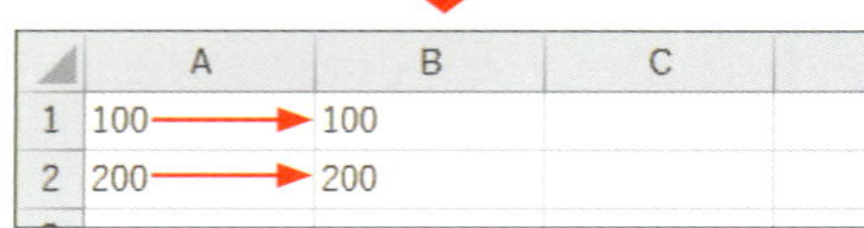

	A	B	C
1	100	100	
2	200	200	

Keyword

相対参照

「相対参照」とは、数式が入力されているセルを基点として、ほかのセルの位置を相対的な位置関係で指定する参照方式のことです。

絶対参照

絶対参照でセル[A1]を参照する数式をセル[B2]にコピーしても、参照先は[A1]のまま固定されます。

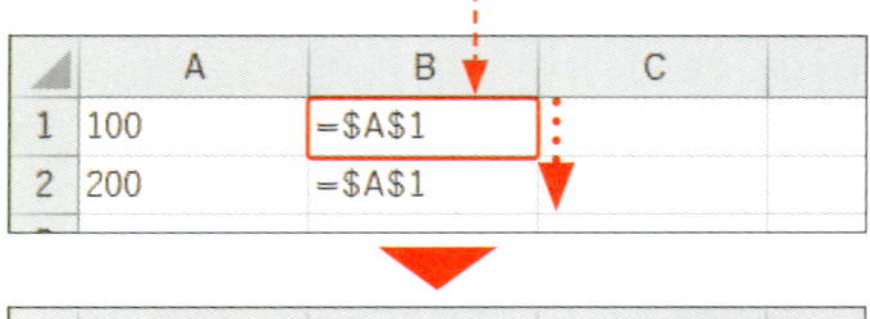

	A	B	C
1	100	=$A$1	
2	200	=$A$1	

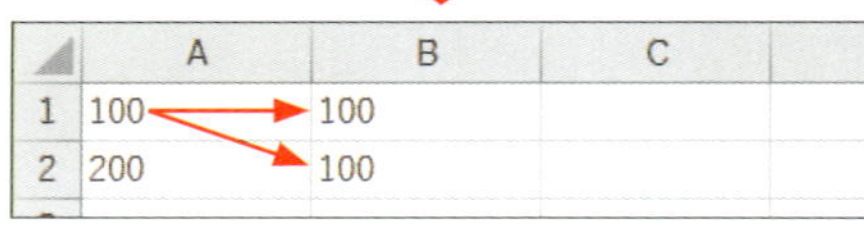

	A	B	C
1	100	100	
2	200	100	

Keyword

絶対参照

「絶対参照」とは、参照するセル番地を固定する参照方式のことです。数式をコピーしても、参照するセル番地は変わりません。

複合参照

行だけを絶対参照にして、セル [A1] を参照する数式をセル [B2] とセル [C1] [C2] にコピーすると、参照先の行だけが固定されます。

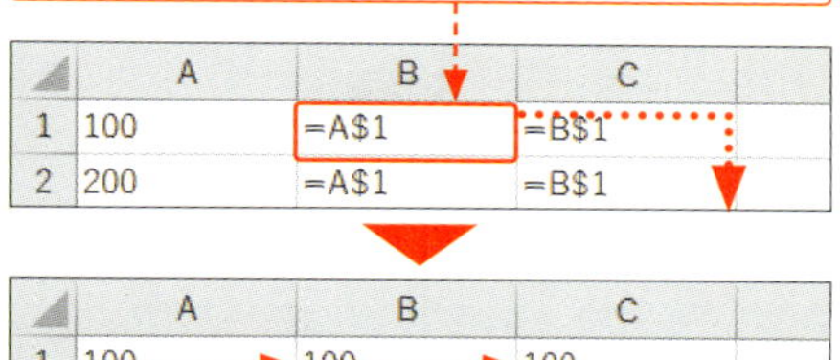

> **Keyword**
>
> **複合参照**
>
> 「複合参照」とは、相対参照と絶対参照を組み合わせた参照方式のことです。「列が相対参照、行が絶対参照」「列が絶対参照、行が相対参照」の2種類があります。

2 参照方式を切り替える

1 「=」を入力して、参照先のセル（ここではセル [A1]）をクリックします。

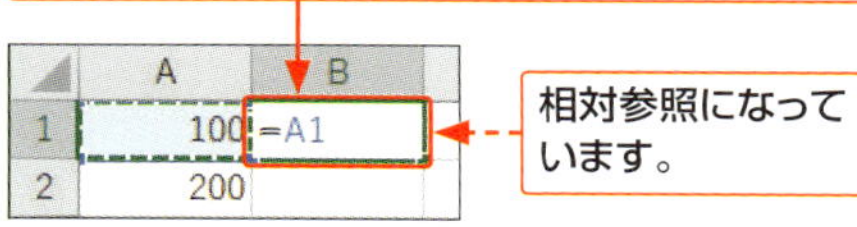

相対参照になっています。

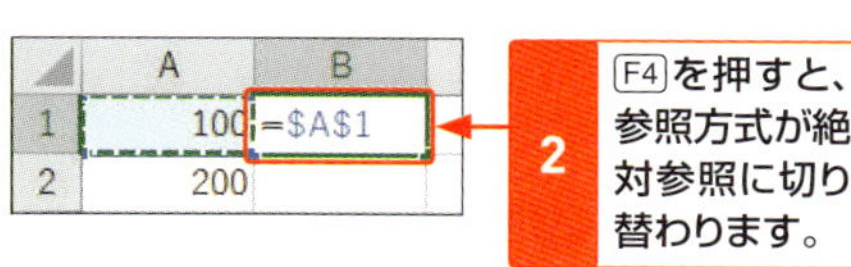

2 F4 を押すと、参照方式が絶対参照に切り替わります。

3 続けて F4 を押すと、「列が相対参照、行が絶対参照」の複合参照に切り替わります。

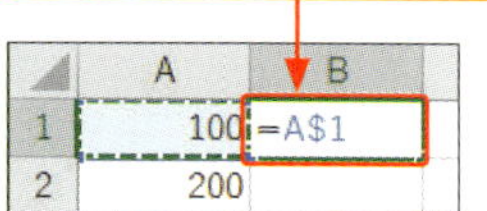

4 続けて F4 を押すと、「列が絶対参照、行が相対参照」の複合参照に切り替わります。

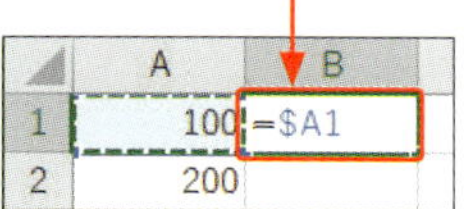

> **Memo**
>
> **参照方式の切り替え**
>
> 参照方式の切り替えは、F4 を使うとかんたんです。F4 を押すたびに参照方式が切り替わります。

> **Hint**
>
> **あとから参照方式を変更するには？**
>
> 入力を確定してしまったセル番地の参照方式を変更するには、目的のセルをダブルクリックしてから、変更したいセル番地をドラッグして選択し、F4 を押します。

Section 22 常に同じセルを使って計算する～絶対参照

初期設定では相対参照が使用されているので、コピー先のセル番地に合わせて参照先のセルが自動的に変更されます。特定のセルを常に参照させたい場合は、絶対参照を利用します。

1 相対参照でコピーすると…

売値×原価率から原価額を求めます。

参照先のセル

1 原価額を求めるために、セル[B5]とセル[C2]を参照した数式(ここでは「=B5*C2」)を入力します。

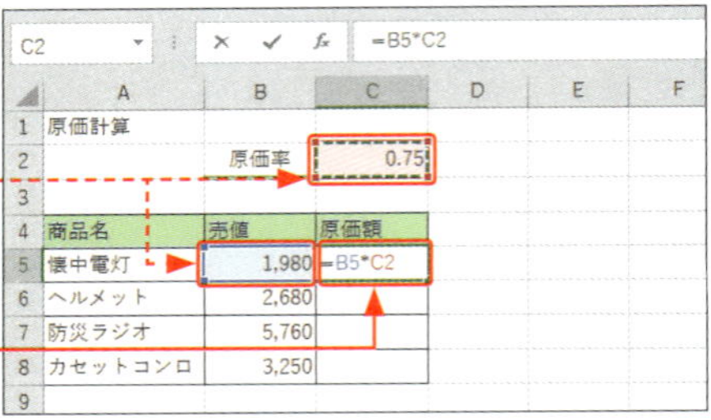

C2 =B5*C2

	A	B	C	D	E	F
1	原価計算					
2		原価率	0.75			
3						
4	商品名	売値	原価額			
5	懐中電灯	1,980	=B5*C2			
6	ヘルメット	2,680				
7	防災ラジオ	5,760				
8	カセットコンロ	3,250				
9						

2 Enterを押して、計算結果を求め、

3 数式を入力したセルをコピーします。

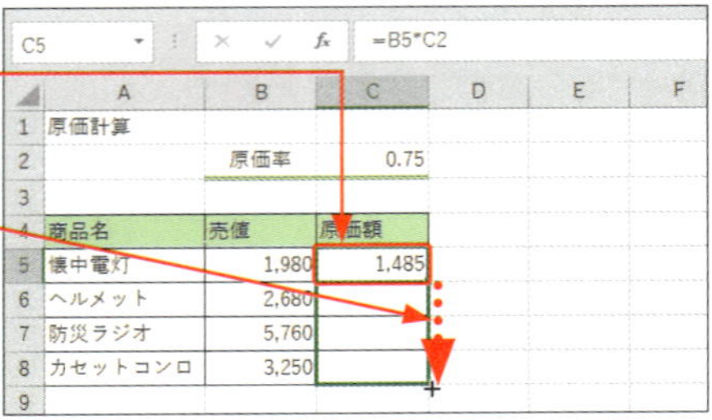

C5 =B5*C2

	A	B	C	D	E	F
1	原価計算					
2		原価率	0.75			
3						
4	商品名	売値	原価額			
5	懐中電灯	1,980	1,485			
6	ヘルメット	2,680				
7	防災ラジオ	5,760				
8	カセットコンロ	3,250				
9						

> **Memo**
>
> **相対参照の利用**
>
> セル[C5]をセル範囲[C6:C8]にコピーすると、相対参照を使用しているために、計算結果が正しく求められません。

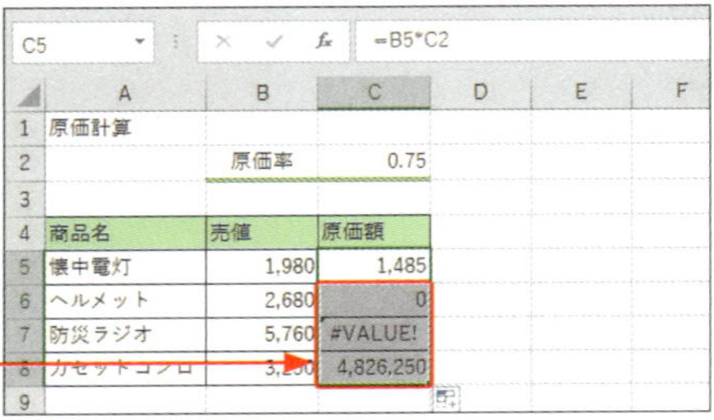

C5 =B5*C2

	A	B	C	D	E	F
1	原価計算					
2		原価率	0.75			
3						
4	商品名	売値	原価額			
5	懐中電灯	1,980	1,485			
6	ヘルメット	2,680	0			
7	防災ラジオ	5,760	#VALUE!			
8	カセットコンロ	3,250	4,826,250			
9						

4 正しい計算結果が表示されません。

2 数式を絶対参照にしてコピーする

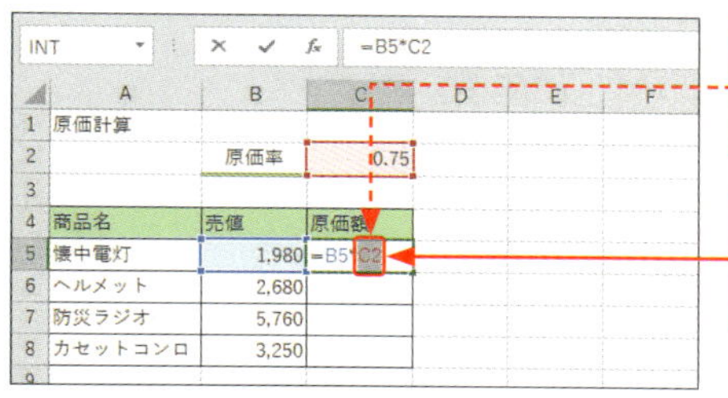

原価率のセルを参照させるために、セル[C2]を固定します。

1 参照を固定したいセル番地[C2]をドラッグして選択し、

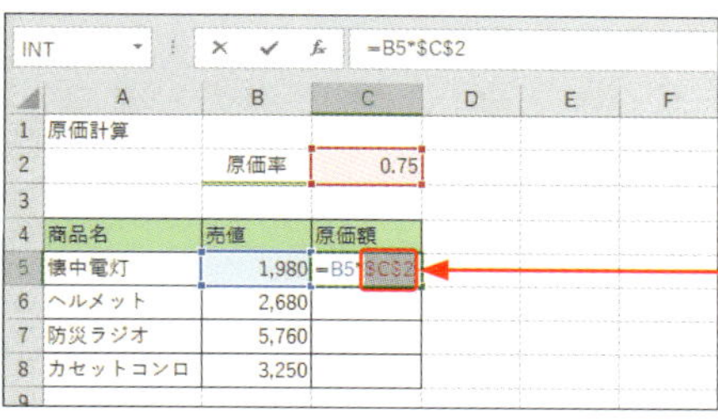

2 F4 を押すと、

3 セル[C2]が[$C$2]に変わり、絶対参照になります。

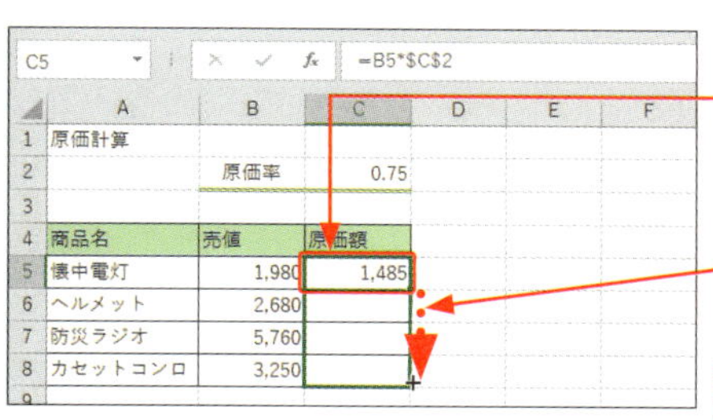

4 Enter を押して、計算結果を表示します。

5 数式を入力したセルをコピーすると、

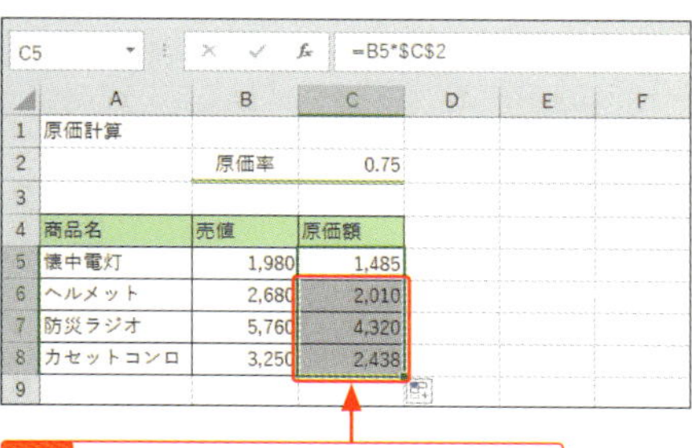

6 正しい計算結果が表示されます。

Memo

絶対参照の利用

参照を固定したいセル[C2]を絶対参照に変更すると、セル[C5]の数式をセル範囲[C6:C8]にコピーしても、セル[C2]へのセル参照が保持され、計算が正しく行われます。

行または列を固定して計算する～複合参照

セル参照が入力されたセルをコピーするときに、**行と列のどちらか一方を絶対参照**にして、**もう一方を相対参照**にしたい場合は、複合参照を利用します。

1 複合参照でコピーする

1 「=B5」と入力して、F4を3回押すと、

2 列［B］が絶対参照、行［5］が相対参照になります。

B5 =$B5

	A	B	C	D
1	原価計算			
2		原価率	0.75	0.8
3				
4	商品名	売値	原価額a	原価額b
5	懐中電灯	1,980	=$B5	
6	ヘルメット	2,680		
7	防災ラジオ	5,760		
8	カセットコンロ	3,250		
9				

3 「*C2」と入力して、F4を2回押すと、

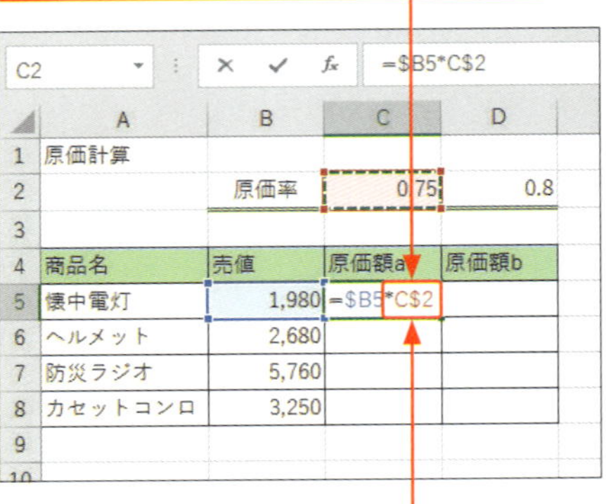

4 列［C］が相対参照、行［2］が絶対参照になります。

Memo

複合参照の利用

列［B］に「売値」、行［2］に「原価率」を入力し、それぞれの項目が交差する位置に原価額を求める表を作成する場合、原価額を求める数式は、常に列［B］と行［2］のセルを参照する必要があります。このようなときは、列または行のいずれかの参照先を固定する複合参照を利用します。

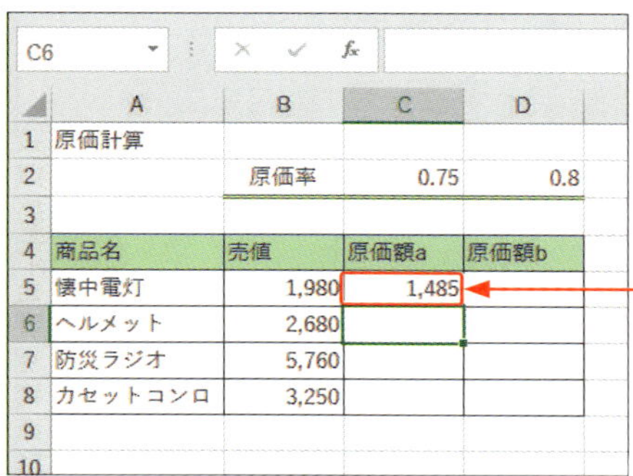

C6

	A	B	C	D
1	原価計算			
2		原価率	0.75	0.8
3				
4	商品名	売値	原価額a	原価額b
5	懐中電灯	1,980	1,485	
6	ヘルメット	2,680		
7	防災ラジオ	5,760		
8	カセットコンロ	3,250		
9				
10				

5 Enterを押して、計算結果を求めます。

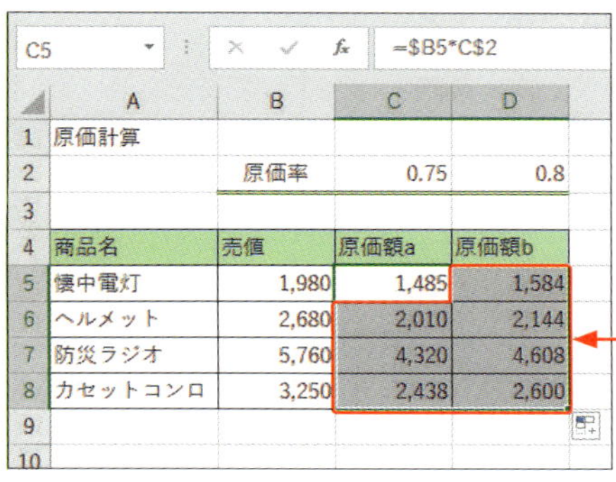

C5 =$B5*C$2

	A	B	C	D
1	原価計算			
2		原価率	0.75	0.8
3				
4	商品名	売値	原価額a	原価額b
5	懐中電灯	1,980	1,485	1,584
6	ヘルメット	2,680	2,010	2,144
7	防災ラジオ	5,760	4,320	4,608
8	カセットコンロ	3,250	2,438	2,600
9				
10				

6 セル[C5]の数式を、計算するセル範囲にコピーします。

数式を表示して確認する

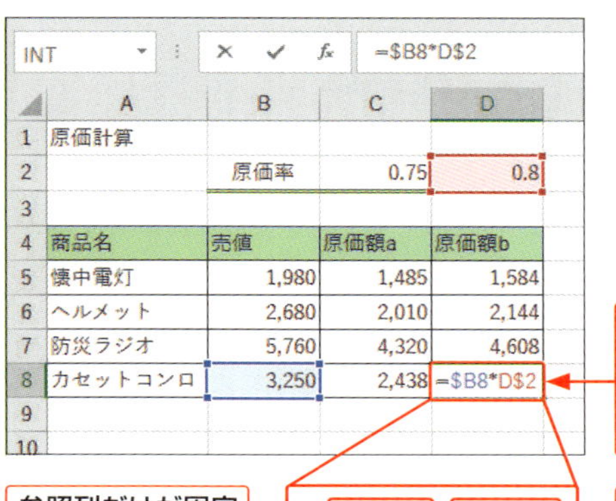

INT =$B8*D$2

	A	B	C	D
1	原価計算			
2		原価率	0.75	0.8
3				
4	商品名	売値	原価額a	原価額b
5	懐中電灯	1,980	1,485	1,584
6	ヘルメット	2,680	2,010	2,144
7	防災ラジオ	5,760	4,320	4,608
8	カセットコンロ	3,250	2,438	=$B8*D$2
9				
10				

1 このセルをダブルクリックして、セルの参照方式を確認します。

参照列だけが固定されています。

=$B8*D$2

参照行だけが固定されています。

第3章 数式や関数の利用

24 合計や平均を計算する

表を作成する際は、行や列の合計を求める作業が頻繁に行われます。この場合は<オートSUM>を利用すると、数式を入力する手間が省け、計算ミスを防ぐことができます。

1 連続したセル範囲のデータの合計を求める

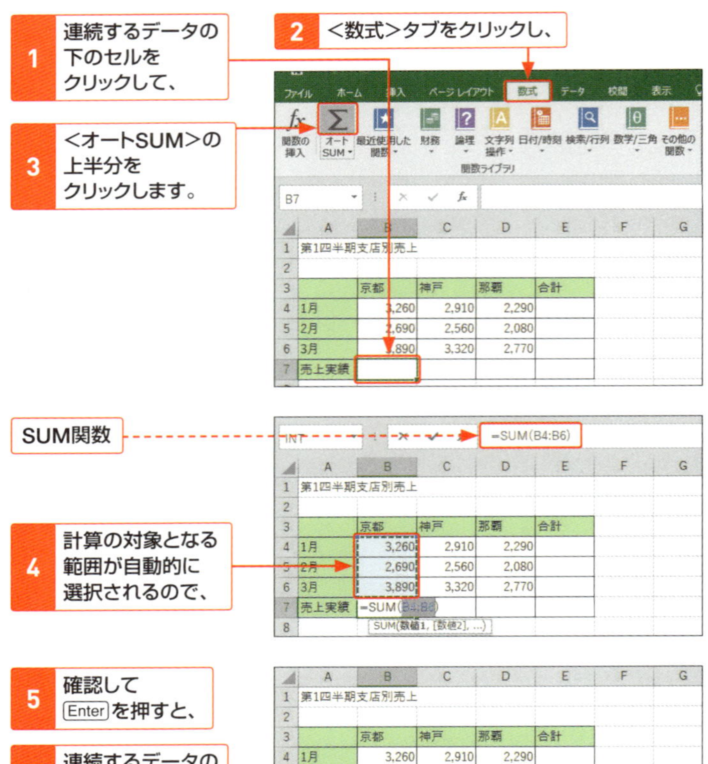

2 離れた位置にあるセルに合計を求める

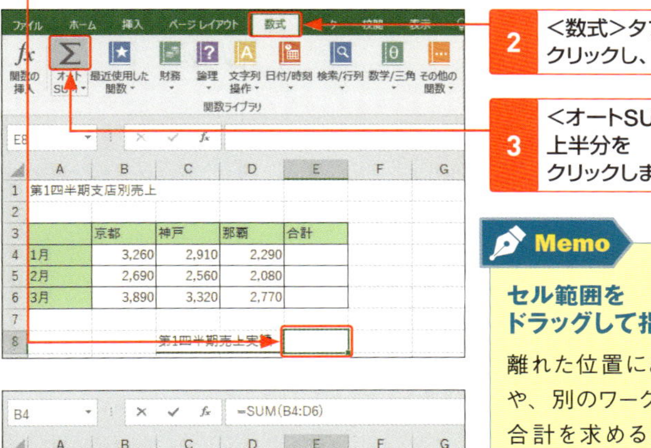

2 <数式>タブをクリックし、

3 <オートSUM>の上半分をクリックします。

> **Memo**
>
> **セル範囲をドラッグして指定する**
>
> 離れた位置にあるセルや、別のワークシートに合計を求める場合は、セル範囲をドラッグして指定します。

B4 =SUM(B4:D6)

	A	B	C	D	E	F	G
1	第1四半期支店別売上						
2							
3		京都	神戸	那覇	合計		
4	1月	3,260	2,910	2,290			
5	2月	2,690	2,560	2,080			
6	3月	3,890	3,320	2,770			
7							
8			第1四半期売上実績		=SUM(B4:D6)		
9					SUM(数値1, [数値2], ...)		

4 合計の対象とするデータのセル範囲をドラッグして、

	A	B	C	D	E
2					
3		京都	神戸	那覇	合計
4	1月	3,260	2,910	2,290	
5	2月	2,690	2,560	2,080	
6	3月	3,890	3,320	2,770	
7					
8			第1四半期売上実績		25,770

5 Enterを押すと、

6 指定したセル範囲の合計が求められます。

> **Keyword**
>
> **SUM関数**
>
> <オートSUM>を利用して合計を求めたセルには、引数（P.86参照）に指定された数値やセル範囲の合計を求める「SUM関数」が入力されています。<オートSUM>は、<ホーム>タブの<編集>グループから利用することもできます。
>
> 書式：＝SUM（数値1, [数値2] ,…）

第3章 数式や関数の利用

3 複数の列や行の合計をまとめて求める

1 列の合計を入力するセル範囲を選択して、

2 <数式>タブをクリックし、

3 <オートSUM>の上半分をクリックすると、

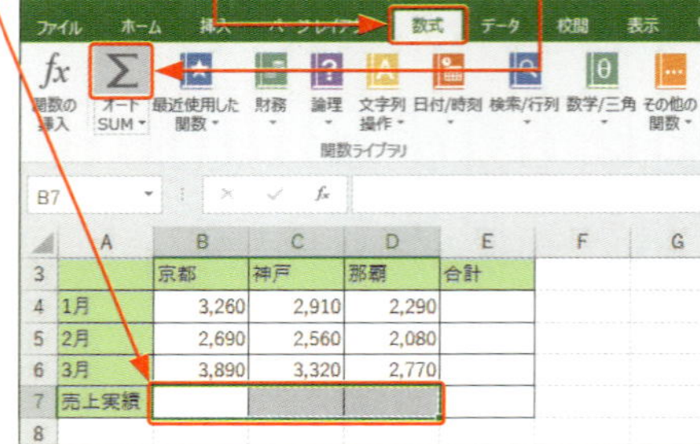

	A	B	C	D	E	F	G
3		京都	神戸	那覇	合計		
4	1月	3,260	2,910	2,290			
5	2月	2,690	2,560	2,080			
6	3月	3,890	3,320	2,770			
7	売上実績						
8							

> **Memo**
>
> **複数の行の合計を求める**
>
> 同様の操作を行に対して行うと、複数の行の合計をまとめて求めることができます。

B7 =SUM(B4:B6)

	A	B	C	D	E	F	G
3		京都	神戸	那覇	合計		
4	1月	3,260	2,910	2,290			
5	2月	2,690	2,560	2,080			
6	3月	3,890	3,320	2,770			
7	売上実績	9,840	8,790	7,140			
8							
9							

4 選択したすべてのセルに列の合計が求められます。

> **Hint**
>
> **<クイック分析>の利用**
>
> Excel 2016では、連続したセル範囲の合計や平均を求める場合に、<クイック分析>を利用することができます。

1 合計の対象とするセル範囲をドラッグして、<クイック分析>をクリックし、

2 <合計>をクリックして、

3 目的のコマンド(ここでは<合計>)をクリックします。

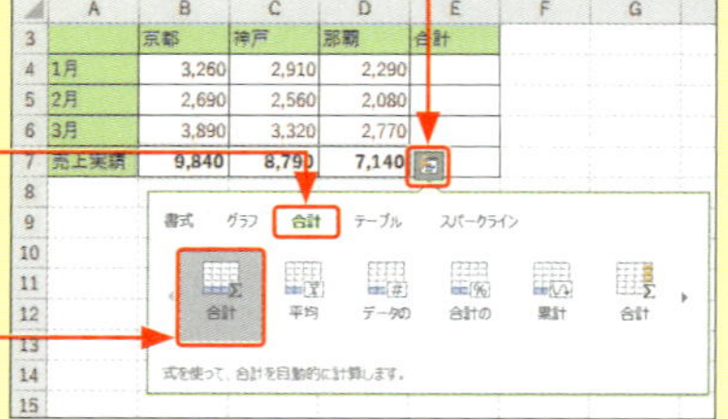

4 平均を求める

1 平均を求めるセルをクリックして、

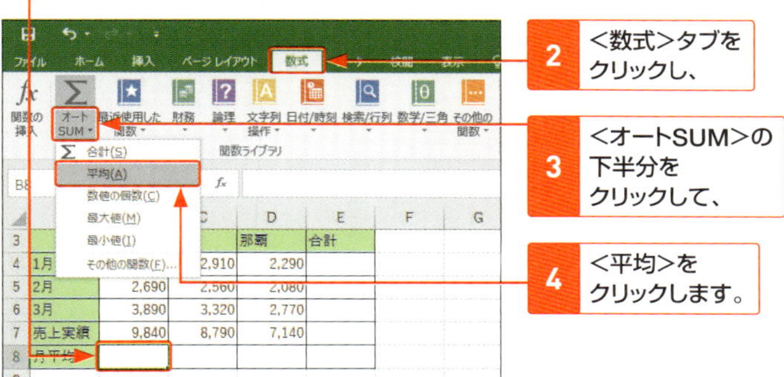

2 <数式>タブをクリックし、

3 <オートSUM>の下半分をクリックして、

4 <平均>をクリックします。

B4 =AVERAGE(B4:B6)

AVERAGE関数

	A	B	C	D	E	F	G
3		京都	神戸	那覇	合計		
4	1月	3,260	2,910	2,290			
5	2月	2,690	2,560	2,080			
6	3月	3,890	3,320	2,770			
7	売上実績	9,840	8,790	7,140			
8	月平均	=AVERAGE(B4:B6)					
9		AVERAGE(数値1, [数値2], ...)					

5 計算対象のセル範囲をドラッグして、

B9

	A	B	C	D	E	F	G
3		京都	神戸	那覇	合計		
4	1月	3,260	2,910	2,290			
5	2月	2,690	2,560	2,080			
6	3月	3,890	3,320	2,770			
7	売上実績	9,840	8,790	7,140			
8	月平均	3,280					
9							

6 Enterを押すと、

7 指定したセル範囲の平均が求められます。

Keyword

AVERAGE関数

「AVERAGE関数」は、引数に指定された数値やセル範囲の平均を求める関数です。

書式：＝AVERAGE（数値1, [数値2] ,…）

Section 25 関数を入力する

関数とは、特定の計算を自動的に行うためにExcelにあらかじめ用意されている機能のことです。関数を利用すれば、面倒な計算や各種作業をかんたんに効率的に行うことができます。

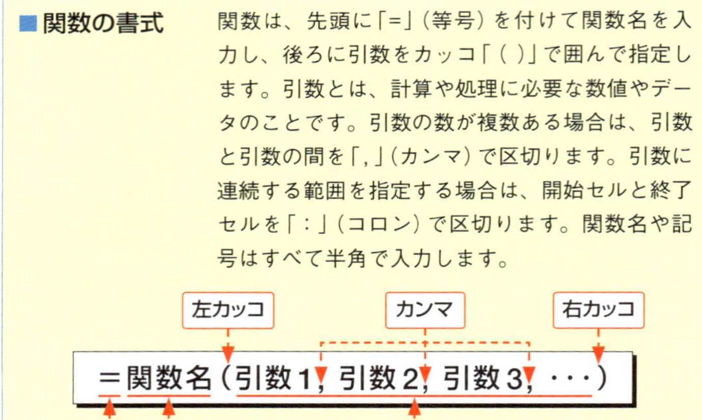

■関数の書式

関数は、先頭に「=」（等号）を付けて関数名を入力し、後ろに引数をカッコ「( )」で囲んで指定します。引数とは、計算や処理に必要な数値やデータのことです。引数の数が複数ある場合は、引数と引数の間を「,」（カンマ）で区切ります。引数に連続する範囲を指定する場合は、開始セルと終了セルを「:」（コロン）で区切ります。関数名や記号はすべて半角で入力します。

1 <関数ライブラリ>から関数を入力する

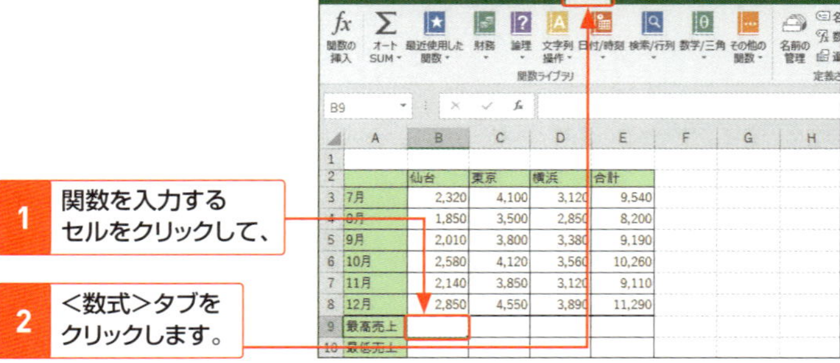

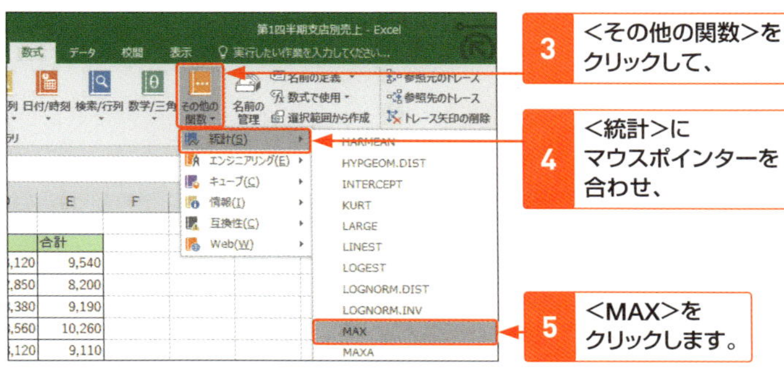

3 <その他の関数>をクリックして、

4 <統計>にマウスポインターを合わせ、

5 <MAX>をクリックします。

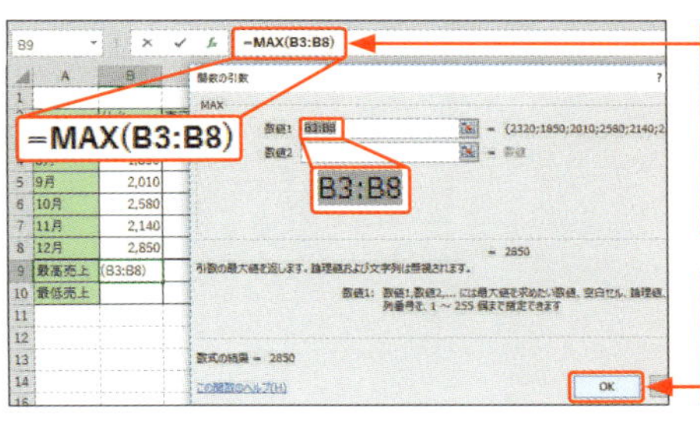

6 <関数の引数>ダイアログボックスが表示され、関数と引数が自動的に入力されます。

7 計算するセル範囲を確認して、<OK>をクリックすると、

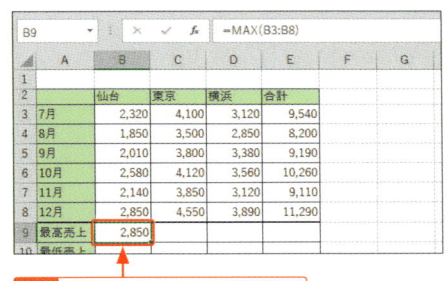

B9　=MAX(B3:B8)

	A	B	C	D	E	F	G
1							
2		仙台	東京	横浜	合計		
3	7月	2,320	4,100	3,120	9,540		
4	8月	1,850	3,500	2,850	8,200		
5	9月	2,010	3,800	3,380	9,190		
6	10月	2,580	4,120	3,560	10,260		
7	11月	2,140	3,850	3,120	9,110		
8	12月	2,850	4,550	3,890	11,290		
9	最高売上	2,850					
10	最低売上						

8 関数が入力され、計算結果が表示されます。

Memo

引数の指定

関数が入力されたセルの上方向または左方向のセルに数値が入力されていると、それらのセルが自動的に引数として選択されます。

Keyword

MAX関数

「MAX関数」は、引数に指定された数値やセル範囲の最大値を求める関数です。

書式：=MAX（引数1,［引数2］,…）

2 <関数の挿入>から関数を入力する

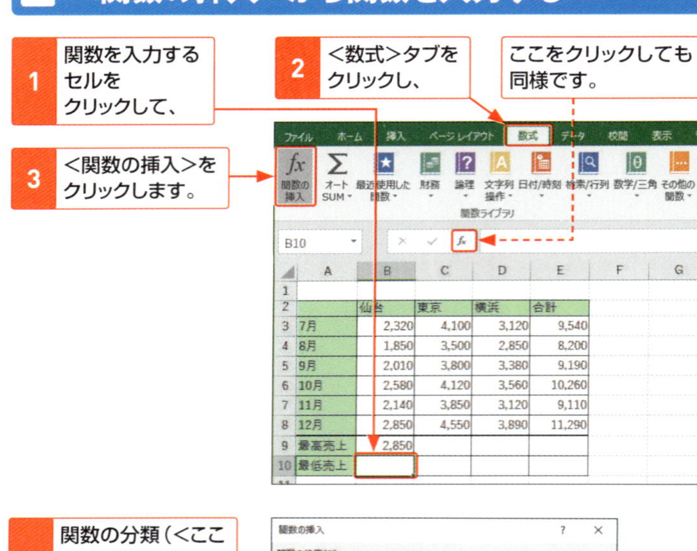

	A	B	C	D	E
1					
2		仙台	東京	横浜	合計
3	7月	2,320	4,100	3,120	9,540
4	8月	1,850	3,500	2,850	8,200
5	9月	2,010	3,800	3,380	9,190
6	10月	2,580	4,120	3,560	10,260
7	11月	2,140	3,850	3,120	9,110
8	12月	2,850	4,550	3,890	11,290
9	最高売上	2,850			
10	最低売上				

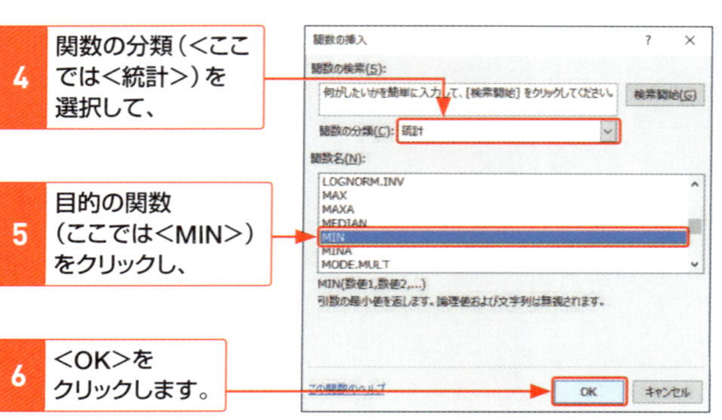

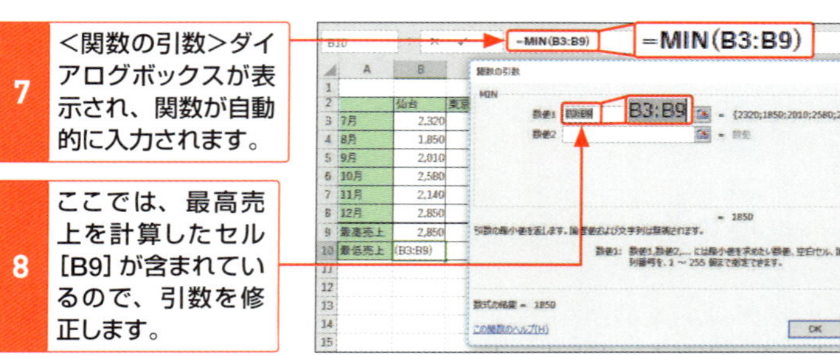

7 <関数の引数>ダイアログボックスが表示され、関数が自動的に入力されます。
8 ここでは、最高売上を計算したセル[B9]が含まれているので、引数を修正します。
=MIN(B3:B9)
=MIN(B3:B9)
関数の引数
MIN
数値1
B3:B9
数値2
数式の結果 = 1850
この関数のヘルプ(H)
OK

第3章 数式や関数の利用

9 引数に指定するセル範囲をドラッグして選択し直します。

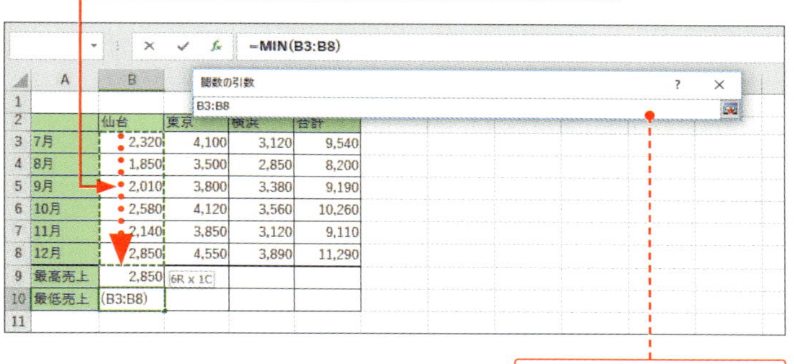

セル範囲のドラッグ中は、ダイアログボックスが折りたたまれます。

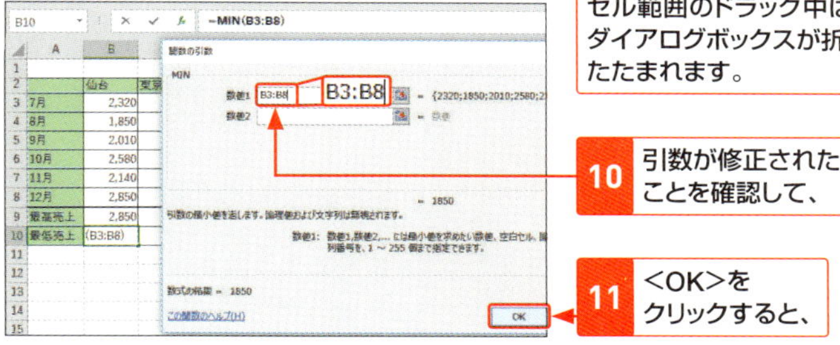

10 引数が修正されたことを確認して、

11 <OK>をクリックすると、

	A	B	C	D	E	F	G
1							
2		仙台	東京	横浜	合計		
3	7月	2,320	4,100	3,120	9,540		
4	8月	1,850	3,500	2,850	8,200		
5	9月	2,010	3,800	3,380	9,190		
6	10月	2,580	4,120	3,560	10,260		
7	11月	2,140	3,850	3,120	9,110		
8	12月	2,850	4,550	3,890	11,290		
9	最高売上	2,850					
10	最低売上	1,850					
11							

12 関数が入力され、計算結果が表示されます。

Keyword

MIN関数

「MIN関数」は、引数に指定された数値やセル範囲の最小値を求める関数です。

書式：＝MIN（引数1, [引数2] ,…）

3 関数を直接入力する

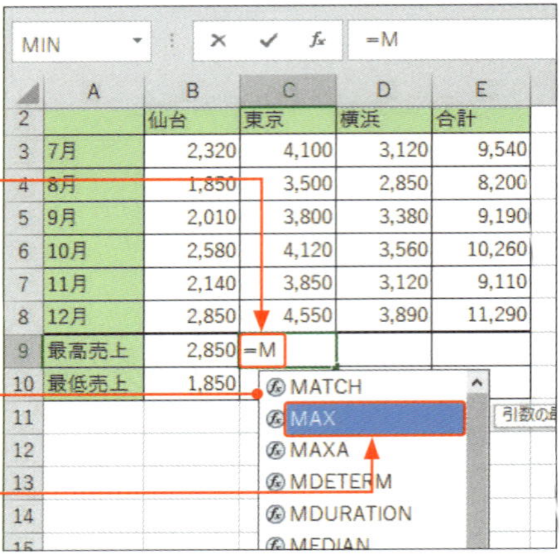

1 関数を入力するセルをクリックし、「=」（等号）に続けて関数を1文字以上入力すると、

2 「数式オートコンプリート」が表示されます。

3 入力したい関数をダブルクリックすると、

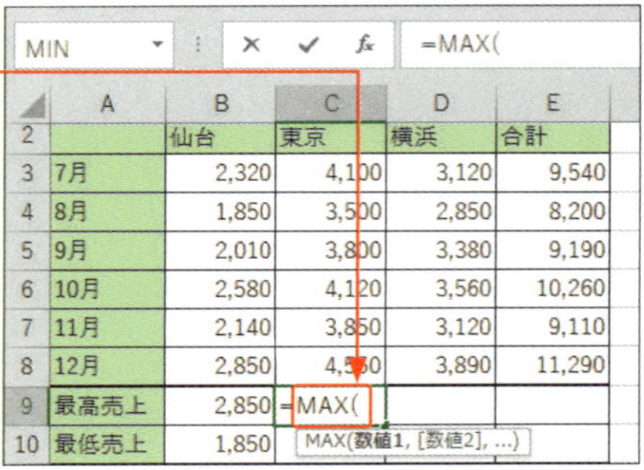

	A	B	C	D	E
2		仙台	東京	横浜	合計
3	7月	2,320	4,100	3,120	9,540
4	8月	1,850	3,500	2,850	8,200
5	9月	2,010	3,800	3,380	9,190
6	10月	2,580	4,120	3,560	10,260
7	11月	2,140	3,850	3,120	9,110
8	12月	2,850	4,550	3,890	11,290
9	最高売上	2,850	=M		
10	最低売上	1,850			

MIN　=M　MATCH　MAX　MAXA　MDETERM　MDURATION　MEDIAN

4 関数名と「(」（左カッコ）が入力されます。

	A	B	C	D	E
2		仙台	東京	横浜	合計
3	7月	2,320	4,100	3,120	9,540
4	8月	1,850	3,500	2,850	8,200
5	9月	2,010	3,800	3,380	9,190
6	10月	2,580	4,120	3,560	10,260
7	11月	2,140	3,850	3,120	9,110
8	12月	2,850	4,550	3,890	11,290
9	最高売上	2,850	=MAX(		
10	最低売上	1,850	MAX(数値1, [数値2], ...)		

MIN　=MAX(

Memo

数式バーに関数を入力する

関数は、数式バーに入力することもできます。関数を入力したいセルをクリックしてから、数式バーをクリックして入力します。数式オートコンプリートも表示されます。

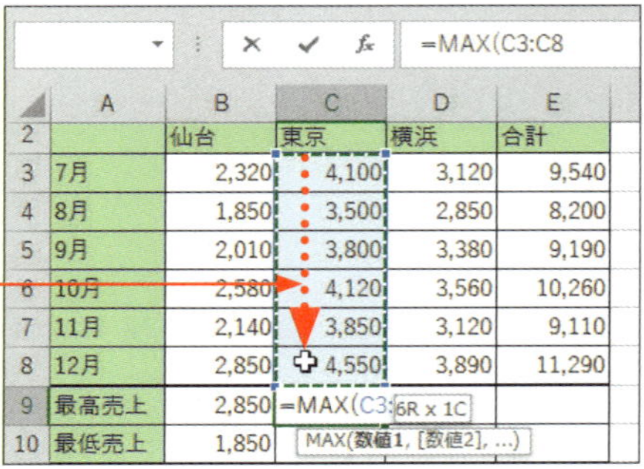

5 引数をドラッグして指定し、

	A	B	C	D	E
2		仙台	東京	横浜	合計
3	7月	2,320	4,100	3,120	9,540
4	8月	1,850	3,500	2,850	8,200
5	9月	2,010	3,800	3,380	9,190
6	10月	2,580	4,120	3,560	10,260
7	11月	2,140	3,850	3,120	9,110
8	12月	2,850	4,550	3,890	11,290
9	最高売上	2,850	=MAX(C3: 6R x 1C		
10	最低売上	1,850	MAX(数値1, [数値2], ...)		

=MAX(C3:C8

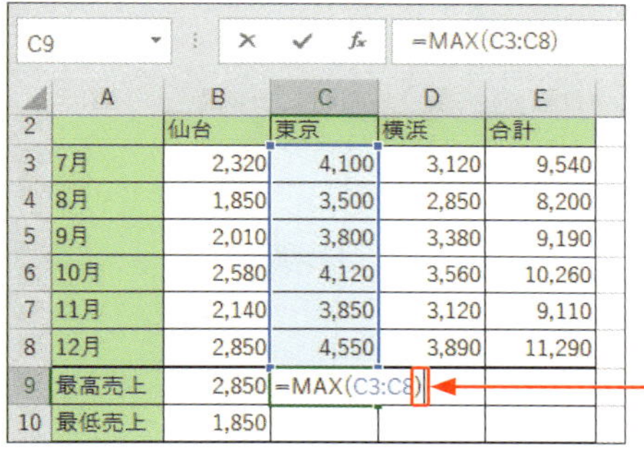

C9 =MAX(C3:C8)

	A	B	C	D	E
2		仙台	東京	横浜	合計
3	7月	2,320	4,100	3,120	9,540
4	8月	1,850	3,500	2,850	8,200
5	9月	2,010	3,800	3,380	9,190
6	10月	2,580	4,120	3,560	10,260
7	11月	2,140	3,850	3,120	9,110
8	12月	2,850	4,550	3,890	11,290
9	最高売上	2,850	=MAX(C3:C8)		
10	最低売上	1,850			

6 「)」(右カッコ)を入力して、

	A	B	C	D	E
2		仙台	東京	横浜	合計
3	7月	2,320	4,100	3,120	9,540
4	8月	1,850	3,500	2,850	8,200
5	9月	2,010	3,800	3,380	9,190
6	10月	2,580	4,120	3,560	10,260
7	11月	2,140	3,850	3,120	9,110
8	12月	2,850	4,550	3,890	11,290
9	最高売上	2,850	4,550		
10	最低売上	1,850			

7 Enter を押すと、

8 関数が入力され、計算結果が表示されます。

Memo

関数の入力方法

Excelで関数を入力するには、次の3通りの方法があります。

①<数式>タブの<関数ライブラリ>グループの各コマンドを使う。

②<数式>タブや<数式>バーの<関数の挿入>コマンドを使う。

③数式バーやセルに直接関数を入力する。

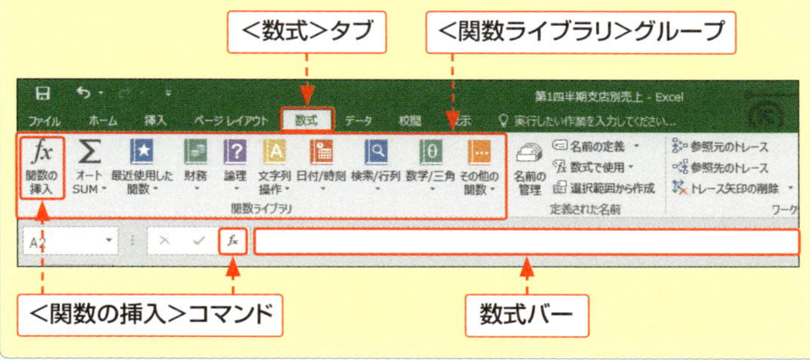

第3章 数式や関数の利用

26 セルの個数を数える

セルの個数を数えるときは、目的によって使い分けます。数値が入力されたセルの個数を数えるにはCOUNT関数を、空白以外のセルの個数を数えるにはCOUNTA関数を使います。

1 数値が入力されたセルの個数を数える

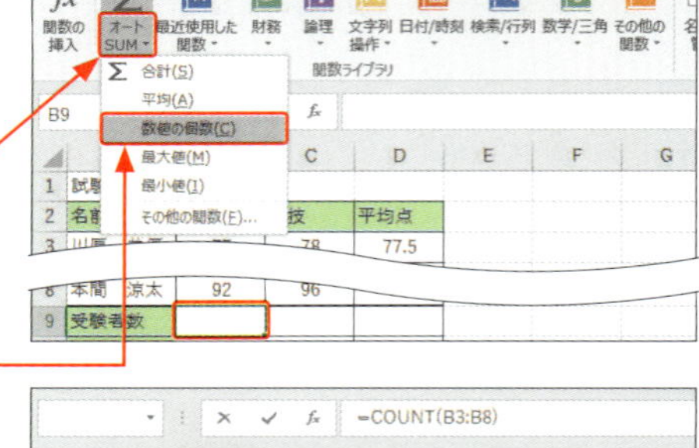

1 結果を表示するセル（ここではセル[B9]）をクリックして、＜数式＞タブをクリックし、

2 ＜オートSUM＞の下半分をクリックして、

3 ＜数値の個数＞をクリックします。

=COUNT(B3:B8)

	A	B	C	D
1	試験結果			
2	名前	知識	実技	平均点
3	川原　美優	77	78	77.5
4	桜樹　広昭	欠席	82	82
5	高梨　新一	92	90	91
6	堀田　真琴	68	欠席	68
7	宮田　穂希		90	90
8	本間　涼太	92	96	94
9	受験者数	=COUNT(		
10	在籍者数			

4 計算の対象となるセル範囲をドラッグして指定し、

5 Enterを押すと、

2	名前	知識	実技	平均点
3	川原　美優	77	78	77.5
4	桜樹　広昭	欠席	82	82
5	高梨　新一	92	90	91
6	堀田　真琴	68	欠席	68
7	宮田　穂希		90	90
8	本間　涼太	92	96	94
9	受験者数	4		

6 数値が入力されたセルの個数が求められます。

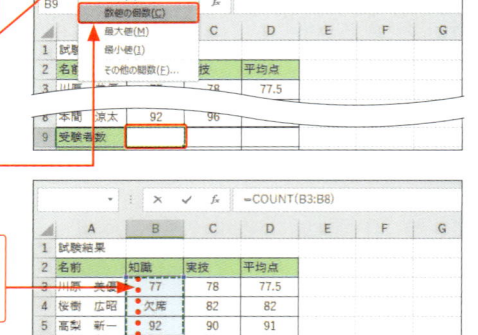

Keyword

COUNT関数

「COUNT関数」は、数値が入力されているセルの個数を数える関数です。

書式：＝COUNT（値1,[値2],…）

2 空白以外のセルの個数を数える

1 結果を表示するセル（ここではセル[B10]）をクリックして、<数式>タブをクリックします。

2 <その他の関数>をクリックして、

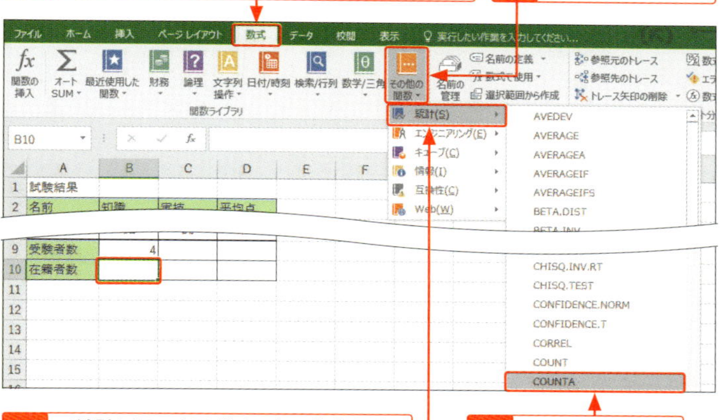

3 <統計>にマウスポインターを合わせ、

4 <COUNTA>をクリックします。

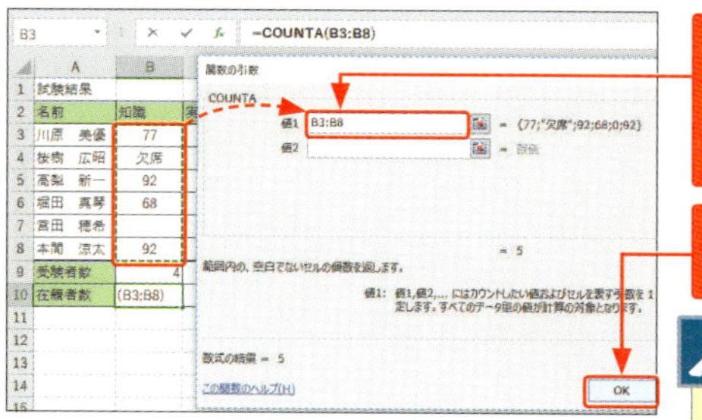

5 <値1>にセルの個数を求めるセル範囲（ここでは[B3:B8]）を指定して、

6 <OK>をクリックすると、

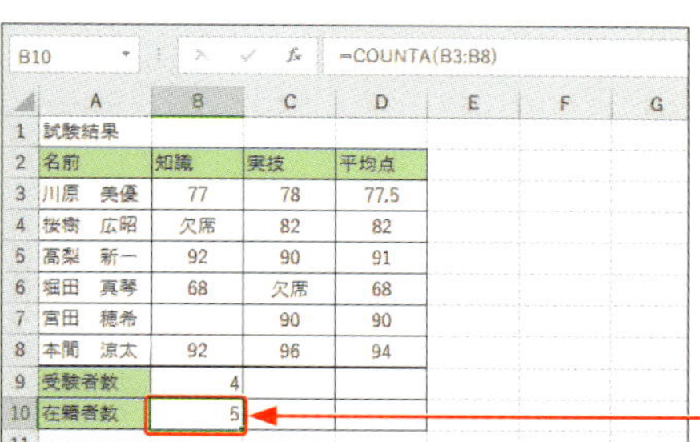

	A	B	C	D
1	試験結果			
2	名前	知識	実技	平均点
3	川原　美優	77	78	77.5
4	桜樹　広昭	欠席	82	82
5	高梨　新一	92	90	91
6	畑田　真琴	68	欠席	68
7	宮田　穂希		90	90
8	本間　涼太	92	96	94
9	受験者数	4		
10	在籍者数	5		

7 空白以外のセルの個数が求められます。

> **Keyword**
>
> **COUNTA関数**
>
> 「COUNTA関数」は、空白でないセルの個数を数える関数です。
>
> 書式：＝COUNTA（値1,[値2],…）

Section 27

計算結果を切り上げ／切り捨てる

数値を指定した桁数で四捨五入したり、切り上げたり、切り捨てたりする処理は頻繁に行われます。**四捨五入はROUND関数**を、**切り上げはROUNDUP関数**を、**切り捨てはINT関数**を使います。

1 数値を四捨五入する

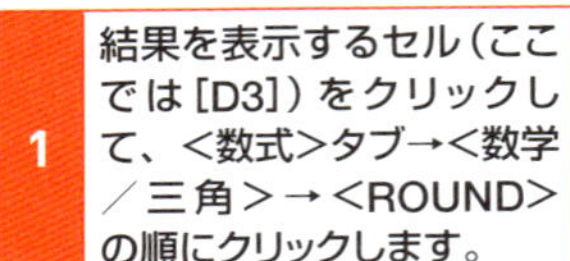

2 <数値>にもとデータのあるセル（ここでは［C3］）を指定して、

3 <桁数>に小数点以下の桁数（ここでは「0」）を入力します。

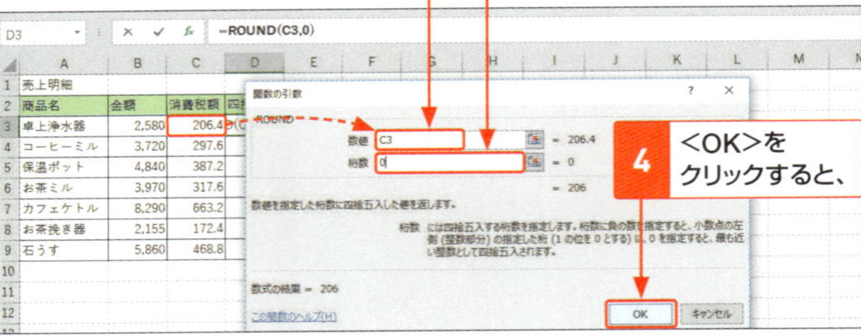

4 <OK>をクリックすると、

5 数値が四捨五入されます。

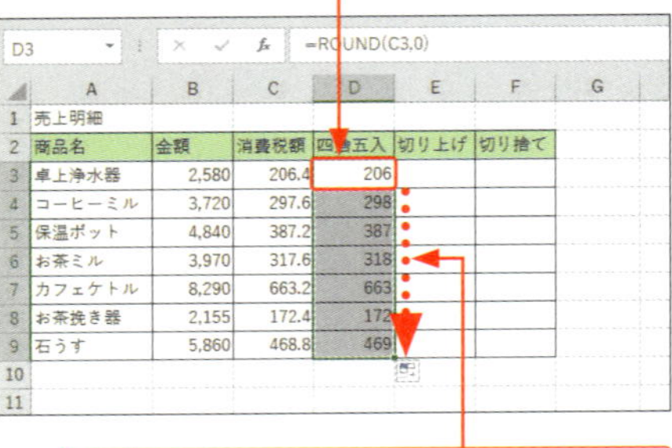

6 ほかのセルにも数式をコピーします。

Keyword

ROUND関数

「ROUND関数」は、指定した桁数で数値を四捨五入する関数です。桁数「0」を指定すると小数点以下第1位で四捨五入されます。

書式：＝ROUND（数値,桁数）

2 数値を切り上げる

1 結果を表示するセル（ここでは［E3］）をクリックして、<数式>タブ→<数学／三角>→<ROUNDUP>の順にクリックします。

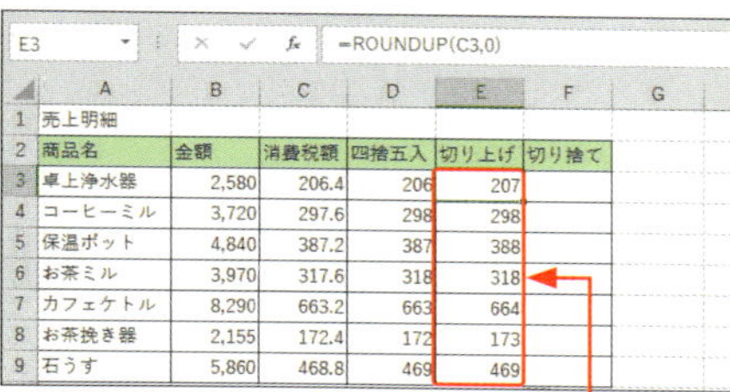

	A	B	C	D	E	F
1	売上明細					
2	商品名	金額	消費税額	四捨五入	切り上げ	切り捨て
3	卓上浄水器	2,580	206.4	206	207	
4	コーヒーミル	3,720	297.6	298	298	
5	保温ポット	4,840	387.2	387	388	
6	お茶ミル	3,970	317.6	318	318	
7	カフェケトル	8,290	663.2	663	664	
8	お茶挽き器	2,155	172.4	172	173	
9	石うす	5,860	468.8	469	469	

2 P.94の手順 2 〜 6 と同様に操作すると、数値が切り上げられます。

> **Keyword**
>
> **ROUNDUP関数**
>
> 「ROUNDUP関数」は、指定した桁数で数値を切り上げる関数です。引数「0」を指定すると小数点以下第1位で切り上げられます。
>
> 書式：＝ROUNDUP（数値，桁数）

3 数値を切り捨てる

1 結果を表示するセル（ここでは［F3］）をクリックして、<数式>タブ→<数学／三角>→<INT>の順にクリックします。

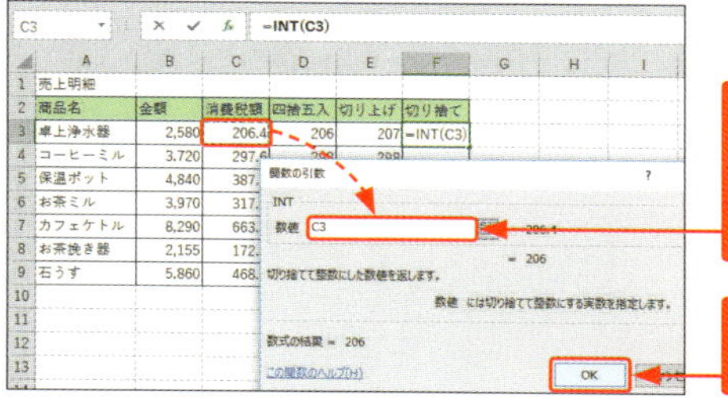

2 <数値>にもとデータのあるセル（ここでは［C3］）を指定して、

3 <OK>をクリックすると、

4 数値が切り捨てられます。

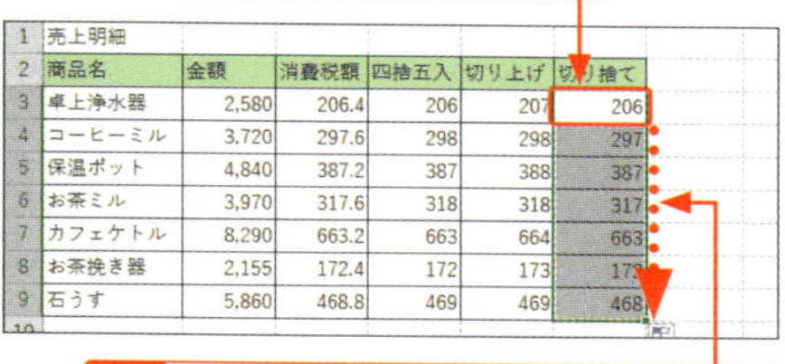

	A	B	C	D	E	F
1	売上明細					
2	商品名	金額	消費税額	四捨五入	切り上げ	切り捨て
3	卓上浄水器	2,580	206.4	206	207	206
4	コーヒーミル	3,720	297.6	298	298	297
5	保温ポット	4,840	387.2	387	388	387
6	お茶ミル	3,970	317.6	318	318	317
7	カフェケトル	8,290	663.2	663	664	663
8	お茶挽き器	2,155	172.4	172	173	172
9	石うす	5,860	468.8	469	469	468

5 ほかのセルにも数式をコピーします。

> **Keyword**
>
> **INT関数**
>
> 「INT関数」は、指定した数値を超えない最大の整数を求める関数です。
>
> 書式：＝INT（数値）

Section

第3章 » 数式や関数の利用

28 条件を満たす値を集計する

条件を満たす値を集計する場合も関数を使えばかんたんです。条件を満たすセルの値の合計を求めるにはSUMIF関数を、条件を満たすセルの個数を求めるにはCOUNTIF関数を使います。

1 条件を満たすセルの値の合計を求める

1 結果を表示するセル（ここでは［F3］）をクリックして、<数式>タブ→<数学／三角>→<SUMIF>の順にクリックします。

2 <範囲>に検索対象となるセル範囲（ここでは［B3：B8］）を指定して、

3 <検索条件>に条件を入力したセル（ここでは［E3］）を指定します。

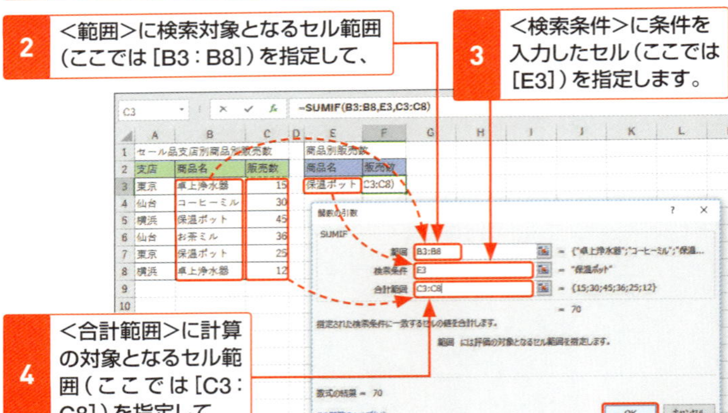

4 <合計範囲>に計算の対象となるセル範囲（ここでは［C3：C8］）を指定して、

5 <OK>をクリックすると、

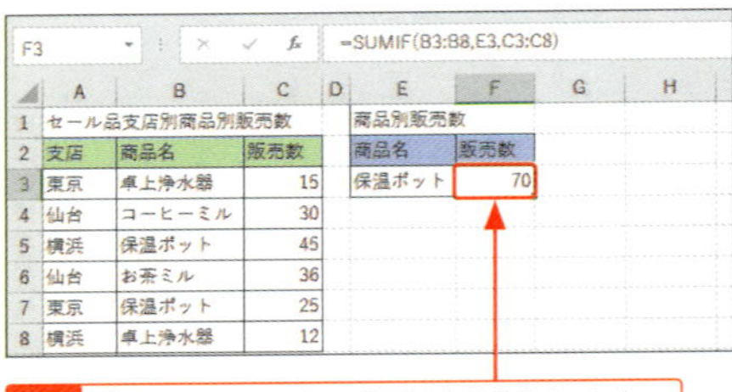

6 条件を満たす値の合計が求められます。

Keyword

SUMIF関数

「SUMIF関数」は、引数に指定したセル範囲から、検索条件に一致するセルの値の合計値を求める関数です。

書式：＝SUMIF（範囲，検索条件，［合計範囲］）

第3章 数式や関数の利用

2 条件を満たすセルの個数を求める

1 結果を表示するセル（ここでは［F3］）をクリックして、<数式>タブ→<その他の関数>→<統計>→<COUNTIF>の順にクリックします。

2 <範囲>にセルの個数を求めるセル範囲（ここでは［D3：D10］）を指定して、

3 <検索条件>に条件（ここでは170点以上を意味する「>=170」）を入力します（下のKeyword参照）。

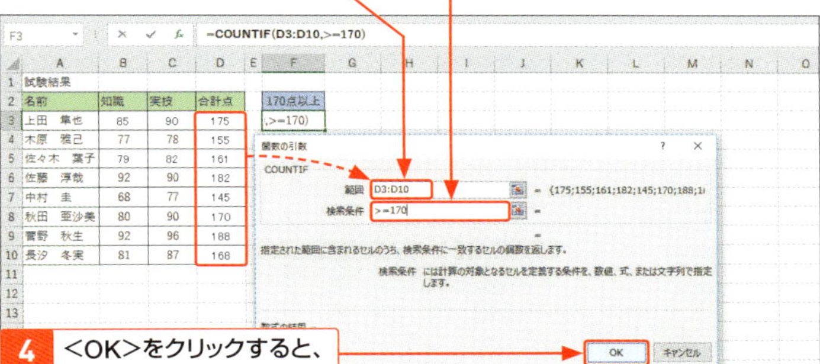

4 <OK>をクリックすると、

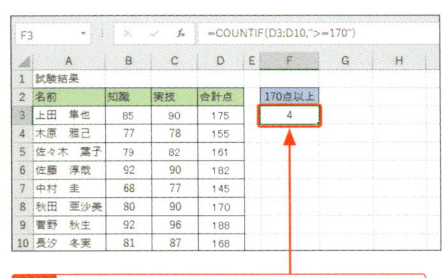

F3　=COUNTIF(D3:D10,">=170")

	A	B	C	D	E	F
1	試験結果					
2	名前	知識	実技	合計点		170点以上
3	上田　隼也	85	90	175		4
4	木原　雅己	77	78	155		
5	佐々木　葉子	79	82	161		
6	佐藤　淳哉	92	90	182		
7	中村　圭	68	77	145		
8	秋田　亜沙美	80	90	170		
9	冨野　秋生	92	96	188		
10	長汐　冬実	81	87	168		

5 条件を満たすセルの個数が求められます。

Keyword

COUNTIF関数

「COUNTIF関数」は、引数に指定した範囲から条件を満たすセルの個数を求める関数です。

書式：＝COUNTIF（範囲，検索条件）

Keyword

比較演算子

「比較演算子」とは、2つの値を比較するための記号のことで、右のようなものがあります。

記号	意　味
=	左辺と右辺が等しい
>	左辺が右辺よりも大きい
<	左辺が右辺よりも小さい

記号	意　味
>=	左辺が右辺以上である
<=	左辺が右辺以下である
<>	左辺と右辺が等しくない

セルの範囲に名前を付けて利用する

特定のセルやセル範囲に名前を付けることができます。セル範囲に付けた名前は、数式の中でセル参照のかわりに利用することができるので、数式がわかりやすくなります。

1 セル範囲に名前を付ける

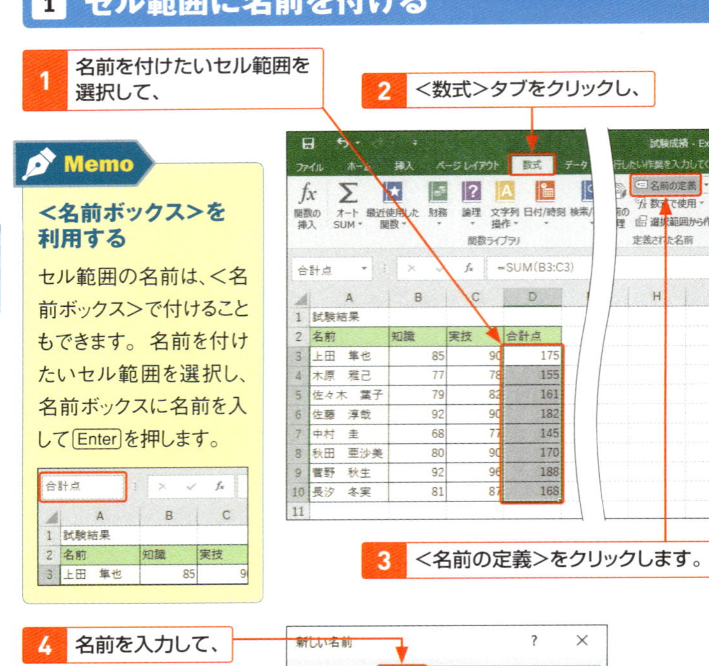

Memo

<名前ボックス>を利用する

セル範囲の名前は、<名前ボックス>で付けることもできます。名前を付けたいセル範囲を選択し、名前ボックスに名前を入力して Enter を押します。

4 名前を入力して、

5 <OK>をクリックすると、

6 選択したセル範囲に名前が付きます。

2 引数に名前を指定する

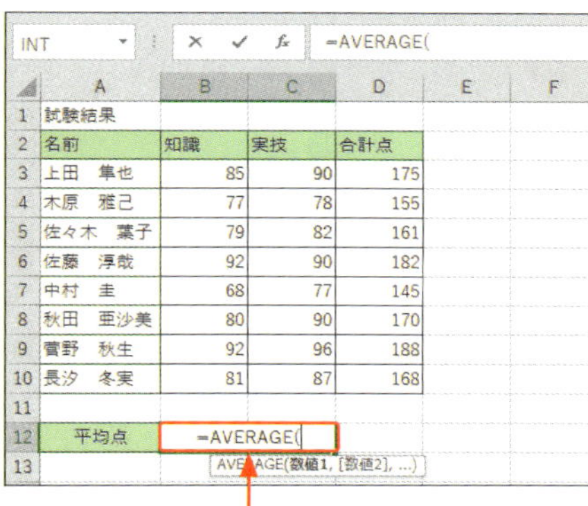
INT ｜ =AVERAGE(

	A	B	C	D	E	F
1	試験結果					
2	名前	知識	実技	合計点		
3	上田　隼也	85	90	175		
4	木原　雅己	77	78	155		
5	佐々木　葉子	79	82	161		
6	佐藤　淳哉	92	90	182		
7	中村　圭	68	77	145		
8	秋田　亜沙美	80	90	170		
9	菅野　秋生	92	96	188		
10	長汐　冬実	81	87	168		
11						
12	平均点	=AVERAGE(				
13		AVERAGE(数値1, [数値2], ...)				

ここでは、名前を付けたセル範囲の平均を求めます。

1 計算結果を求めるセルに「=AVERAGE(」と入力して、

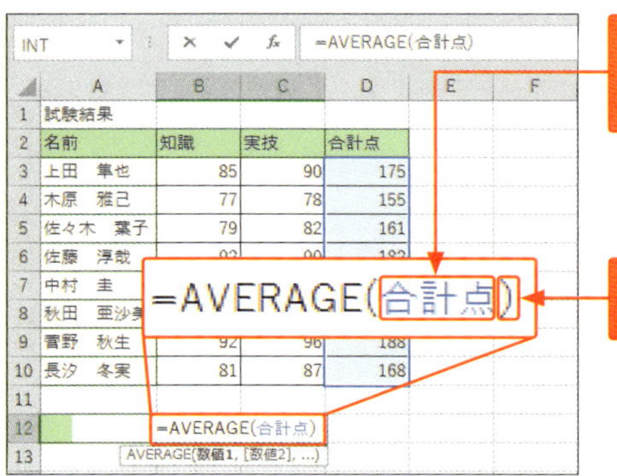
INT ｜ =AVERAGE(合計点)

	A	B	C	D	E	F
1	試験結果					
2	名前	知識	実技	合計点		
3	上田　隼也	85	90	175		
4	木原　雅己	77	78	155		
5	佐々木　葉子	79	82	161		
6	佐藤　淳哉					
7	中村　圭					
8	秋田　亜沙美					
9	菅野　秋生	92	96	188		
10	長汐　冬実	81	87	168		
11						
12		=AVERAGE(合計点)				
13		AVERAGE(数値1, [数値2], ...)				

2 P.98で付けたセル範囲の名前を入力します。

3 「)」を入力して、Enterを押すと、

	A	B	C	D	E	F
1	試験結果					
2	名前	知識	実技	合計点		
3	上田　隼也	85	90	175		
4	木原　雅己	77	78	155		
5	佐々木　葉子	79	82	161		
6	佐藤　淳哉	92	90	182		
7	中村　圭	68	77	145		
8	秋田　亜沙美	80	90	170		
9	菅野　秋生	92	96	188		
10	長汐　冬実	81	87	168		
11						
12	平均点	168				
13						

4 計算結果が表示されます。

数式のエラーを解決する

セルに入力した数式や関数の計算結果が正しく得られない場合は、セル上にエラーインジケーターとエラー値が表示されます。エラー値は原因によって異なるので、表示されたエラー値を手がかりにエラーを解決します。

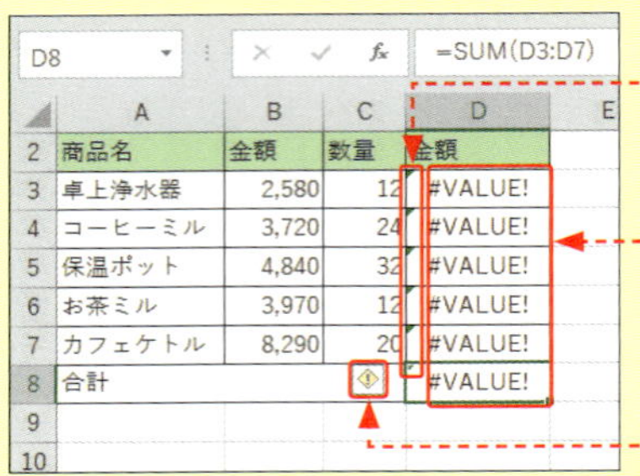

エラーのあるセルには、エラーインジケーターが表示されます。

数式のエラーがあるセルには、エラー値が表示されます。

<エラーチェックオプション>を利用すると、エラーに応じた修正を行うことができます。

エラー値	原因と解決方法
#VALUE!	数式の参照先や関数の引数の型、演算子の種類などが間違っている場合に表示されます。間違っている参照先や引数を修正します。
#####	セルの幅が狭くて計算結果を表示できない場合や、時間の計算が負になった場合などに表示されます。セルの幅を広げたり、数式を修正します。
#NAME?	関数名やセル範囲の指定などが間違っている場合に表示されます。関数名やセル範囲を正しいものに修正します。
#DIV/0!	割り算の除数（割るほうの数）の値が「0」または未入力で空白の場合に表示されます。セルの値や参照先を修正します。
#N/A	VLOOKUP関数、LOOKUP関数、HLOOKUP関数、MATCH関数などの関数で、検索した値が検索範囲内に存在しない場合に表示されます。検索値を修正します。
#NULL!	指定したセル範囲に共通部分がない場合や参照するセル範囲が間違っている場合に表示されます。参照しているセル範囲を修正します。
#NUM!	引数として指定できる数値の範囲がExcelで処理できる数値の範囲を超えている場合に表示されます。処理できる数値の範囲におさまるように修正します。
#REF!	数式中で参照しているセルが、行や列の削除などで削除された場合に表示されます。参照先を修正します。

第4章

文字とセルの書式

文字色やスタイルを変更する

文字には太字を設定したり、色や斜体、下線を付けたりと、さまざまな書式を設定することができます。適宜設定すると、特定の文字を目立たせたり、表にメリハリを付けたりすることができます。

1 文字を太字にする

1 文字を太字にするセルをクリックします。

2 <ホーム>タブをクリックして、

3 <太字>をクリックすると、

4 文字が太字になります。

Hint

太字を解除するには?

太字の設定を解除するには、セルをクリックして、<太字>を再度クリックします。

StepUp

文字の一部分に書式を設定するには?

セルを編集できる状態にして、文字の一部分を選択してから太字や色などを設定すると、選択した部分の文字だけに書式を設定することができます。

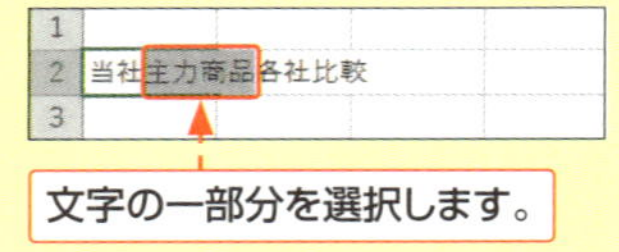

文字の一部分を選択します。

2 文字に色を付ける

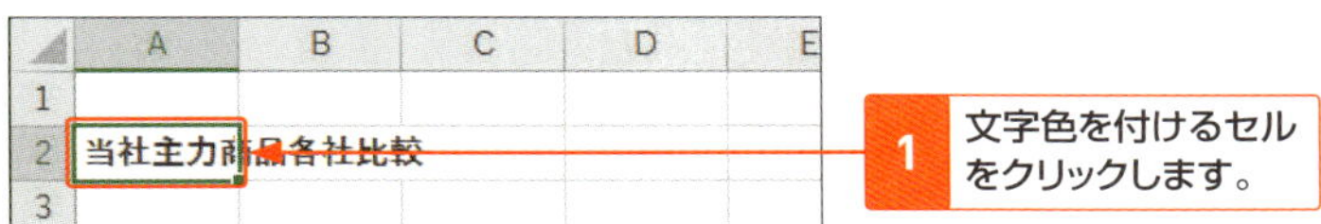

1 文字色を付けるセルをクリックします。

2 <ホーム>タブをクリックして、

3 <フォントの色>のここをクリックし、

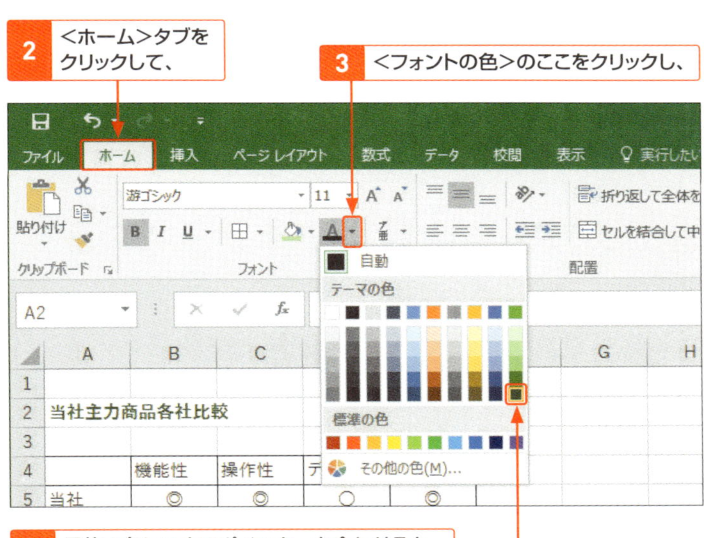

4 目的の色にマウスポインターを合わせると、色が一時的に適用されて表示されます。

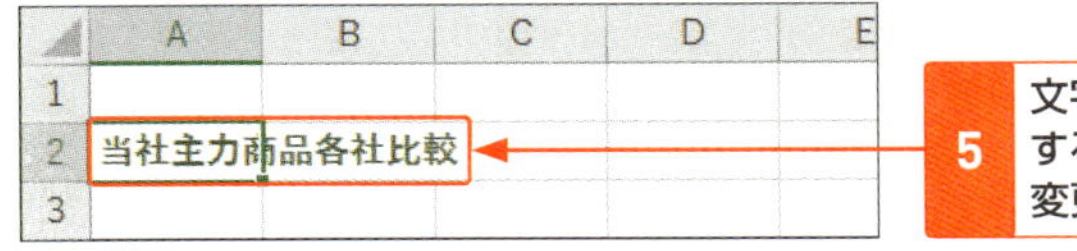

5 文字色をクリックすると、文字の色が変更されます。

Memo

同じ色を繰り返し設定する

上記の手順で色を設定すると、<フォントの色>の色が指定した色に変わります。別のセルをクリックして、再度<フォントの色>Aをクリックすると、指定した色が繰り返し設定されます。

3 文字を斜体にする

1 文字を斜体にするセル範囲を選択します。

2 <ホーム>タブをクリックして、

3 <斜体>をクリックすると、

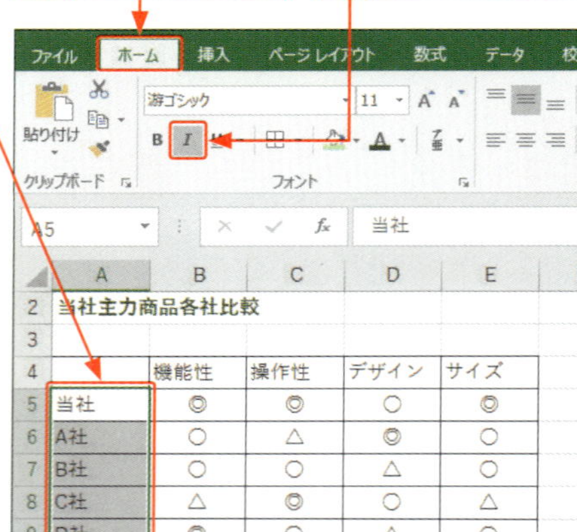

> **Hint**
>
> **斜体を解除するには?**
>
> 斜体の設定を解除するには、セルをクリックして、<斜体>を再度クリックします。

4 文字が斜体になります。

	A	B	C	D	E
4		機能性	操作性	デザイン	サイズ
5	*当社*	◎	◎	○	◎
6	*A社*	○	△	◎	○
7	*B社*	○	○	△	○
8	*C社*	△	◎	○	△
9	*D社*	◎	○	△	○

> **StepUp**
>
> **文字飾りを設定する**
>
> <ホーム>タブの<フォント>グループの をクリックすると、<セルの書式設定>ダイアログボックスの<フォント>が表示されます。このダイアログボックスの<文字飾り>では、右の3種類の文字飾りを設定することができます。

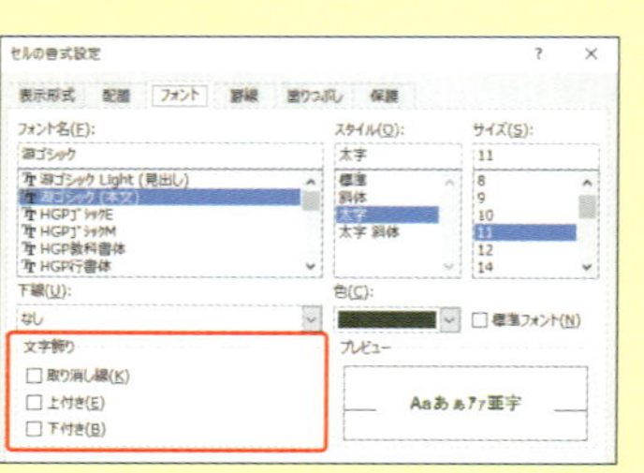

取り消し線	上付き	下付き
~~12,345~~	πr^2	a_n

4 文字に下線を付ける

1 文字に下線を付けるセルをクリックします。

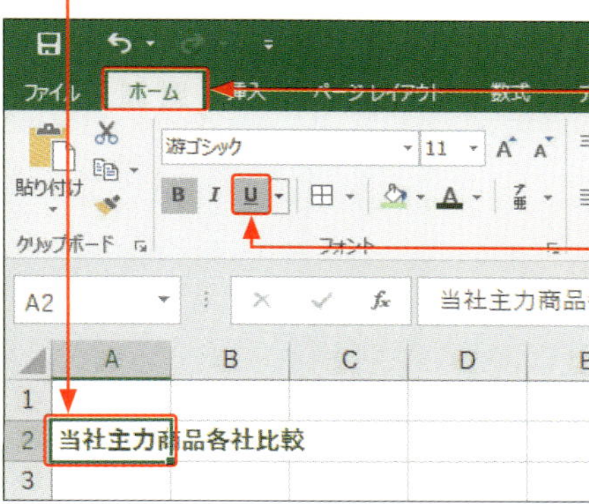

4 文字に下線が付きます。

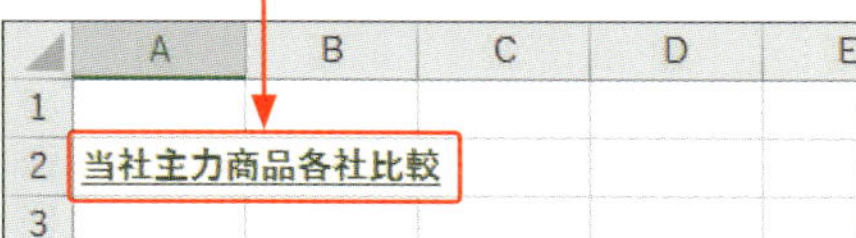

Hint

下線を解除するには?

下線を解除するには、下線が付いているセルをクリックして、<下線>を再度クリックします。

StepUp

文字色と異なる色で下線を引くには?

上記の手順で引いた下線は、文字色と同色になります。違う色で下線を引きたい場合は、文字の下に直線を描画して、線の色を設定するとよいでしょう。直線の描画と編集については、Sec.53、Sec54を参照してください。

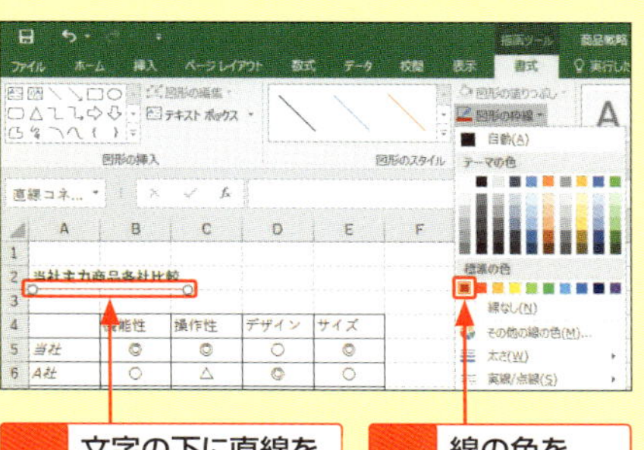

文字サイズやフォントを変更する

セルに入力されている文字の文字サイズやフォントは、任意に変更することができます。表の見出しなどの文字サイズやフォントを変更すると、その部分を目立たせることができます。

1 文字サイズを変更する

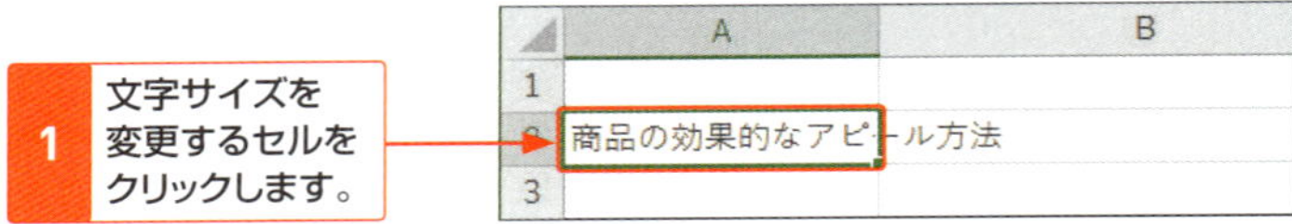

1 文字サイズを変更するセルをクリックします。

2 <ホーム>タブをクリックして、

3 <フォントサイズ>のここをクリックし、

4 文字サイズにマウスポインターを合わせると、文字サイズが一時的に適用されて表示されます。

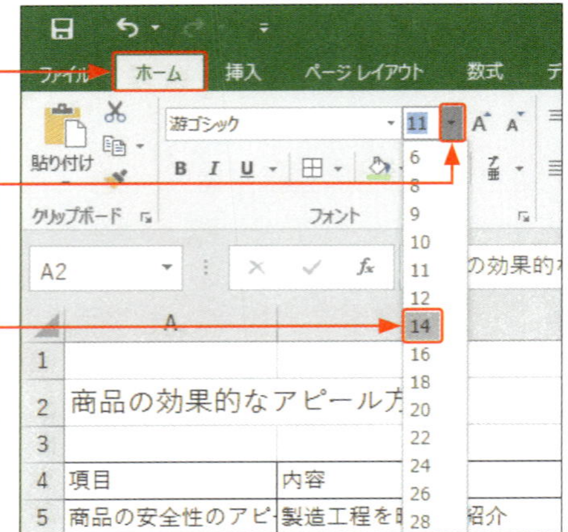

Memo

初期設定の文字サイズ

Excelの既定の文字サイズは、「11ポイント」です。

5 文字サイズをクリックすると、文字サイズの適用が確定されます。

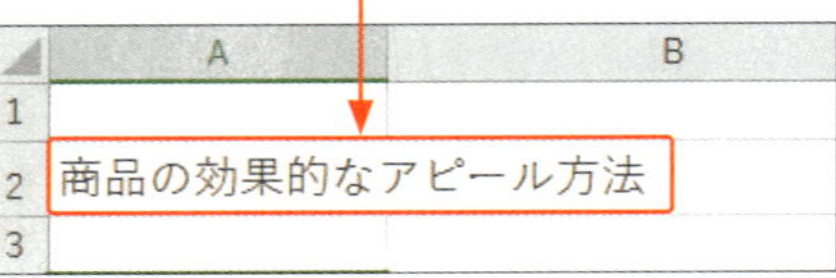

2 フォントを変更する

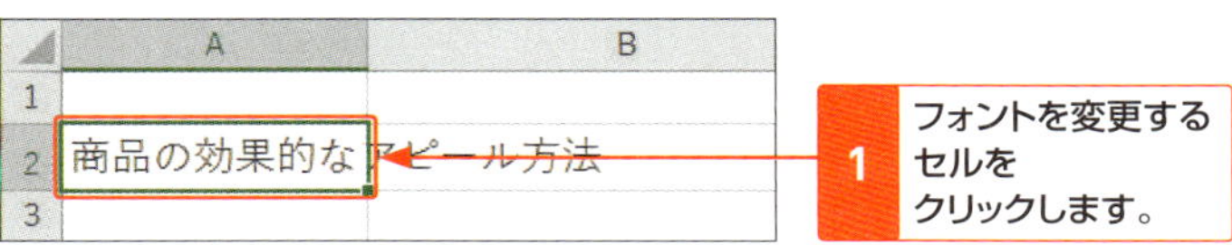

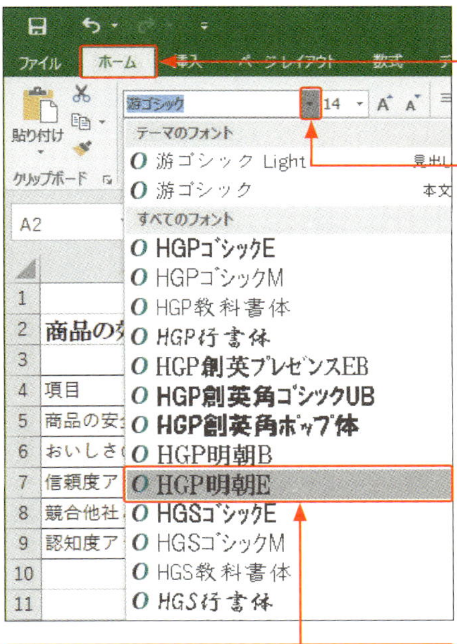

2 <ホーム>タブを
クリックして、

3 <フォント>のここを
クリックし、

4 フォントにマウスポインターを合わせると、
フォントが一時的に適用されて
表示されます。

5 フォントをクリックすると、
フォントの適用が確定されます。

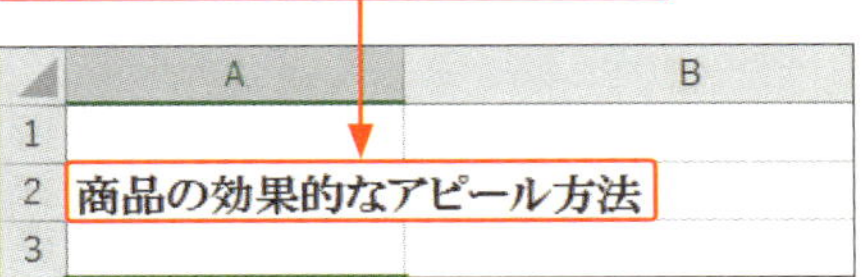

Memo

初期設定のフォント

Excelの既定の日本語フォントは、Excel 2013までは「MS Pゴシック」でしたが、Excel 2016では「游ゴシック」に変わりました。

StepUp

文字の一部を変更するには?

セルを編集できる状態にして、文字の一部分を選択すると、選択した部分のフォントや文字サイズだけを変更できます。

32 文字の配置を変更する

セル内の文字の配置は任意に変更することができます。セル内に文字が入りきらない場合は、文字を折り返したり、セル幅に合わせて縮小したりできます。また、文字を縦書きにすることもできます。

1 文字をセルの中央に揃える

1 文字配置を変更するセル範囲を選択します。

2 <ホーム>タブをクリックして、

3 <中央揃え>をクリックすると、

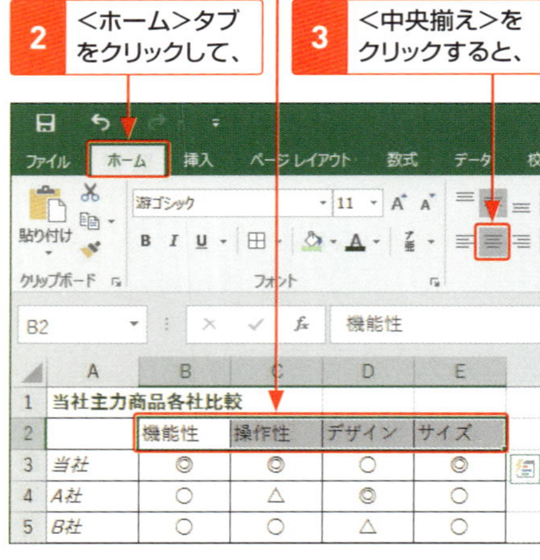

4 文字が中央揃えになります。

StepUp 文字の左右上下の配置

<ホーム>タブの<配置>グループの各コマンドを利用すると、セル内の文字を左揃えや中央揃え、右揃えに設定したり、上揃えや上下中央揃え、下揃えに設定することができます。

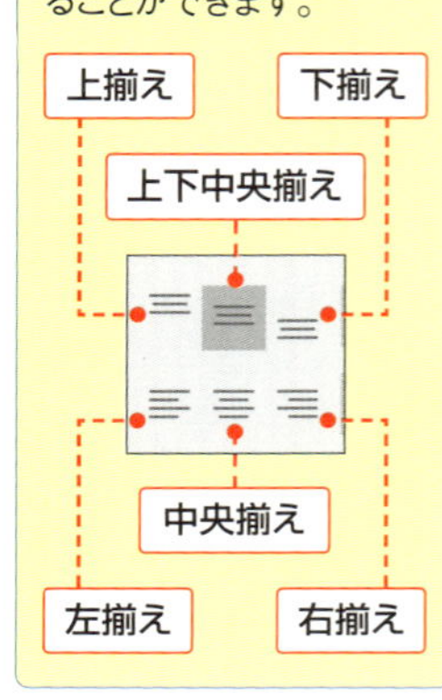

2 セルに合わせて文字を折り返す

1 セル内に文字がおさまっていないセルをクリックします。

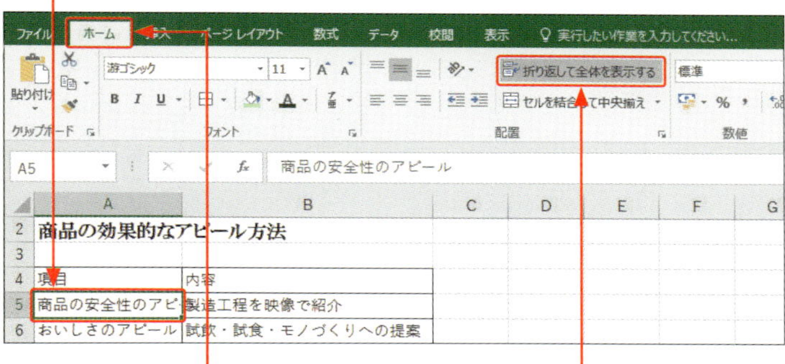

2 <ホーム>タブをクリックして、

3 <折り返して全体を表示する>をクリックすると、

4 文字が折り返され、文字全体が表示されます。

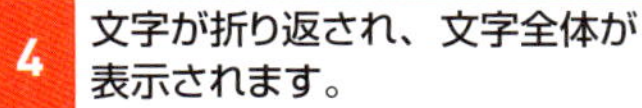

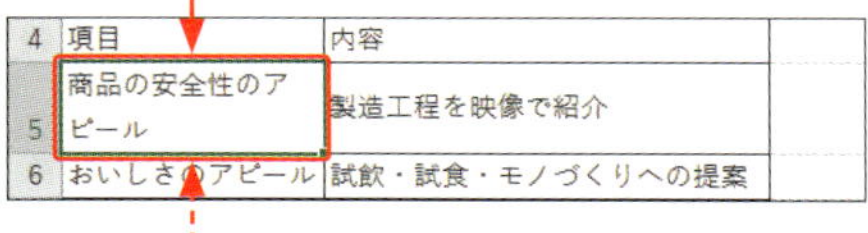

行の高さは、折り返した文字に合わせて自動的に調整されます。

Hint

折り返した文字をもとに戻すには?

折り返した文字をもとに戻すには、セルをクリックして、<折り返して全体を表示する>を再度クリックします。

StepUp

指定した位置で折り返すには?

指定した位置で文字を折り返したい場合は、セル内をダブルクリックして、折り返したい位置にカーソルを移動し、Alt+Enterを押します。

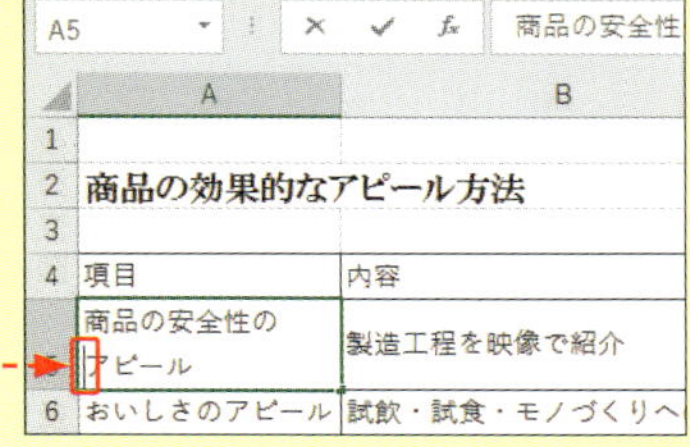

改行したい位置でAlt+Enterを押します。

3 文字の大きさをセルの幅に合わせる

1 文字の大きさを調整するセルをクリックして、

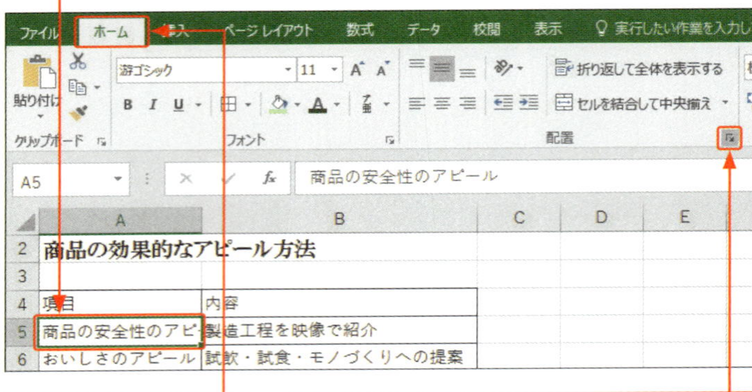

2 <ホーム>タブをクリックし、

3 <配置>グループのここをクリックします。

縮小して全体を表示

手順**4**、**5**の方法で操作すると、セル内におさまらない文字が自動的に縮小して表示されます。セル幅を広げると、文字の大きさはもとに戻ります。

4 <縮小して全体を表示する>をクリックしてオンにし、

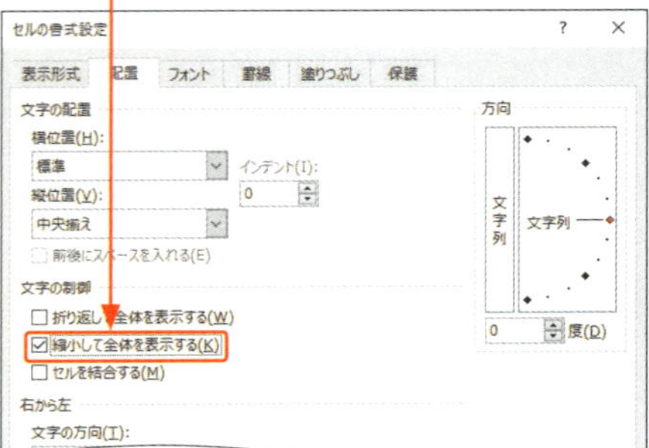

5 <OK>をクリックすると、

6 文字がセルの幅に合わせて、自動的に縮小されます。

3		
4	項目	内容
5	商品の安全性のアピール	製造工程を映像で紹介
6	おいしさのアピール	試飲・試食・モノづくりへの提案

4 文字を縦書きにする

1 文字を縦書きにするセル範囲を選択して、

2 <ホーム>タブをクリックします。

3 <方向>をクリックして、

4 <縦書き>をクリックすると、

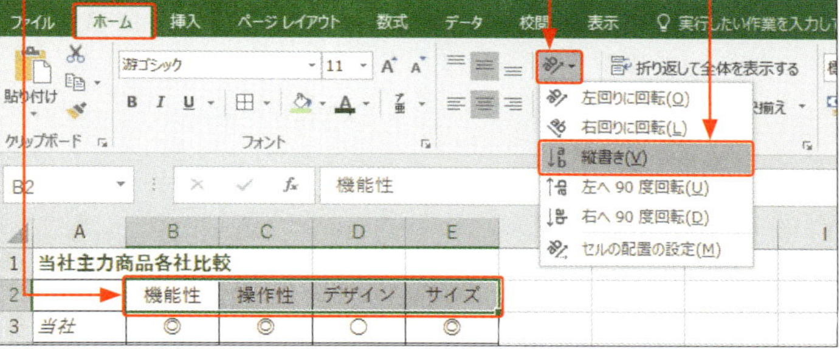

5 文字が縦書き表示になります。

	A	B	C	D	E
1	当社主力商品各社比較				
2		機能性	操作性	デザイン	サイズ
3	当社	◎	◎	○	◎

Hint

文字を回転する

手順 4 で<左回りに回転>または<右回りに回転>をクリックすると、それぞれの方向に45度単位の回転ができます。

StepUp

インデントを設定する

「インデント」とは、文字とセルの枠線との間隔を広くする機能のことです。セル範囲を選択して、<ホーム>タブの<インデントを増やす>をクリックすると、クリックするごとに、セル内のデータが1文字分ずつ右へ移動します。インデントを解除するには、<インデントを減らす>をクリックします。

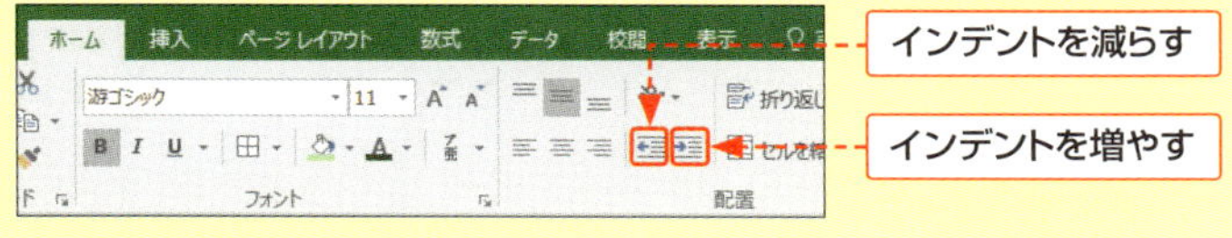

文字の表示形式を変更する

表示形式は、データを目的に合った形式で表示するための機能です。この機能を利用して、数値を桁区切りスタイルや通貨スタイル、パーセントスタイルなどで表示することができます。

表示形式と表示結果

Excelでは、セルに対して「表示形式」を設定することで、実際にセルに入力したデータを、さまざまな見た目で表示させることができます。表示形式には、下図のようなものがあります。

入力データ

1234.56

表示形式を設定するには、＜ホーム＞タブの＜数値＞グループの各コマンドを利用します。また、＜セルの書式設定＞ダイアログボックスの＜表示形式＞を利用すると、さらに詳細な設定が行えます。

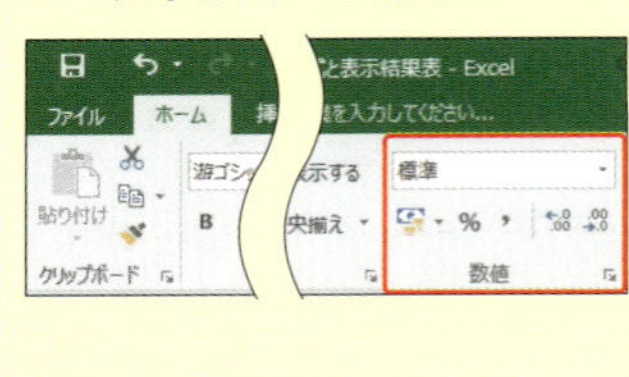

1 数値を3桁区切りで表示する

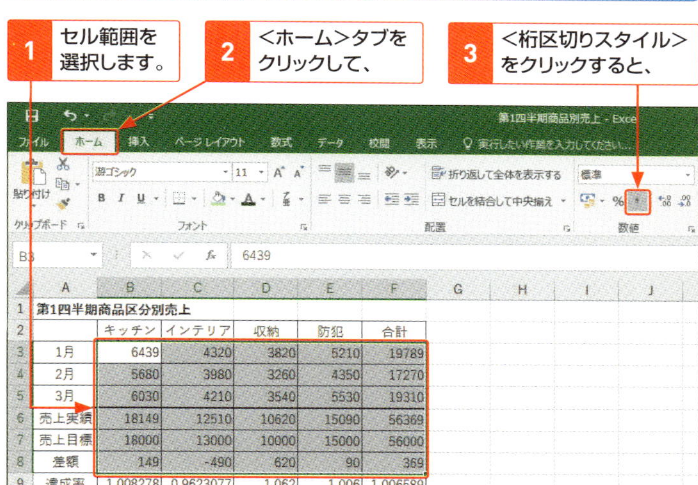

	A	B	C	D	E	F
1	第1四半期商品区分別売上					
2		キッチン	インテリア	収納	防犯	合計
3	1月	6,439	4,320	3,820	5,210	19,789
4	2月	5,680	3,980	3,260	4,350	17,270
5	3月	6,030	4,210	3,540	5,530	19,310
6	売上実績	18,149	12,510	10,620	15,090	56,369
7	売上目標	18,000	13,000	10,000	15,000	56,000
8	差額	149	-490	620	90	369
9	達成率	1.008278	0.9623077	1.062	1.006	1.006589
10						

4 数値が3桁ごとに「,」で区切られて表示されます。

マイナスの数値は赤字で表示されます。

Hint

表示形式を標準に戻すには?

表示形式を変更したセルを標準スタイルに戻したいときは、<数値>グループの<数値の書式>から<標準>を指定します。

1 ここをクリックして、

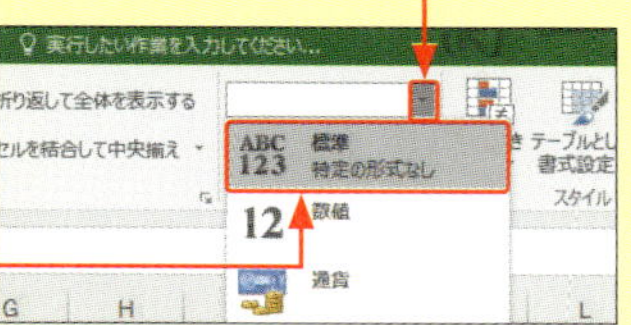

2 <標準>をクリックします。

2 数値に「¥」を付けて表示する

1 セル範囲を選択します。

2 <ホーム>タブをクリックして、

3 <通貨表示形式>をクリックすると、

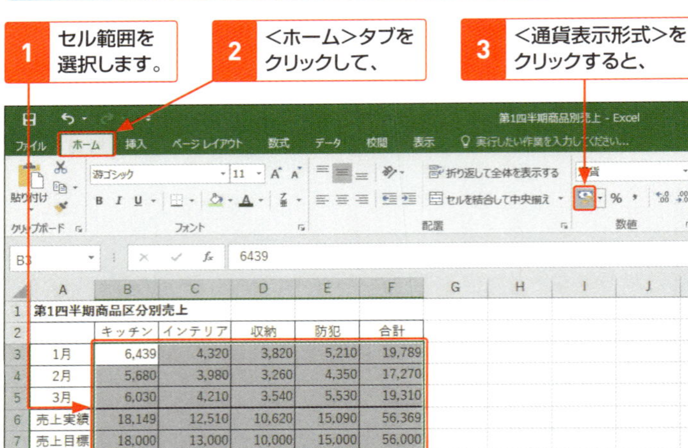

4 数値が通貨スタイルに変更されます。

	A	B	C	D	E	F
1	第1四半期商品区分別売上					
2		キッチン	インテリア	収納	防犯	合計
3	1月	¥6,439	¥4,320	¥3,820	¥5,210	¥19,789
4	2月	¥5,680	¥3,980	¥3,260	¥4,350	¥17,270
5	3月	¥6,030	¥4,210	¥3,540	¥5,530	¥19,310
6	売上実績	¥18,149	¥12,510	¥10,620	¥15,090	¥56,369
7	売上目標	¥18,000	¥13,000	¥10,000	¥15,000	¥56,000
8	差額	¥149	¥-490	¥620	¥90	¥369
9	達成率	1.008278	0.9623077	1.062	1.006	1.006589
10						

Hint

別の通貨記号を使うには?

「¥」以外の通貨記号を使いたい場合は、<通貨表示形式>の▼をクリックして、通貨記号を指定します。メニュー最下段の<その他の通貨表示形式>をクリックすると、そのほかの通貨記号が選択できます。

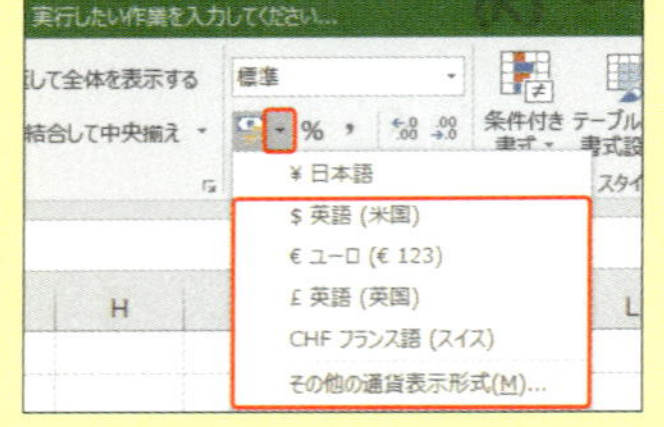

3 数値をパーセンテージで表示する

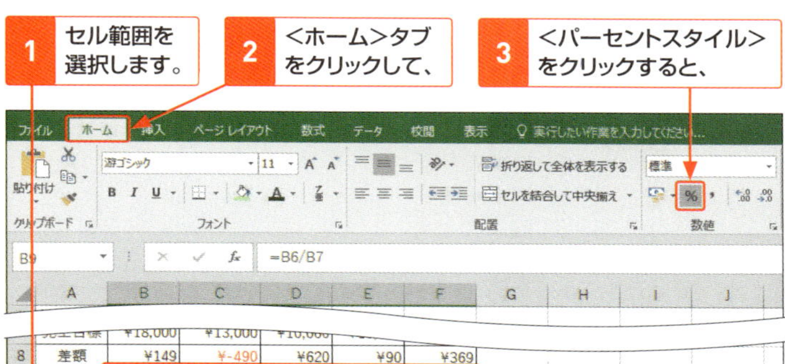

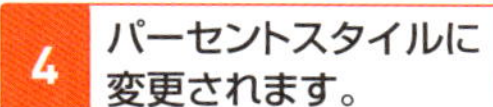

4 パーセントスタイルに変更されます。

5 <小数点以下の表示桁数を増やす>をクリックすると、

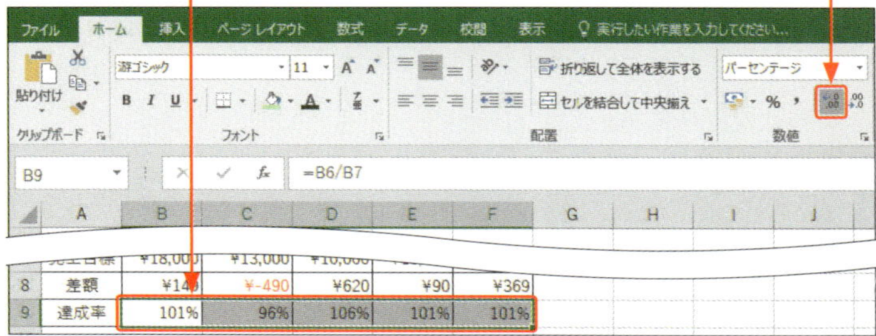

	A	B	C	D	E	F
5	3月	¥6,030	¥4,210	¥3,540	¥5,530	¥19,310
6	売上実績	¥18,149	¥12,510	¥10,620	¥15,090	¥56,369
7	売上目標	¥18,000	¥13,000	¥10,000	¥15,000	¥56,000
8	差額	¥149	¥-490	¥620	¥90	¥369
9	達成率	100.8%	96.2%	106.2%	100.6%	100.7%
10						

6 小数点以下の桁数が1つ増えます。

Memo

パーセントスタイルの表示

上記の手順でパーセントスタイルを設定すると、小数点以下の桁数が「0」（ゼロ）のパーセントスタイルになります。

Hint

小数点以下の桁数を減らすには？

小数点以下の桁数を減らす場合は、<小数点以下の表示桁数を減らす> をクリックします。

第4章 文字とセルの書式

34 セルの背景に色を付ける

セルの背景に色を付けると、見やすい表に仕上がります。セルの背景色を設定するには、<塗りつぶしの色>を利用して、<標準の色>や<テーマの色>から色を指定します。

1 セルの背景に<標準の色>を設定する

1 セル[A2]から[F2]をドラッグしたあと、Ctrlを押しながらセル[A3]から[A9]をドラッグして選択します。

2 <ホーム>タブの<塗りつぶしの色>のここをクリックして、

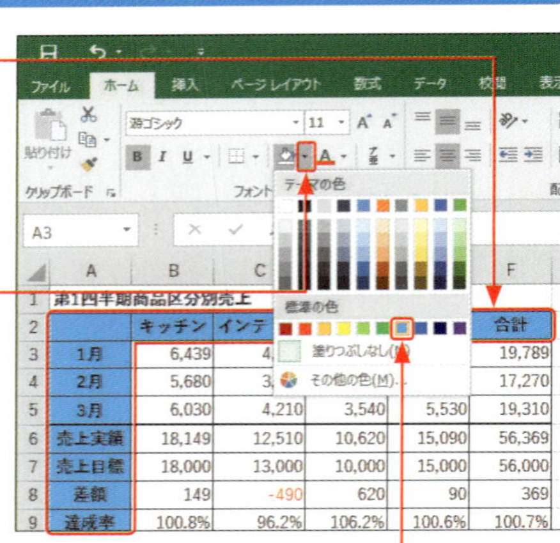

3 <標準の色>から目的の色にマウスポインターを合わせると、色が一時的に適用されて表示されます。

4 色をクリックすると、塗りつぶしの色が確定されます。

	A	B	C	D	E	F
1	第1四半期商品区分別売上					
2		キッチン	インテリア	収納	防犯	合計
3	1月	6,439	4,320	3,820	5,210	19,789
4	2月	5,680	3,980	3,260	4,350	17,270
5	3月	6,030	4,210	3,540	5,530	19,310
6	売上実績	18,149	12,510	10,620	15,090	56,369
7	売上目標	18,000	13,000	10,000	15,000	56,000
8	差額	149	-490	620	90	369
9	達成率	100.8%	96.2%	106.2%	100.6%	100.7%
10						

Memo 同じ色を繰り返し設定する

右の手順で色を設定すると、<塗りつぶしの色>コマンドの色も指定した色に変わります。別のセルをクリックして、再度、<塗りつぶしの色>をクリックすると、直前に指定した色を繰り返し設定することができます。

2 セルの背景に<テーマの色>を設定する

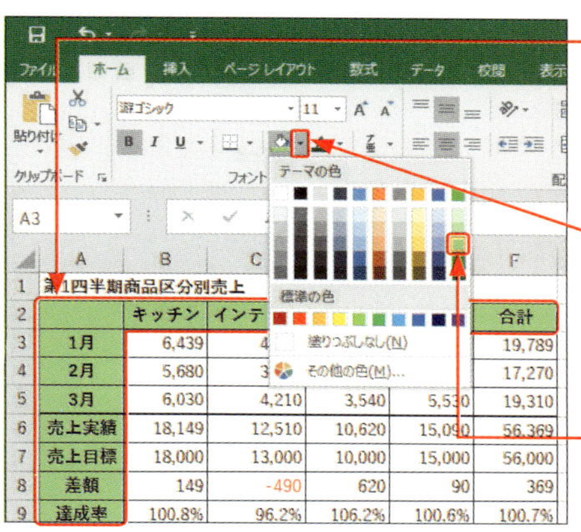

1 目的のセル範囲を選択します（P.116の手順**1**参照）。

2 <ホーム>タブの<塗りつぶしの色>のここをクリックして、

3 <テーマの色>から目的の色にマウスポインターを合わせると、色が一時的に適用されて表示されます。

4 色をクリックすると、塗りつぶしの色が確定されます。

	A	B	C	D	E	F
1	第1四半期商品区分別売上					
2		キッチン	インテリア	収納	防犯	合計
3	1月	6,439	4,320	3,820	5,210	19,789
4	2月	5,680	3,980	3,260	4,350	17,270
5	3月	6,030	4,210	3,540	5,530	19,310
6	売上実績	18,149	12,510	10,620	15,090	56,369
7	売上目標	18,000	13,000	10,000	15,000	56,000
8	差額	149	-490	620	90	369
9	達成率	100.8%	96.2%	106.2%	100.6%	100.7%

Hint

背景色を消すには?

セルの背景色を消すには、目的のセル範囲を選択して、手順**3**で<塗りつぶしなし>をクリックします。

Hint

テーマの色

<テーマの色>で設定する色は、<ページレイアウト>タブの<テーマ>の設定にもとづいています。<テーマ>でスタイルを変更すると、<テーマの色>で設定した色を含めてブック全体が自動的に変更されます。それに対し、<標準の色>で設定した色は、<テーマ>の変更に影響を受けません。

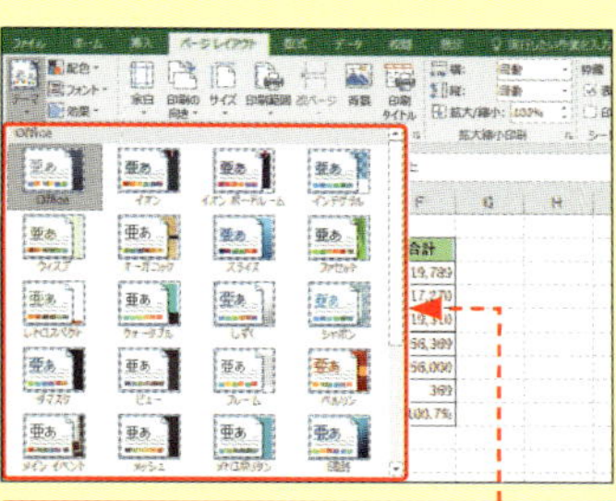

<テーマの色>は、<テーマ>のスタイルにもとづいて自動的に変更されます。

35 形式を選択して貼り付ける

データや表をコピーして、<貼り付け>のメニューを利用すると、計算結果の値だけを貼り付けたり、もとの列幅を保持して貼り付けるといったことがかんたんにできます。

1 値のみを貼り付ける

1 コピーするセル範囲を選択して、

コピーするセルには、数式が入力されています。

E3 =SUM(B3:D3)

	A	B	C	D	E
1	第1四半期売上実績				
2		1月	2月	3月	合計
3	仙台	2,660	2,250	2,920	7,830
4	東京	4,210	3,790	4,660	12,660
5	横浜	3,520	3,230	4,050	10,800
6	合計	10,390	9,270	11,630	31,290
7					

2 <ホーム>タブをクリックし、

3 <コピー>をクリックします。

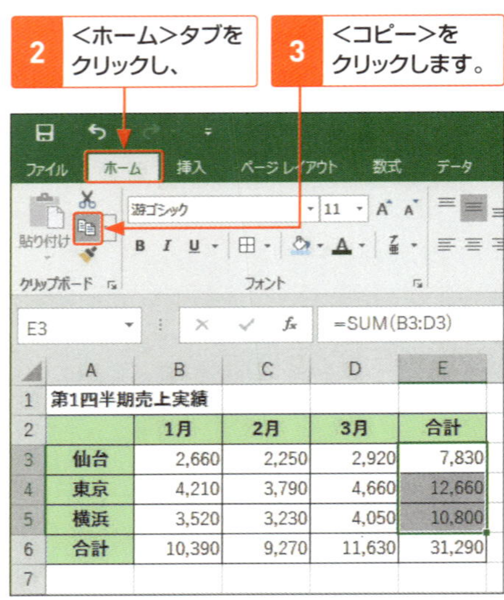

Memo

ほかのシートへの値の貼り付け

セル参照を利用している数式の結果を別のシートに貼り付けると、セル参照が貼り付け先のシートのセルに変更されて、正しい計算が行えません。このような場合は、値だけを貼り付けます。

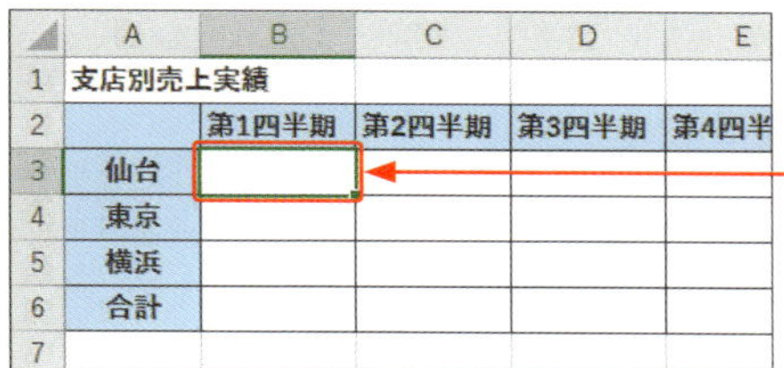

支店別売上実績
第1四半期
第2四半期
第3四半期
仙台
東京
横浜
合計

4 別シートの貼り付け先のセルをクリックします。

5 <ホーム>タブの<貼り付け>の下半分をクリックして、

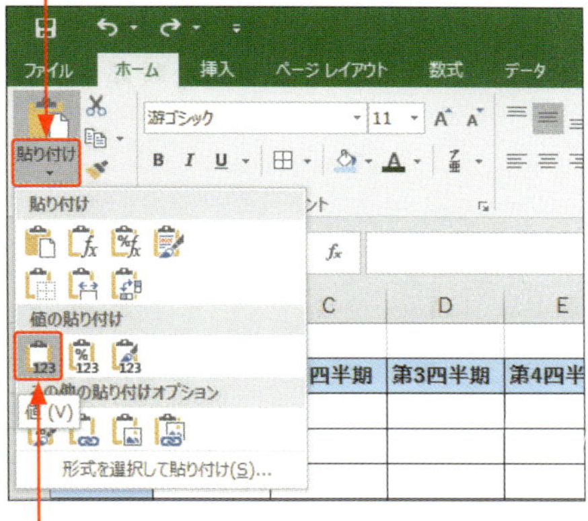

6 <値>をクリックすると、

7 計算結果の値だけが貼り付けられます。

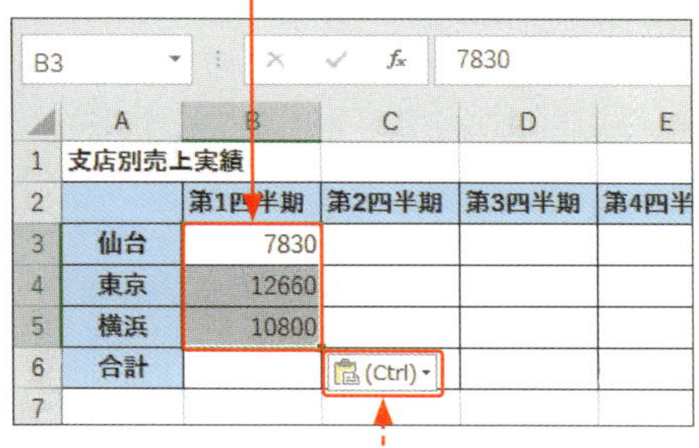

右のHint参照

Hint

<貼り付けのオプション>の利用

貼り付けたあとに表示される<貼り付けのオプション> (Ctrl) をクリックすると、貼り付けたあとで結果を手直しするためのメニューが表示されます。メニューの内容については、P.121を参照してください。

2 もとの列幅を保持して貼り付ける

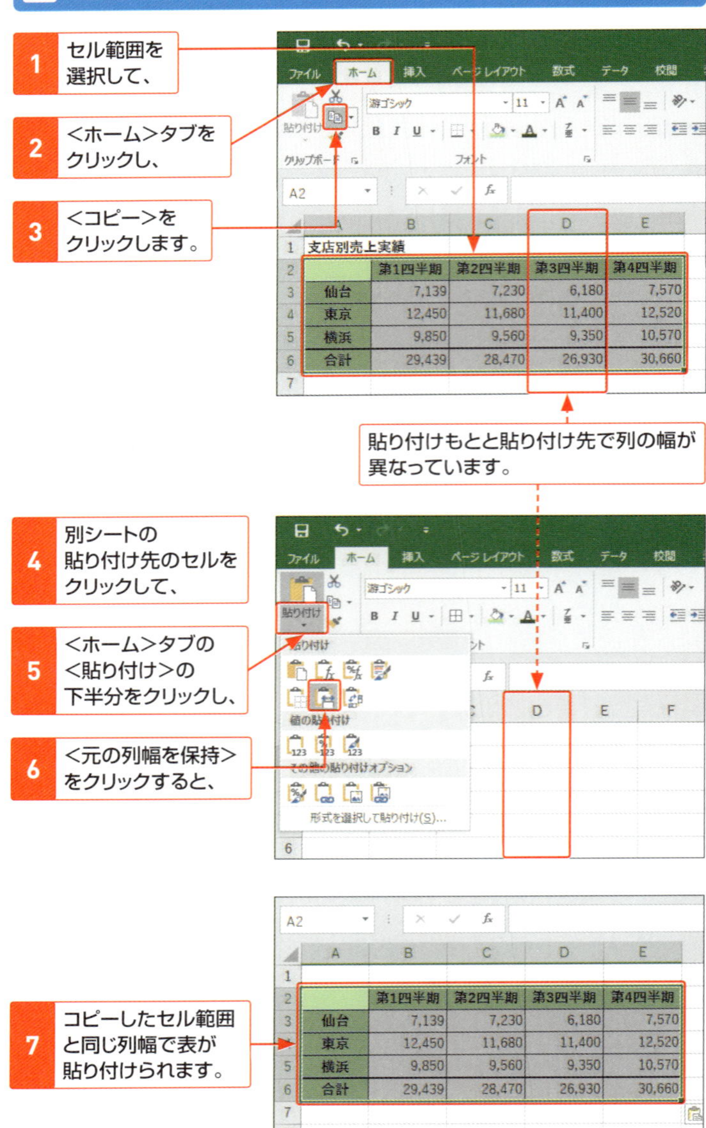

1 セル範囲を選択して、
2 <ホーム>タブをクリックし、
3 <コピー>をクリックします。
貼り付けもとと貼り付け先で列の幅が異なっています。
4 別シートの貼り付け先のセルをクリックして、
5 <ホーム>タブの<貼り付け>の下半分をクリックし、
6 <元の列幅を保持>をクリックすると、
7 コピーしたセル範囲と同じ列幅で表が貼り付けられます。
支店別売上実績
第1四半期
第2四半期
第3四半期
第4四半期
仙台
東京
横浜
合計
形式を選択して貼り付け(S)...

第4章 文字とセルの書式

＜貼り付け＞で利用できる機能

＜貼り付け＞の下半分をクリックして表示されるメニューや、データを貼り付けたあとに表示される＜貼り付けのオプション＞(Ctrl)のメニューには、以下の機能が用意されています。

グループ	アイコン	項目	概要
貼り付け		貼り付け	セルのデータすべてを貼り付けます。
		数式	セルの数式だけを貼り付けます。
		数式と数値の書式	セルの数式と数値の書式を貼り付けます。
		元の書式を保持	もとの書式を保持して貼り付けます。
		罫線なし	罫線を除く、書式や値を貼り付けます。
		元の列幅を保持	もとの列幅を保持して貼り付けます。
		行列を入れ替える	行と列を入れ替えてすべてのデータを貼り付けます。
値の貼り付け		値	セルの値だけを貼り付けます。
		値と数値の書式	セルの値と数値の書式を貼り付けます。
		値と元の書式	セルの値ともとの書式を貼り付けます。
その他の貼り付けオプション		書式設定	セルの書式のみを貼り付けます。
		リンク貼り付け	もとのデータを参照して貼り付けます。
		図	もとのデータを図として貼り付けます。
		リンクされた図	もとのデータをリンクされた図として貼り付けます。

セルの書式だけをコピーして貼り付ける

セルに設定した罫線や背景色、配置などの書式を別のセルに繰り返し設定するのは手間がかかります。このようなときは、書式だけをコピーして貼り付けると効率的です。

1 セルの書式をコピーして貼り付ける

1 書式をコピーするセル範囲を選択します。

セルに背景色と罫線を設定しています。

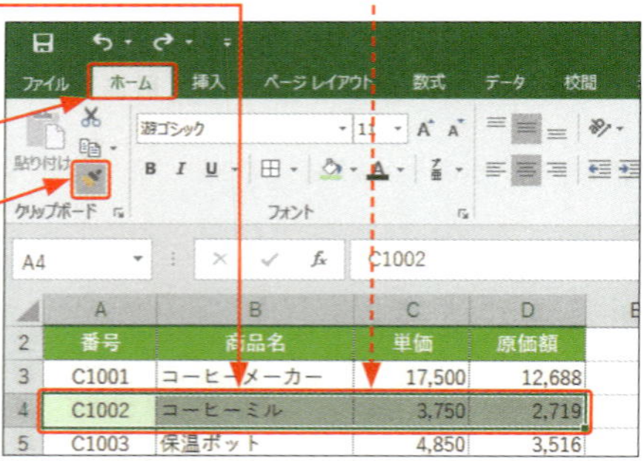

2 <ホーム>タブをクリックして、

3 <書式のコピー／貼り付け>をクリックすると、

4 書式がコピーされ、マウスポインターの形が変わります。

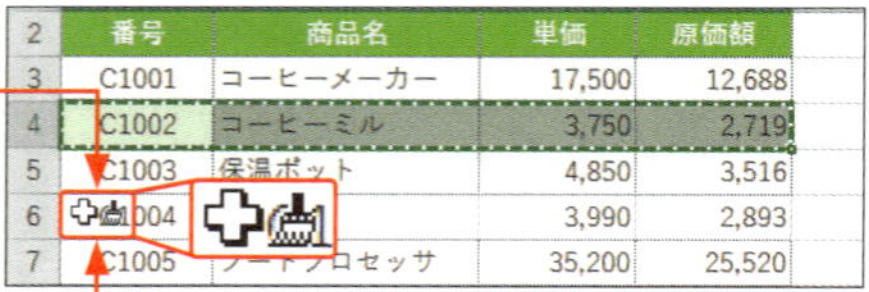

5 貼り付ける位置でクリックすると、

6 書式だけが貼り付けられます。

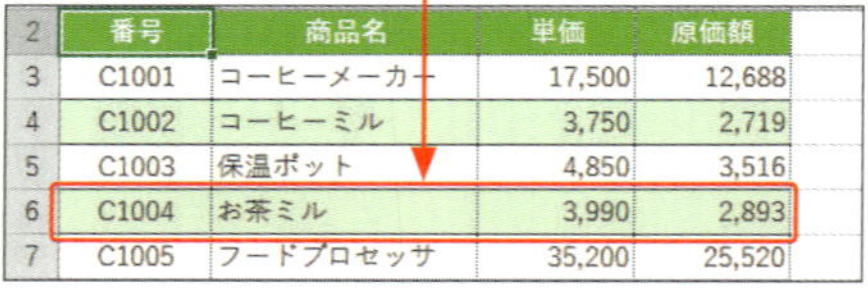

	番号	商品名	単価	原価額
2	番号	商品名	単価	原価額
3	C1001	コーヒーメーカー	17,500	12,688
4	C1002	コーヒーミル	3,750	2,719
5	C1003	保温ポット	4,850	3,516
6	C1004	お茶ミル	3,990	2,893
7	C1005	フードプロセッサ	35,200	25,520

Memo 書式をコピーするそのほかの方法

書式のみをコピーするには、右の手順のほかに、<貼り付け>のメニューから<書式設定>を指定する方法もあります（Sec.35参照）。

2 書式を連続して貼り付ける

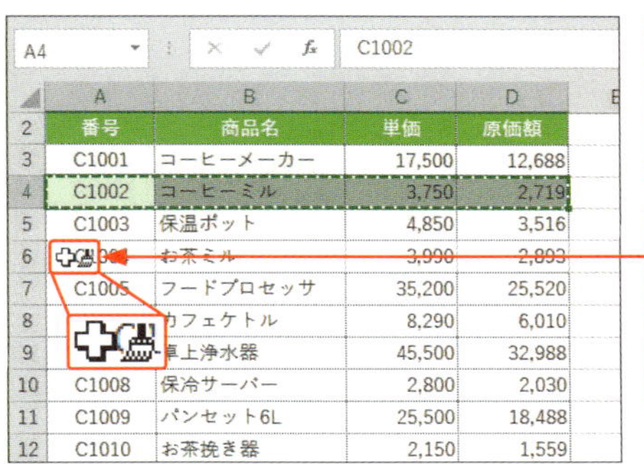

1 P.122の手順**3**で<書式のコピー／貼り付け>をダブルクリックします。

2 書式がコピーされ、マウスポインターの形が変わります。貼り付ける位置でクリックすると、

A6 C1004

	A	B	C	D
2	番号	商品名	単価	原価額
3	C1001	コーヒーメーカー	17,500	12,688
4	C1002	コーヒーミル	3,750	2,719
5	C1003	保温ポット	4,850	3,516
6	C1004	お茶ミル	3,990	2,893
7	C1005	フードプロセッサ	35,200	25,520
8	006	カフェケトル	8,290	6,010
9	C1007	卓上浄水器	45,500	32,988
10	C1008	保冷サーバー	2,800	2,030
11	C1009	パンセット6L	25,500	18,488
12	C1010	お茶挽き器	2,150	1,559

3 書式だけが貼り付けられます。

4 マウスポインターの形が✚🖌のままなので、続けて書式を貼り付けることができます。

Hint

書式の連続貼り付けを中止するには?

書式の連続貼り付けを中止するには、Escを押すか、<書式のコピー／貼り付け>を再度クリックします。

Memo

コピーできる書式

<書式のコピー／貼り付け>では、次の書式をコピーできます。

①表示形式　②フォント
③罫線の設定　④文字の色やセルの背景色
⑤文字の配置、折り返し　⑥セルの結合
⑦文字サイズ、スタイル、文字飾り

37 条件にもとづいて書式を設定する

条件付き書式を利用すると、条件に一致するセルに書式を設定して目立たせることができます。また、データを相対評価して、カラーバーやアイコンでセルの値を視覚的に表現することもできます。

1 特定の値より大きい数値に色を付ける

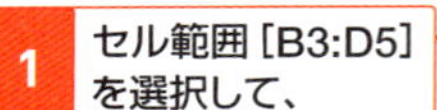

1 セル範囲［B3:D5］を選択して、

2 ＜ホーム＞タブをクリックします。

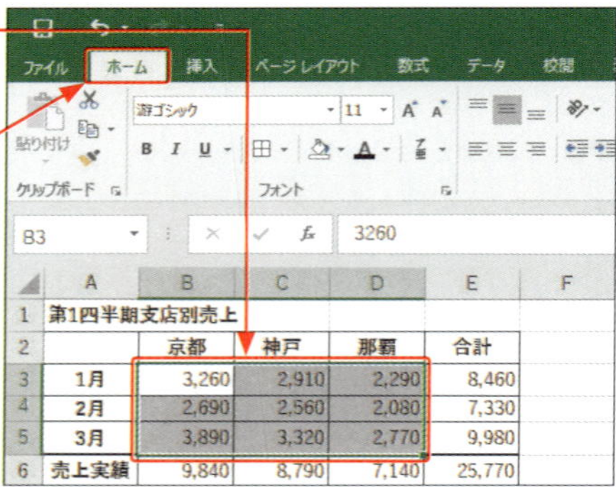

Keyword

条件付き書式

「条件付き書式」とは、指定した条件にもとづいてセルを強調表示したり、データを相対的に評価して視覚化する機能のことです。

3 ＜条件付き書式＞をクリックして、

4 ＜セルの強調表示ルール＞にマウスポインターを合わせ、

5 ＜指定の値より大きい＞をクリックします。

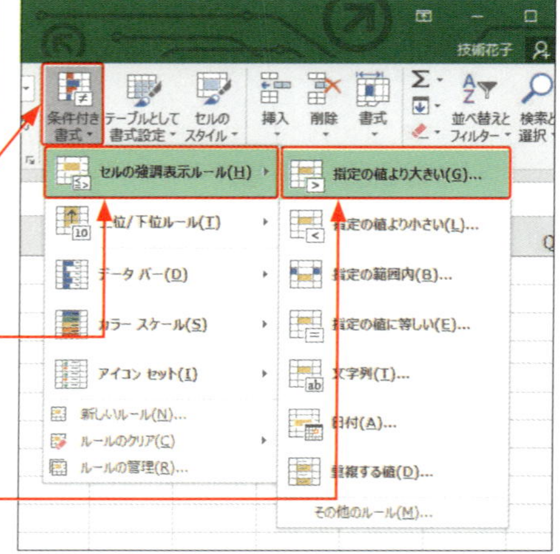

6 条件（ここでは数値の「3000」）を入力して、

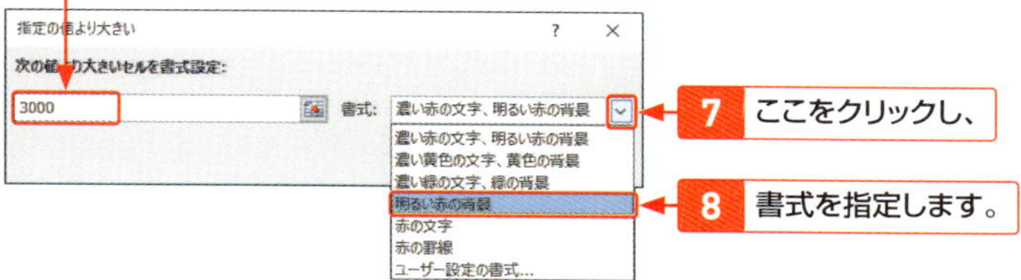

7 ここをクリックし、

8 書式を指定します。

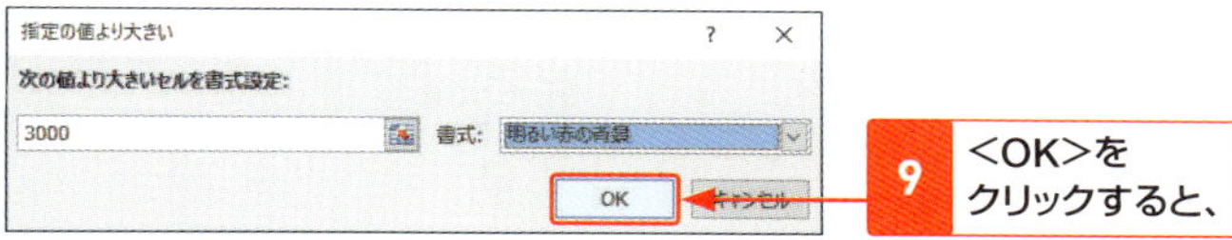

9 <OK>をクリックすると、

	A	B	C	D	E	F
1	第1四半期支店別売上					
2		京都	神戸	那覇	合計	
3	1月	3,260	2,010	2,290	8,460	
4	2月	2,690	2,560	2,080	7,330	
5	3月	3,890	3,320	2,770	9,980	
6	売上実績	9,840	8,790	7,140	25,770	
7	売上目標	10,000	9,000	7,000	26,000	
8	達成率	98.4%	97.7%	102.0%	99.1%	
9						

10 指定した値より大きい数値のセルに書式が設定されます。

Hint

<クイック分析>を利用する

条件付き書式は、<クイック分析>を使って設定することもできます。目的のセル範囲を選択して、右下に表示される<クイック分析>をクリックし、<書式>から目的のコマンドをクリックします。

1 セル範囲［B4:D6］を選択して、

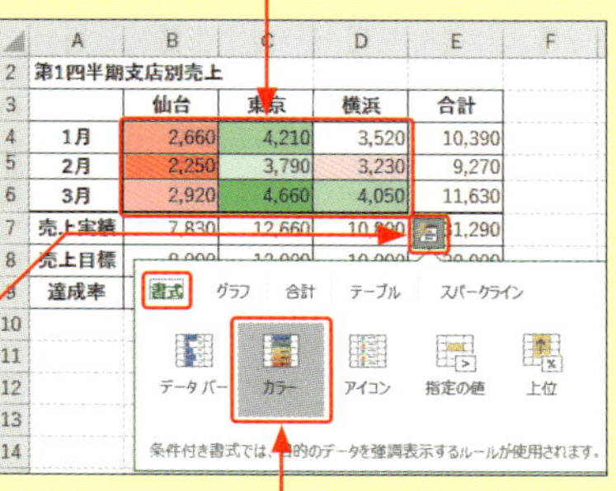

2 <クイック分析>をクリックし、

3 <書式>から目的のコマンドをクリックします。

2 数値の大小に応じて色を付ける

セルにデータバーを表示します。

1 セル範囲［D3:D8］を選択して、

2 <ホーム>タブをクリックします。

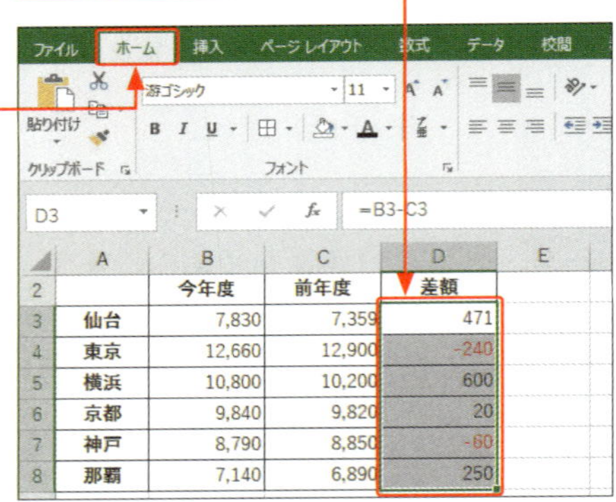

	A	B	C	D
2		今年度	前年度	差額
3	仙台	7,830	7,359	471
4	東京	12,660	12,900	-240
5	横浜	10,800	10,200	600
6	京都	9,840	9,820	20
7	神戸	8,790	8,850	-60
8	那覇	7,140	6,890	250

Keyword

データバー

「データバー」とは、値の大小に応じてセルにグラデーションや単色でカラーバーを表示する機能のことです。

3 <条件付き書式>をクリックして、

4 <データバー>にマウスポインターを合わせ、

5 目的のデータバーをクリックすると、

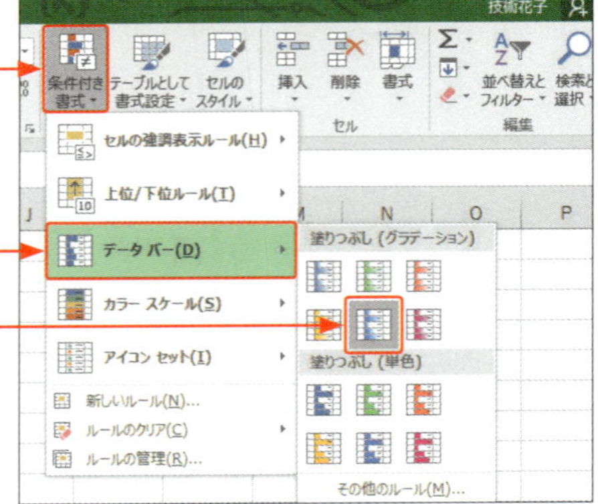

6 値の大小に応じたカラーバーが表示されます。

	A	B	C	D
2		今年度	前年度	差額
3	仙台	7,830	7,359	471
4	東京	12,660	12,900	-240
5	横浜	10,800	10,200	600
6	京都	9,840	9,820	20
7	神戸	8,790	8,850	-60
8	那覇	7,140	6,890	250

Hint

条件付き書式を解除するには?

書式を解除したいセルを選択して、<条件付き書式>→<ルールのクリア>→<選択したセルからルールをクリア>の順にクリックします。

第5章

セル・シート・ブックの操作

Section 38 セルを挿入／削除する

行単位や列単位だけでなく、セル単位でも挿入や削除を行うことができます。セル単位で挿入や削除を行う場合は、挿入や削除後のセルの移動方向を指定する必要があります。

1 セルを挿入する

1 セルをクリックして、

2 <ホーム>タブをクリックし、

3 <挿入>の下半分をクリックして、

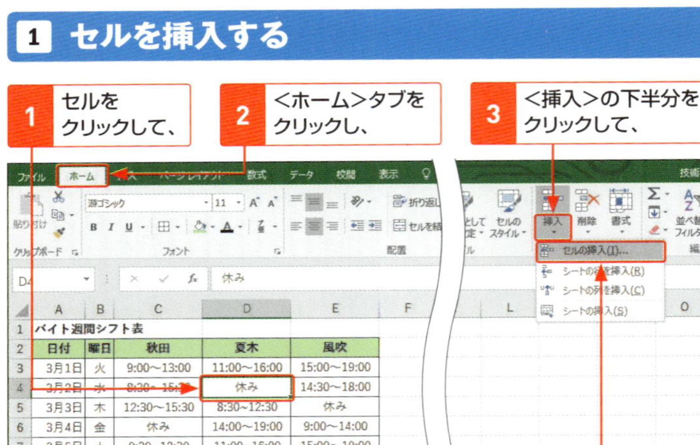

4 <セルの挿入>をクリックします。

5 挿入後のセルの移動方向をクリックしてオンにし、

6 <OK>をクリックすると、

7 選択した場所にセルが挿入されて、

8 選択していたセル以降が下方向に移動します。

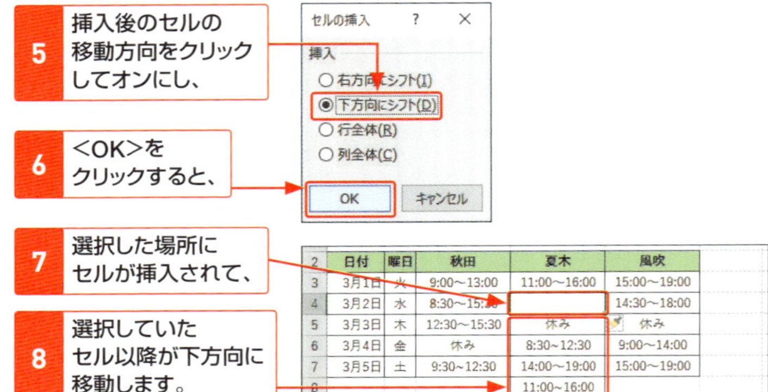

2 セルを削除する

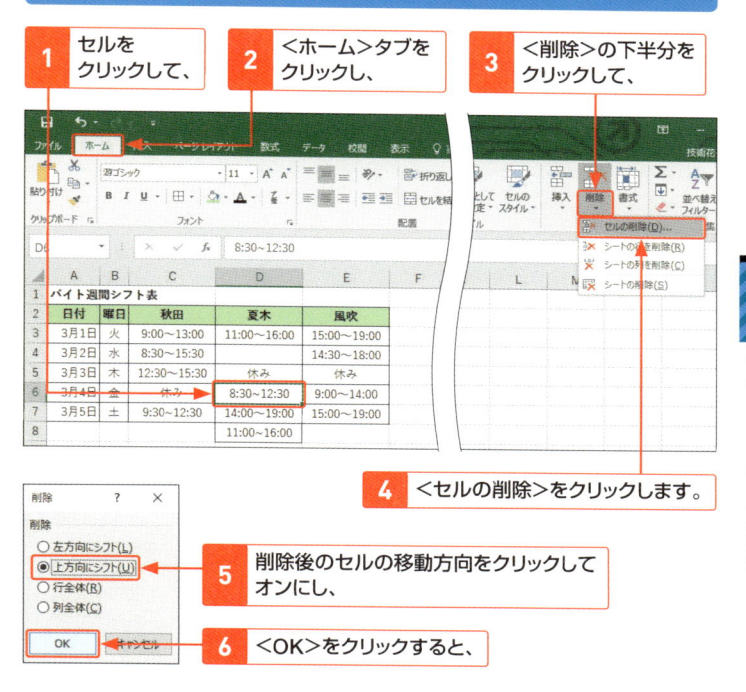

1 セルをクリックして、

2 <ホーム>タブをクリックし、

3 <削除>の下半分をクリックして、

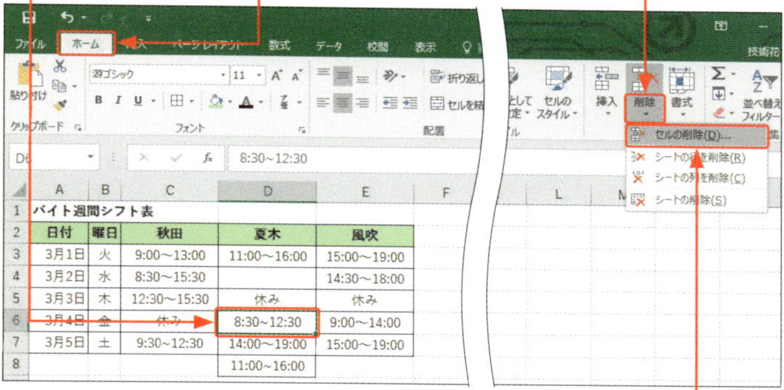

4 <セルの削除>をクリックします。

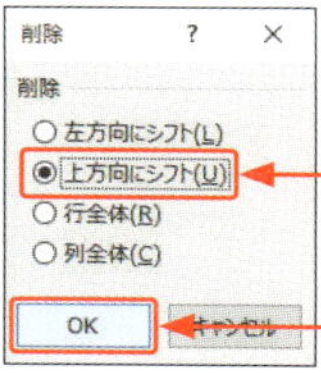

5 削除後のセルの移動方向をクリックしてオンにし、

6 <OK>をクリックすると、

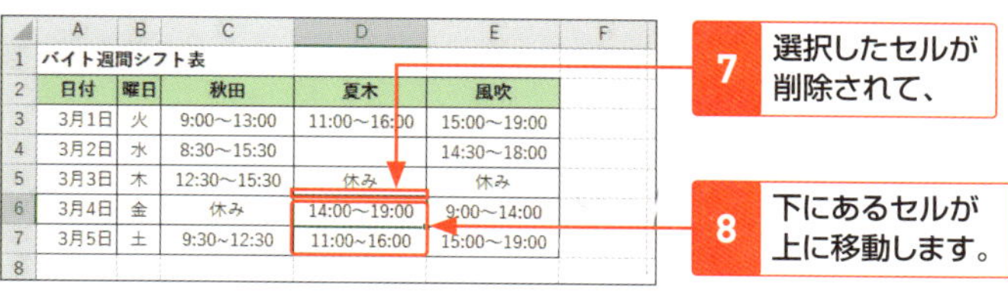

	A	B	C	D	E	F
1	バイト週間シフト表					
2	日付	曜日	秋田	夏木	風吹	
3	3月1日	火	9:00～13:00	11:00～16:00	15:00～19:00	
4	3月2日	水	8:30～15:30		14:30～18:00	
5	3月3日	木	12:30～15:30	休み	休み	
6	3月4日	金	休み	14:00～19:00	9:00～14:00	
7	3月5日	土	9:30～12:30	11:00～16:00	15:00～19:00	
8						

7 選択したセルが削除されて、

8 下にあるセルが上に移動します。

Hint

挿入したセルの書式を設定する

挿入したセルの上のセル（または左のセル）に書式が設定されていると、<挿入オプション>が表示されます。これを利用すると、挿入したセルの書式を変更することができます。

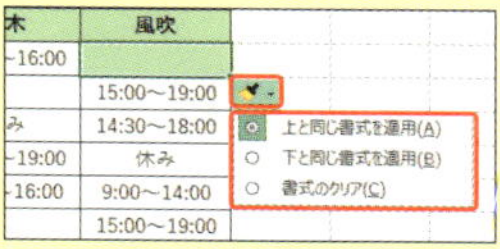

39 セルを結合する

隣り合う複数のセルは、結合して1つのセルとして扱うことができます。結合したセル内の文字の配置は、通常のセルと同じように任意に設定することができます。

1 セルを結合して文字を中央に揃える

1 隣接する複数のセルを選択します。

2 <ホーム>タブをクリックして、

3 <セルを結合して中央揃え>をクリックすると、

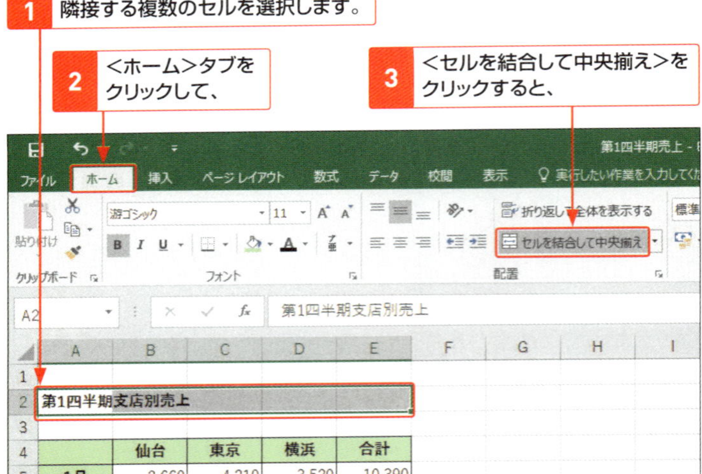

> **Memo**
> **結合するセルにデータがある場合には?**
> 結合するセルの選択範囲に複数のデータが存在する場合は、左上端のセルのデータのみが保持されます。

4 セルが結合され、文字が自動的に中央揃えになります。

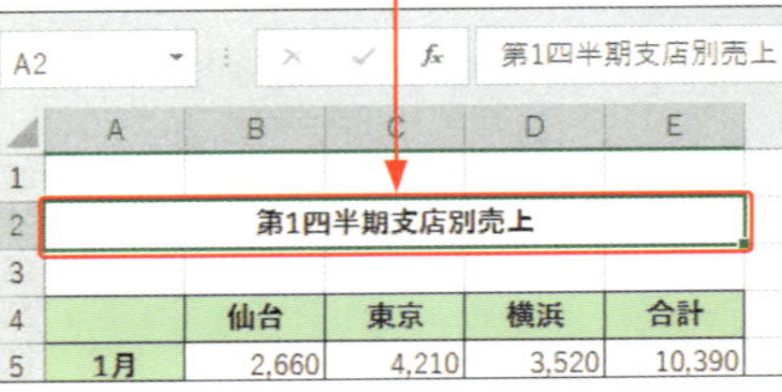

2 文字配置を維持したままセルを結合する

1 隣接する複数のセルを選択します。

2 ＜ホーム＞タブをクリックして、

3 ＜セルを結合して中央揃え＞のここをクリックし、

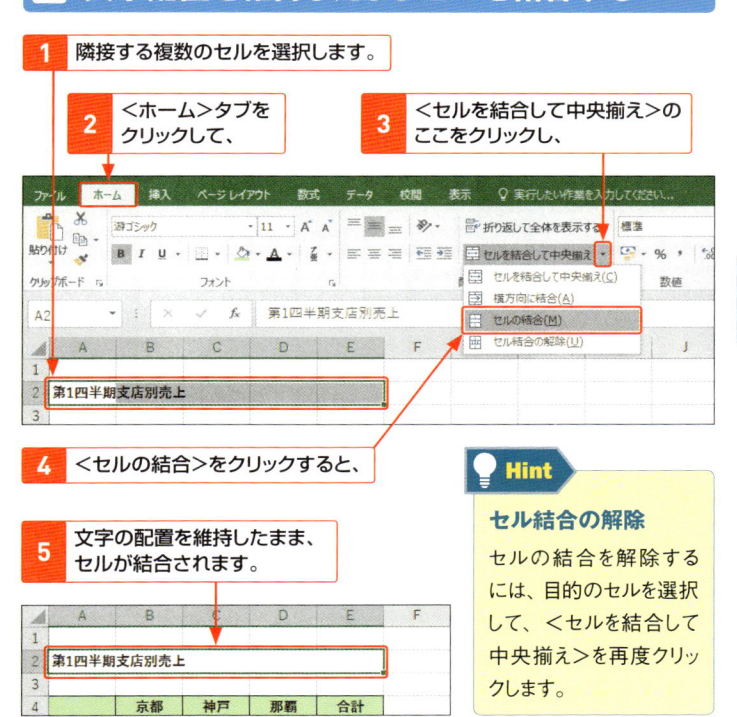

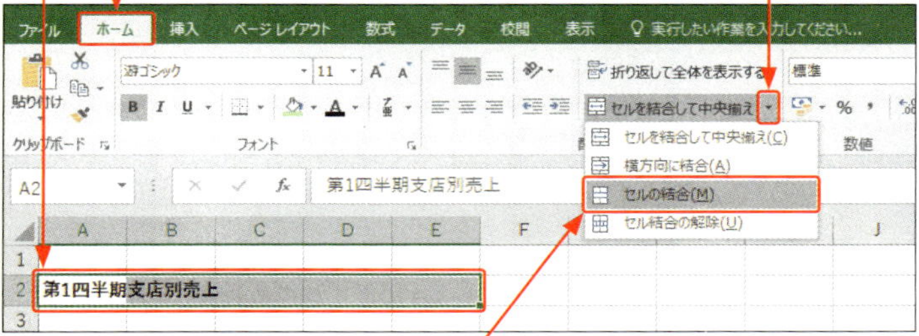

4 ＜セルの結合＞をクリックすると、

5 文字の配置を維持したまま、セルが結合されます。

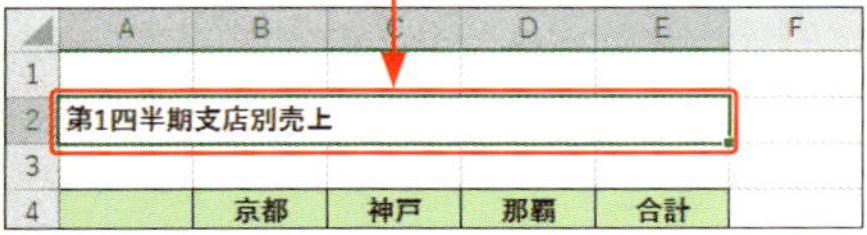

Hint

セル結合の解除

セルの結合を解除するには、目的のセルを選択して、＜セルを結合して中央揃え＞を再度クリックします。

選択範囲を行単位で結合する

行単位で結合したいセル範囲を選択して、上記の手順 4 で＜横方向に結合＞をクリックすると、選択したセル範囲が行単位で結合されます。

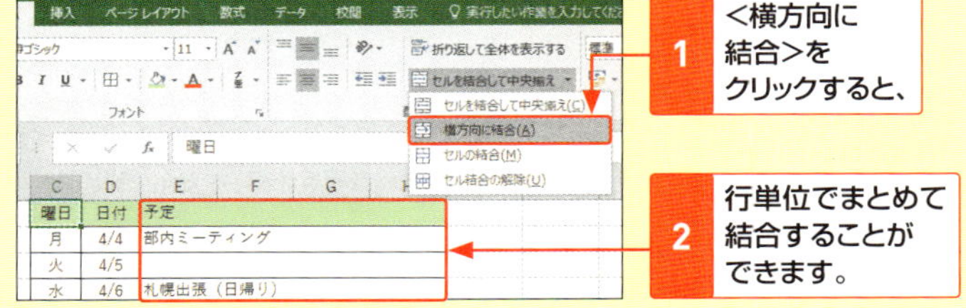

第5章 セル・シート・ブックの操作

40 行や列を挿入／削除する

表を作成したあとで項目を追加する必要が生じた場合は、**行や列を挿入**してデータを追加します。また、不要な項目がある場合は、**行単位や列単位で削除**することができます。

1 行や列を挿入する

行を挿入する

1 行番号をクリックして、行を選択します。

2 ＜ホーム＞タブをクリックして、

3 ＜挿入＞の下半分をクリックし、

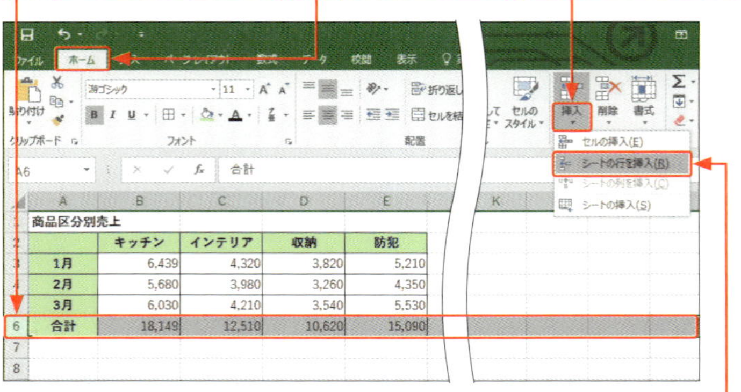

4 ＜シートの行を挿入＞をクリックすると、

5 選択した行の上に行が挿入されます。

	A	B	C	D	E
1	商品区分別売上				
2		キッチン	インテリア	収納	防犯
3	1月	6,439	4,320	3,820	5,210
4	2月	5,680	3,980	3,260	4,350
5	3月	6,030	4,210	3,540	5,530
6					
7	合計	18,149	12,510	10,620	15,090
8					

Memo

列の挿入

列を挿入する場合は、列番号をクリックして列を選択し、手順4で＜シートの列を挿入＞をクリックします。

P.133のStepUp参照

2 行や列を削除する

列を削除する

1 列番号をクリックして、削除する列を選択します。

2 <ホーム>タブをクリックして、

3 <削除>の下半分をクリックし、

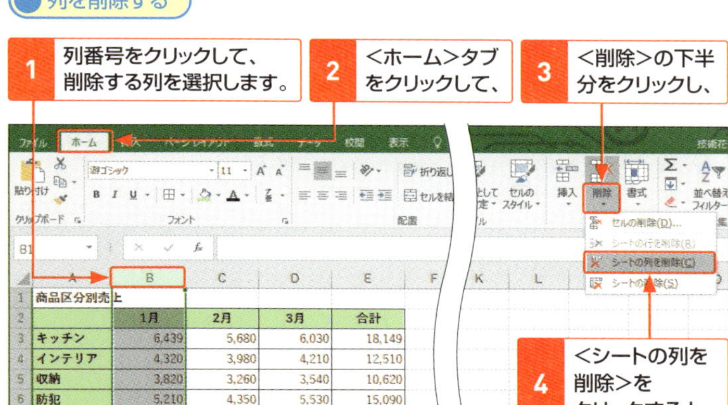

4 <シートの列を削除>をクリックすると、

5 列が削除されます。

数式が入力されている場合は、自動的に再計算されます。

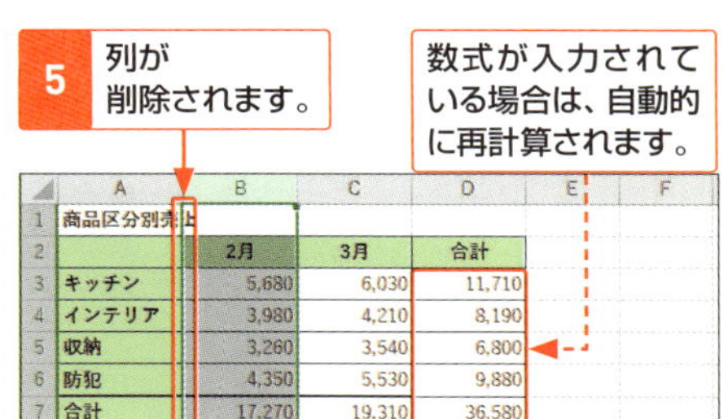

行の削除

行を削除する場合は、行番号をクリックして行を選択し、手順4で<シートの行を削除>をクリックします。

StepUp

挿入した行や列の書式を設定できる

挿入した周囲のセルに書式が設定されていた場合、挿入した行や列には、上の行（または左の列）の書式が適用されます。書式を変更したい場合は、行や列を挿入した際に表示される<挿入オプション>をクリックして設定します。

行を挿入した場合

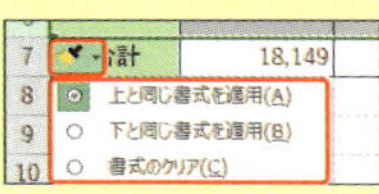

列を挿入した場合

左側と同じ書式を適用(L)
右側と同じ書式を適用(R)
書式のクリア(C)

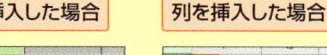

挿入した行や列の書式を変更できます。

Section 41 列幅や行の高さを調整する

数値や文字がセルにおさまりきらない場合や、表の体裁を整えたい場合は、列幅や行の高さを変更します。セルのデータに合わせて列幅を調整することもできます。

1 ドラッグして列の幅を変更する

1 幅を変更する列番号の境界にマウスポインターを合わせ、形が✛に変わった状態で、

	A	B	C	D	E
1					
2	第1四半期支店別売上				
3					
4		京都	神戸	那覇	合
5	1月	3,260	2,910	2,290	8
6	2月	2,690	2,560	2,080	7
7	3月	3,890	3,320	2,770	9

ドラッグ中に列の幅が数値で表示されます。

幅: 12.00 (101 ピクセル)

2 ドラッグすると、

	A	B	C	D
1				
2	第1四半期支店別売上			
3				
4		京都	神戸	那覇
5	1月	3,260	2,910	2,290
6	2月	2,690	2,560	2,080
7	3月	3,890	3,320	2,770

Memo

行の高さの変更

行番号の境界にマウスポインターを合わせて、形が✛に変わった状態でドラッグすると、行の高さを変更できます。

	A	B	C	D
1				
2	第1四半期支店別売上			
3				
4		京都	神戸	那覇
5	1月	3,260	2,910	2,290
6	2月	2,690	2,560	2,080
7	3月	3,890	3,320	2,770

3 列の幅が変更されます。

2 セルのデータに列の幅を合わせる

	A	B	C	D	
1					
2	商品売上				
3					
4		1月	2月	3月	合
5	キッチン	6,439	5,680	6,030	1
6	インテリア	4,320	3,980	4,210	1
7	収納	3,820	3,260	3,540	1
8	防犯	5,210	4,350	5,530	1
9	合計	19,789	17,270	19,310	5

1 列番号の境界にマウスポインターを合わせ、形が┿に変わった状態でダブルクリックすると、

2 セルのデータに合わせて、列の幅が変更されます。

	A	B	C	D
1				
2	商品売上			
3				
4		1月	2月	3月
5	キッチン	6,439	5,680	6,030
6	インテリア	4,320	3,980	4,210
7	収納	3,820	3,260	3,540
8	防犯	5,210	4,350	5,530
9	合計	19,789	17,270	19,310

対象となる列内のセルで、もっとも長い文字に合わせて列幅が自動的に調整されます。

Hint

複数の行や列を同時に変更するには?

複数の行または列を選択した状態で境界をドラッグすると、複数の行の高さや列幅を同時に変更できます。

Hint

列幅や行の高さの表示単位

変更中の列幅や行の高さは、マウスポインターの右上に数値で表示されます。列幅はセル内に表示できる半角文字の「文字数」で(P.134の手順 2 の図参照)、行の高さは「ポイント数」で表されます。カッコの中にはピクセル数が表示されます。

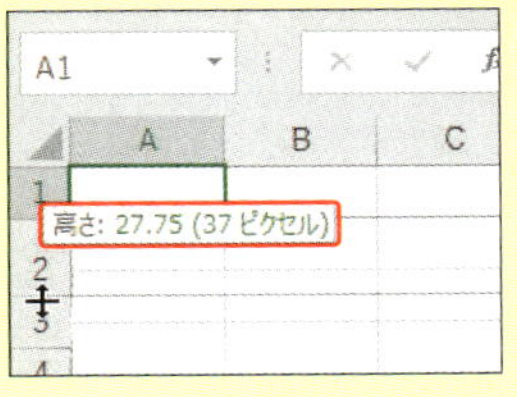

42 見出しを固定する

大きな表の場合、スクロールすると見出しが見えなくなり、データが何を表すのかわからなくなることがあります。見出しの行や列を固定すると、常に表示させておくことができます。

1 見出しの行を固定する

この見出しの行を固定します。

	A	B	C	D	E	F	
1	顧客No.	名前	フリガナ	郵便番号	住所1	住所2	
2	1	阿川 真一	アガワ シンイチ	112-0012	東京都文京区大塚x-x-x		03
3	2	浅田 祐樹	アサマ マユミ	352-0032	埼玉県新座市新堀xx	欅工房	04
4	3	新田 光彦	アラタ ミツヒコ	167-0034	東京都杉並区桃井x-x	桃井ハイツ	09

1 <表示>タブをクリックします。

2 <ウィンドウ枠の固定>をクリックして、

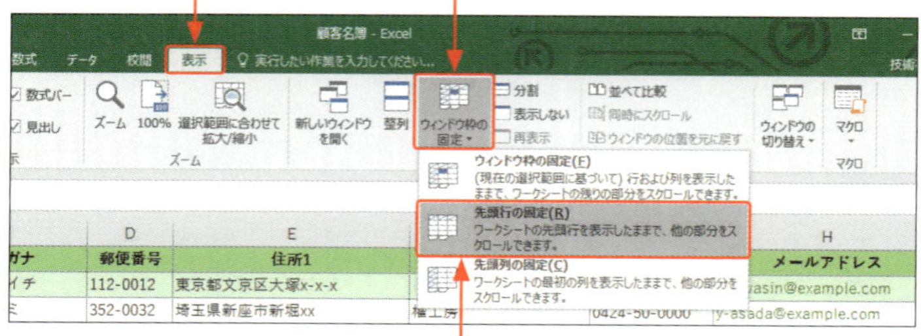

3 <先頭行の固定>をクリックすると、

4 先頭の見出しの行が固定されて、境界線が表示されます。

境界線より下のウィンドウ枠内がスクロールします。

	A	B	C	D	G	H	I
1	顧客No.	名前	フリガナ	郵便番号	電話番号	メールアドレス	
17	16	尾崎 圭子	オザキ ケイコ	273-0132	7-441-0000	kei-ozaki@example.com	
18	17	小田 真琴	オダ マコト	101-005	3-5283-0000	makoto-oga@example.com	
19	18	籠宮 清司	カゴミヤ キヨシ	101-00	03-3518-0000	kagomiya-k@example.com	
20	19	片柳 満ちる	カタヤナギ ミチル	273-01	047-441-0000	mkatayanagi@example.com	
21	20	加藤 美優	カトウ ミユ	135-00	090-8502-0000	miyuka@example.com	

2 行と列を同時に固定する

この2つのセルを固定します。

1 このセルをクリックして、

2 <表示>タブをクリックします。

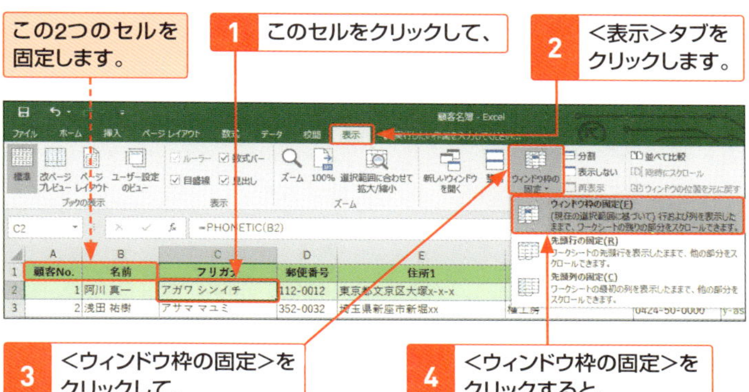

3 <ウィンドウ枠の固定>をクリックして、

4 <ウィンドウ枠の固定>をクリックすると、

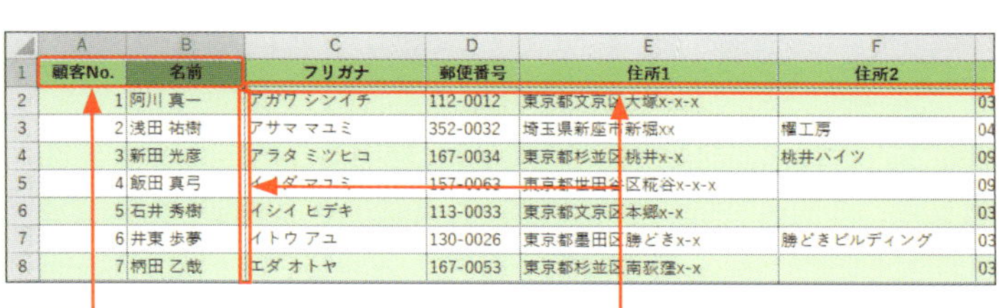

5 この2つのセルが固定され、

6 選択したセルの上側と左側に境界線が表示されます。

7 このペアの矢印だけが連動してスクロールします。

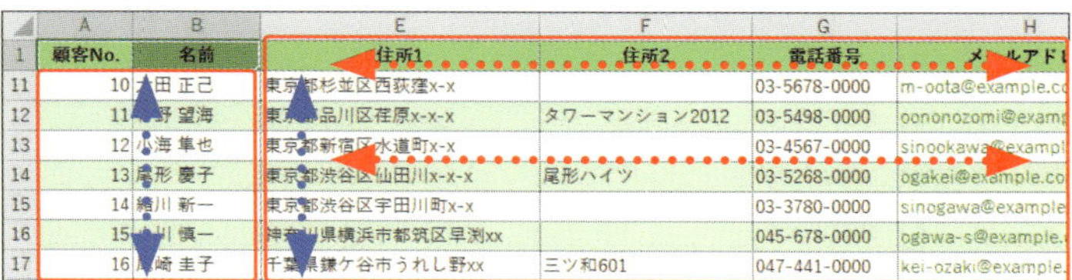

Hint

見出し行の固定を解除するには?

見出し行の固定を解除するには、<表示>タブの<ウィンドウ枠の固定>をクリックして、<ウィンドウ枠固定の解除>をクリックします。

Section 43 ワークシートを追加／移動／コピーする

標準設定では、新規に作成したブックには1枚のワークシートが表示されていますが、必要に応じて追加したり削除したりすることができます。また、移動やコピーしたりすることもできます。

1 ワークシートを追加する

シートの最後に追加する

1 ＜新しいシート＞をクリックすると、

2 新しいワークシートがシートの後ろに追加されます。

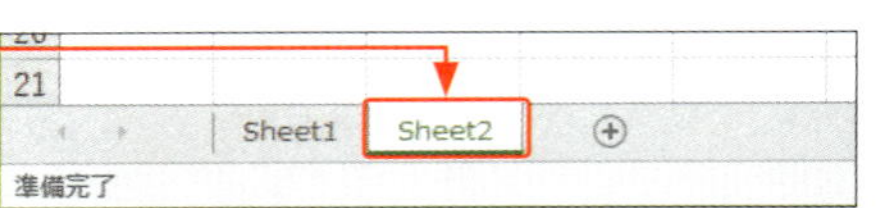

選択したシートの前に追加する

1 シート見出しをクリックします。

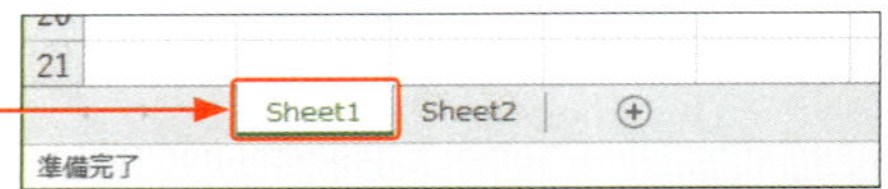

2 ＜ホーム＞タブの＜挿入＞の下半分をクリックして、

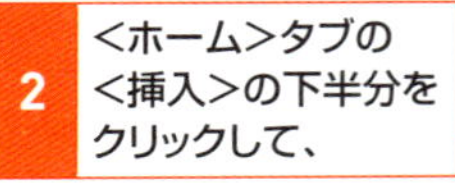

3 ＜シートの挿入＞をクリックすると、

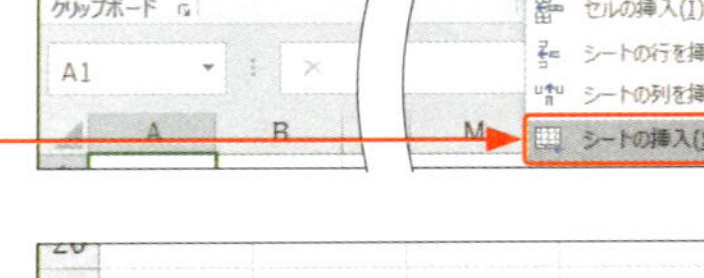

4 選択したシートの前に新しいワークシートが追加されます。

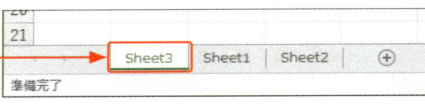

2 ワークシートを削除する

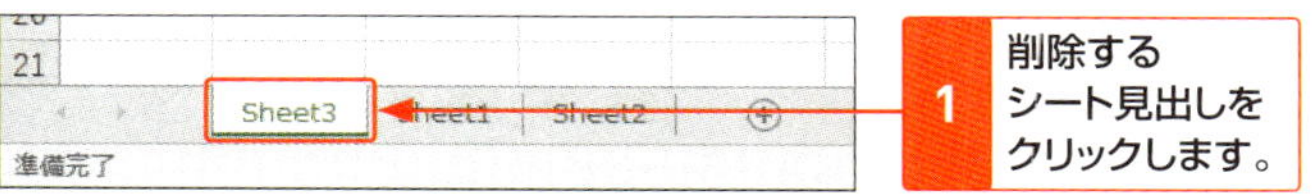

1 削除するシート見出しをクリックします。

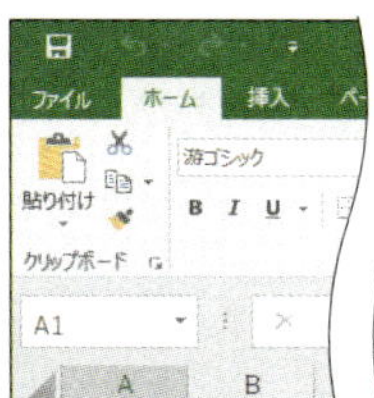

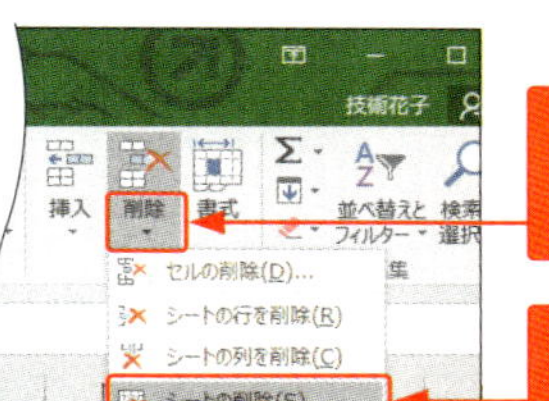

2 <ホーム>タブの<削除>の下半分をクリックして、

3 <シートの削除>をクリックすると、

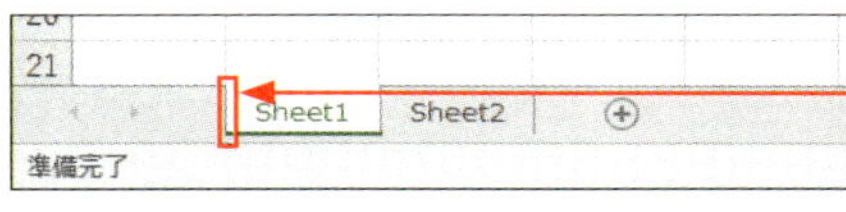

4 選択していたシートが削除されます。

3 ワークシートを移動／コピーする

1 シート見出し上でマウスのボタンを押したままにすると、マウスポインターの形が変わります。

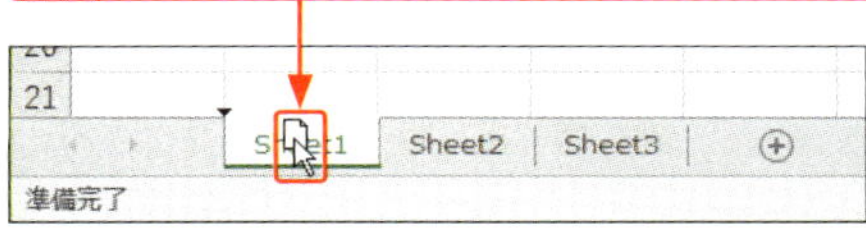

2 移動先へドラッグすると、

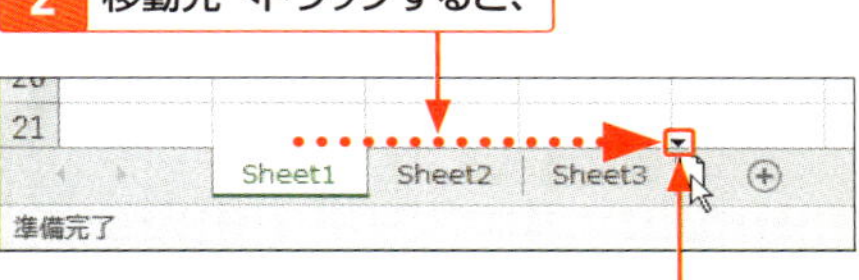

3 シートの移動先に▼マークが表示され、

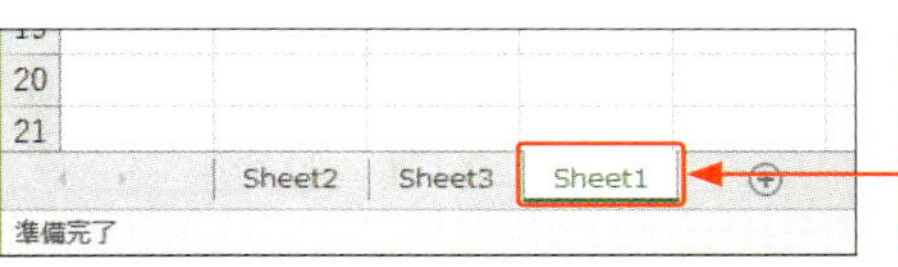

4 マウスから指を離すと、その位置にシートが移動します。

> **Memo**
>
> **ワークシートのコピー**
>
> ワークシートをコピーするには、移動と同様の手順でシート見出しをドラッグし、コピー先でCtrlを押しながら、マウスのボタンを離します。

シート名を変更して見出しに色を付ける

ワークシートには「Sheet1」「Sheet2」…という名前が付いていますが、シート名は変更することができます。また、シートが区別しやすいように、シート見出しに色を付けることもできます。

1 シート名を変更する

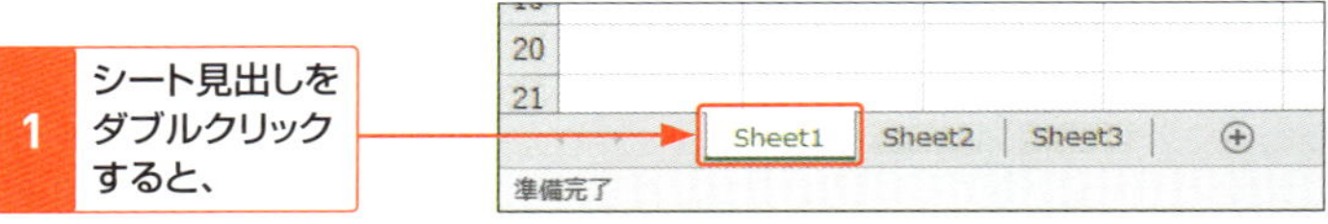

2 シート名が選択されます。

20
21
Sheet1
Sheet2
Sheet3
準備完了

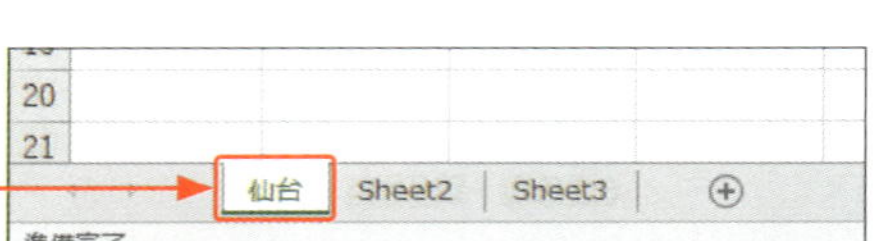

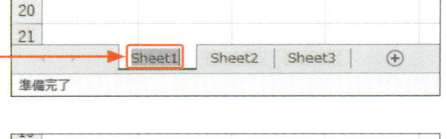

3 シート名を入力して Enter を押すと、シート名が変更されます。

Hint

シート名で使えない文字

シート名には半角・全角の「¥」「*」「?」「:」「'」「/」「[ ]」は使用できません。また、シート名を空白（何も文字を入力しない状態）にすることはできません。

Memo

シート名を選択するそのほかの方法

＜ホーム＞タブの＜書式＞をクリックして、＜シート名の変更＞をクリックしても、シート名が選択できます。

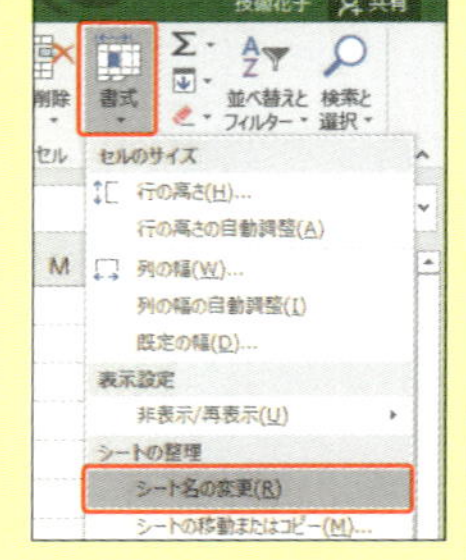

2 シート見出しに色を付ける

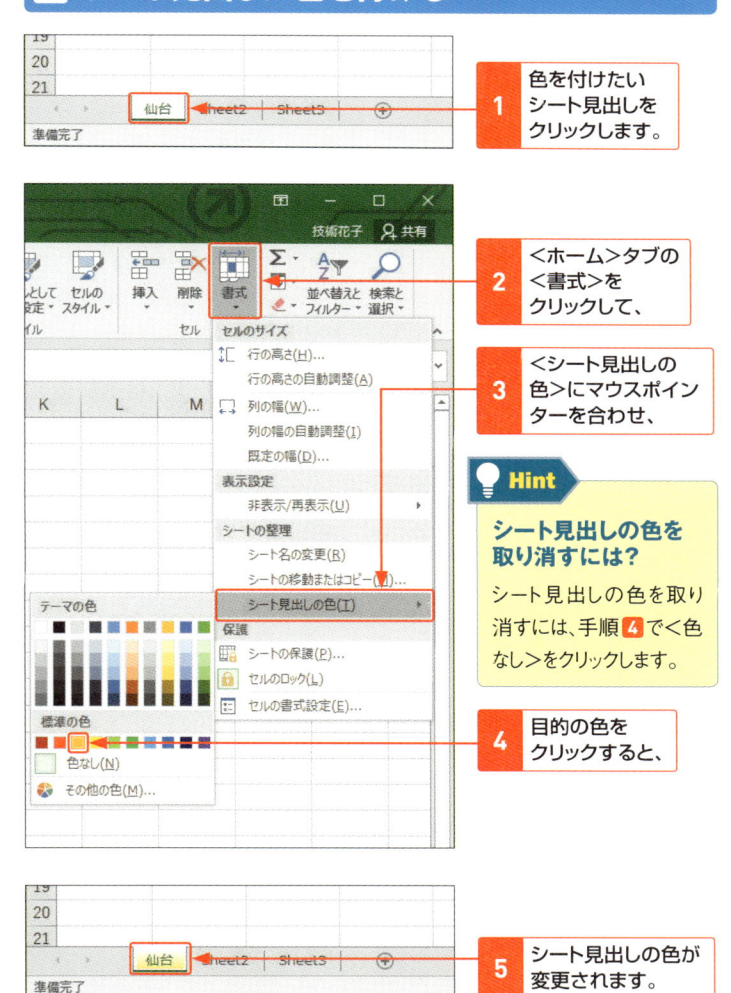

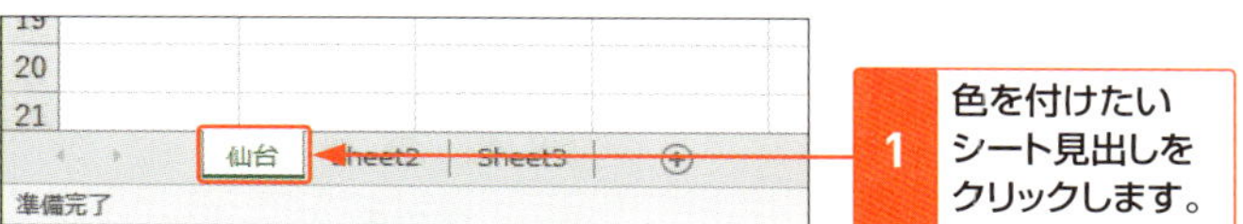

1 色を付けたいシート見出しをクリックします。

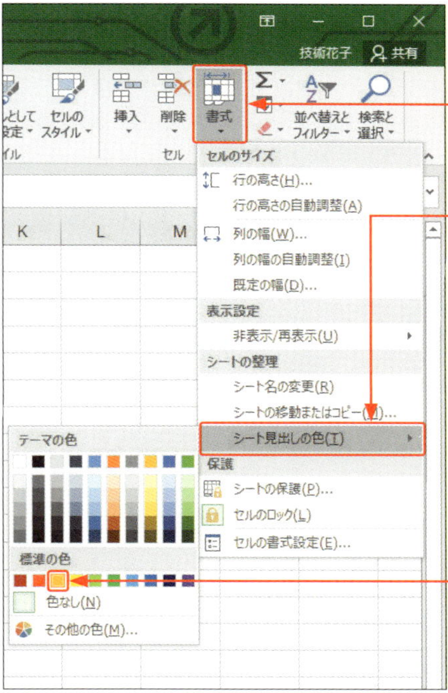

2 <ホーム>タブの<書式>をクリックして、

3 <シート見出しの色>にマウスポインターを合わせ、

> **Hint**
>
> **シート見出しの色を取り消すには?**
>
> シート見出しの色を取り消すには、手順 4 で<色なし>をクリックします。

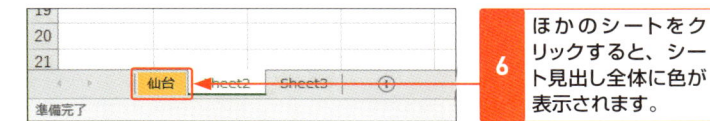

4 目的の色をクリックすると、

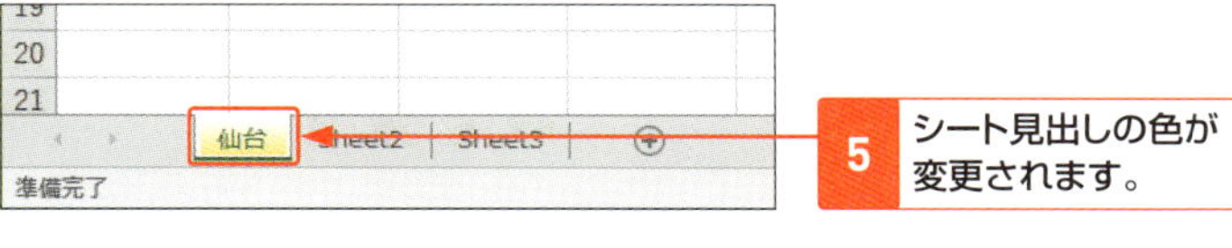

5 シート見出しの色が変更されます。

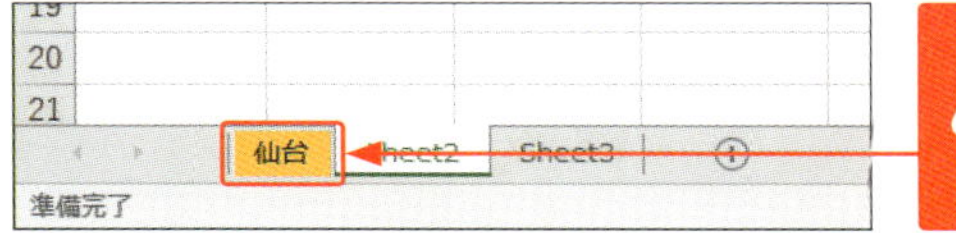

6 ほかのシートをクリックすると、シート見出し全体に色が表示されます。

45 シートやブックを保護する

重要なデータをほかの人に変更されたりしないように、保護することができます。表全体を保護するには**シートの保護**を、シートの追加や削除などをできなくするには**ブックの保護**を設定します。

1 シートを保護する

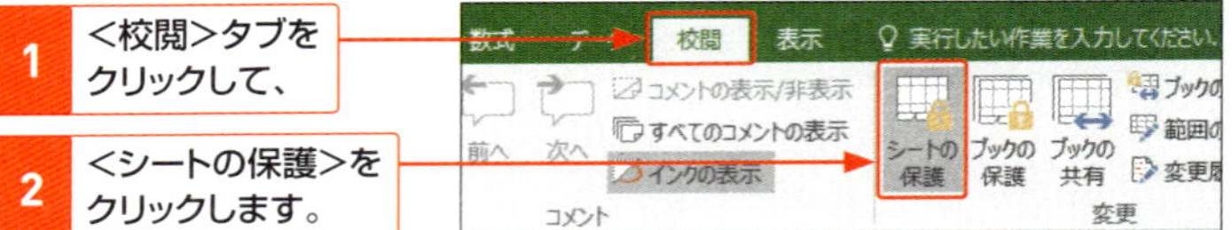

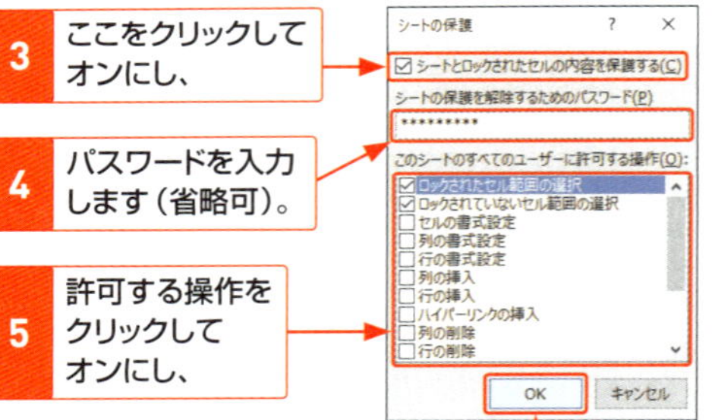

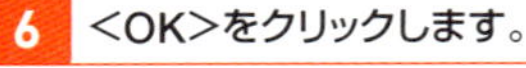

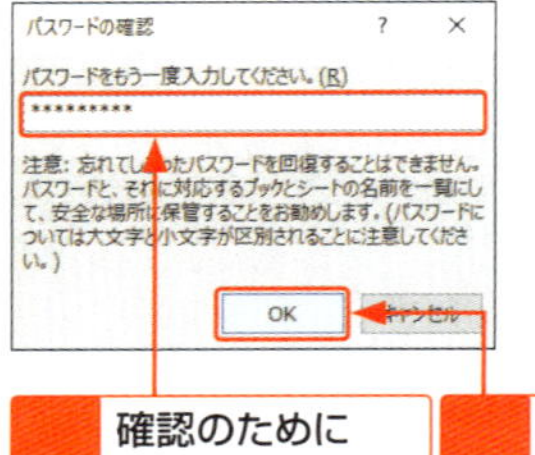

Hint

シートの保護を解除するには?

シートの保護を解除するには、＜校閲＞タブの＜シート保護の解除＞をクリックして、パスワードを入力し、＜OK＞をクリックします。

2 ブックを保護する

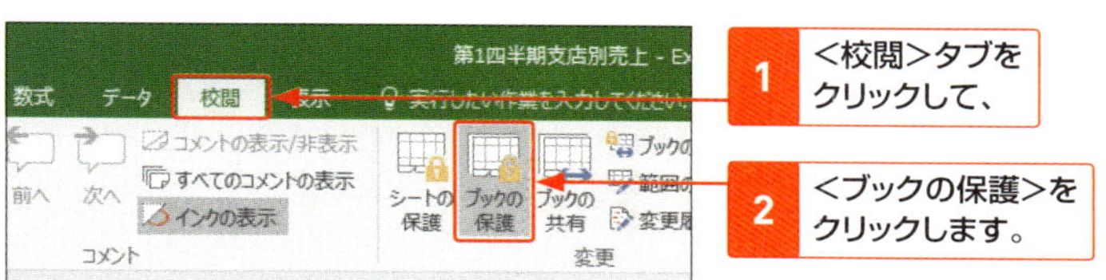

1 <校閲>タブをクリックして、

2 <ブックの保護>をクリックします。

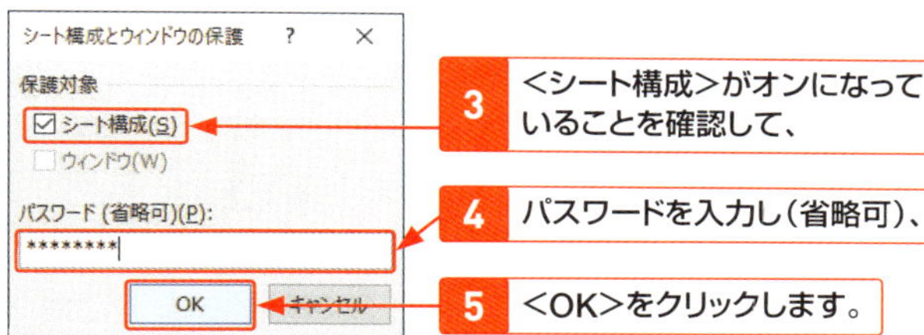

3 <シート構成>がオンになっていることを確認して、

4 パスワードを入力し（省略可）、

5 <OK>をクリックします。

6 確認のために同じパスワードを再度入力して、

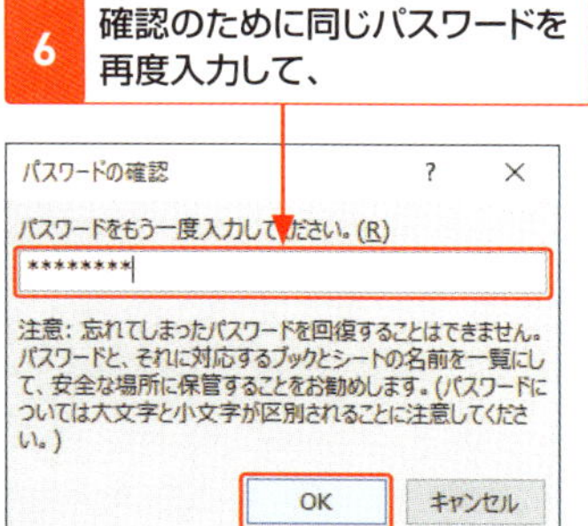

7 <OK>をクリックすると、ブックが保護されます。

Hint

ブックの保護を解除するには？

ブックの保護を解除するには、<校閲>タブの<ブックの保護>をクリックして、パスワードを入力し、<OK>をクリックします。

ブック保護の解除
パスワード(P): ********
OK　キャンセル

ウィンドウを分割／整列する

ウィンドウを上下や左右に分割して２つの領域に分けて表示させると、ワークシート内の離れた部分を同時に見ることができて便利です。１つのブックを複数のウィンドウで表示させることもできます。

1 ウィンドウを上下に分割する

1 分割したい位置の下の行番号をクリックします。

2 <表示>タブをクリックして、

3 <分割>をクリックすると、

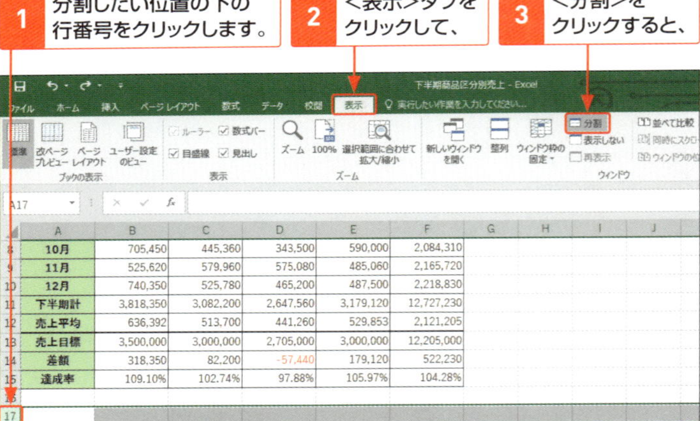

	A	B	C	D	E	F
8	10月	705,450	445,360	343,500	590,000	2,084,310
9	11月	525,620	579,960	575,080	485,060	2,165,720
10	12月	740,350	525,780	465,200	487,500	2,218,830
11	下半期計	3,818,350	3,082,200	2,647,560	3,179,120	12,727,230
12	売上平均	636,392	513,700	441,260	529,853	2,121,205
13	売上目標	3,500,000	3,000,000	2,705,000	3,000,000	12,205,000
14	差額	318,350	82,200	-57,440	179,120	522,230
15	達成率	109.10%	102.74%	97.88%	105.97%	104.28%

4 ウィンドウが指定した位置で上下に分割され、分割バーが表示されます。

	A	B	C	D	E	F
8	10月	705,450	445,360	343,500	590,000	2,08
9	11月	525,620	579,960	575,080	485,060	2,16
10	12月	740,350	525,780	465,200	487,500	2,21
11	下半期計	3,818,350	3,082,200	2,647,560	3,179,120	12,72
12	売上平均	636,392	513,700	441,260	529,853	2,12
13	売上目標	3,500,000	3,000,000	2,705,000	3,000,000	12,20
14	差額	318,350	82,200	-57,440	179,120	52
15	達成率	109.10%	102.74%	97.88%	105.97%	10

下半期商品区分別売上（神戸）

Hint

ウィンドウの分割を解除するには？

分割を解除するには、選択されている<分割>を再度クリックするか、分割バーをダブルクリックします。

2 1つのブックを左右に並べて表示する

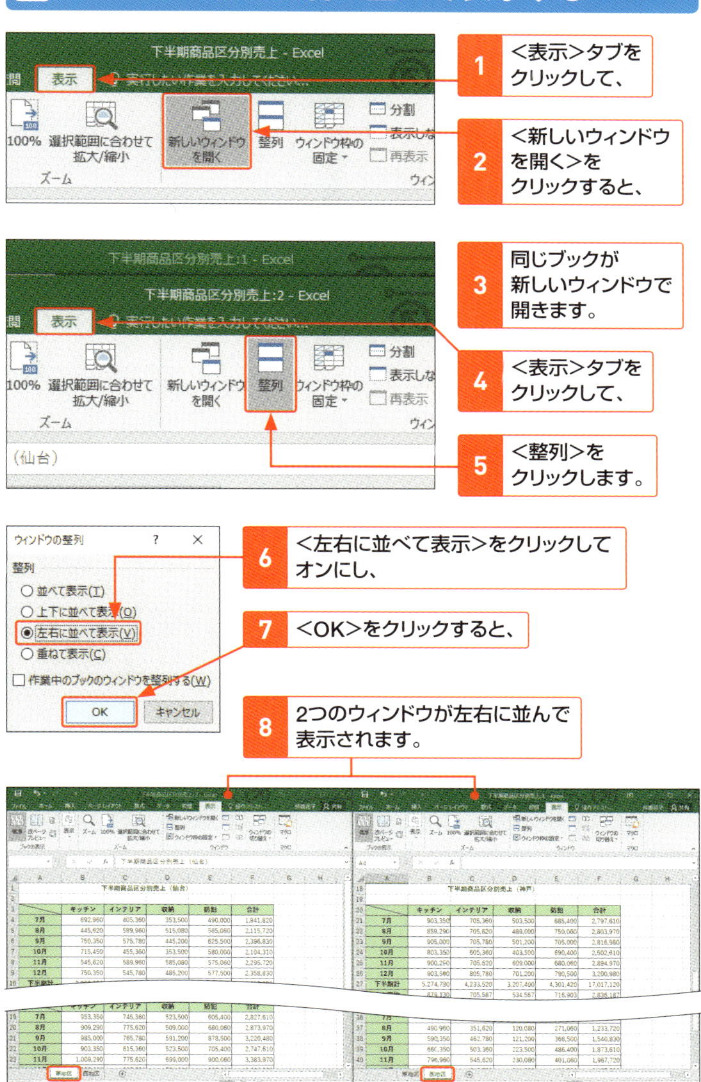

47 データを並べ替える

データベース形式の表では、データを昇順や降順で並べ替えたり、五十音順で並べ替えたりすることができます。並べ替えを行う際は、基準となるフィールド（列）を指定します。

■データベース形式の表とは?

「データベース形式の表」とは、列ごとに同じ種類のデータが入力され、先頭行に列の見出しとなる列ラベル（列見出し）が入力されている一覧表のことです。

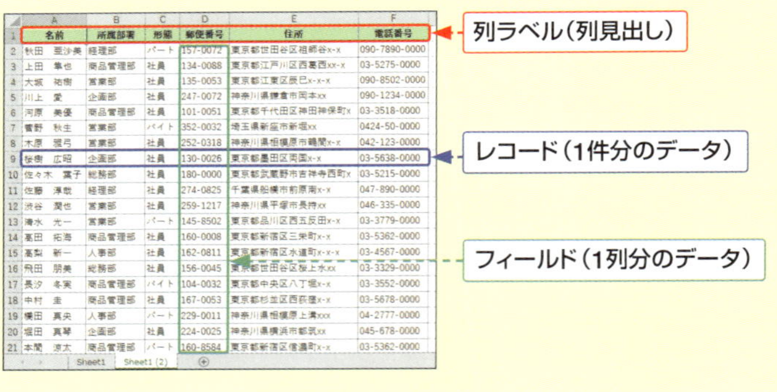

1 データを昇順や降順で並べ替える

Memo

データを並べ替えるには?

データベース形式の表を並べ替えるには、基準となるフィールドのセルをあらかじめ選択しておく必要があります。

1 並べ替えの基準となるフィールドの任意のセルをクリックします。

A1 名前

	A	B	C	D
1	名前	所属部署	形態	郵便番号
2	飛田　朋美	総務部	社員	156-0045
3	河原　美優	商品管理部	社員	101-0051
4	堀田　真琴	企画部	社員	224-0025
5	桜樹　広昭	企画部	社員	130-0026

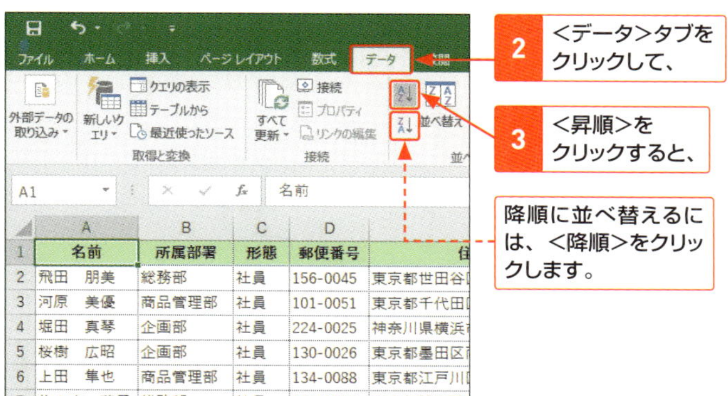
2 <データ>タブをクリックして、
3 <昇順>をクリックすると、
降順に並べ替えるには、<降順>をクリックします。

	A	B	C	D
1	名前	所属部署	形態	郵便番号
2	秋田　亜沙美	経理部	パート	157-0072
3	上田　隼也	商品管理部	社員	134-0088
4	大城　祐樹	営業部	社員	135-0053
5	川上　愛	企画部	社員	247-0072
6	河原　美優	商品管理部	社員	101-0051
7	菅野　秋生	営業部	バイト	352-0032
8	木原　雅弓	営業部	社員	252-0318
9	桜樹　広昭	企画部	社員	130-0026
10	佐々木　葉子	総務部	社員	180-0000
11	佐藤　淳哉	経理部	社員	274-0825
12	渋谷　潤也	営業部	社員	259-1217
13	清水　光一	営業部	パート	145-8502
14	高田　拓海	商品管理部	社員	160-0008
15	高梨　新一	人事部	社員	162-0811
16	飛田　朋美	総務部	社員	156-0045

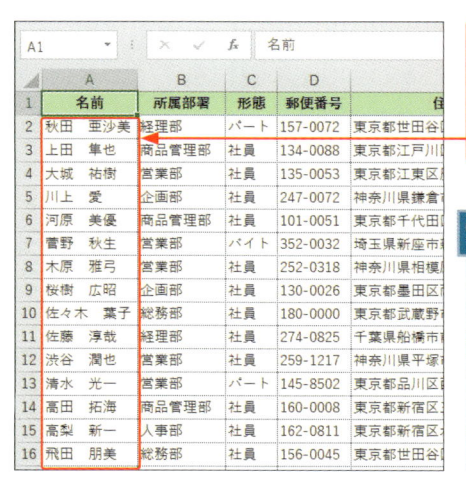

4 指定したセルを含むフィールドを基準にして、表全体が昇順に並べ替えられます。

Hint

昇順と降順の並べ替えのルール

昇順では、0～9、A～Z、日本語の順で、降順では逆の順番で並べ替えられます。

Hint

データが正しく並べ替えられない!

データベース形式の表内のセルが結合されていたり、空白の行や列があったりする場合は、表全体のデータを並べ替えることはできません。並べ替えを行う際は、表内にこのような行や列、セルがないかどうかを確認しておきます。また、ほかのアプリで作成したファイルのデータをコピーした場合は、ふりがな情報が保存されていないため、正しく並べ替えができないことがあります。

Section 48 条件に合ったデータを取り出す

データの数が多い表では、目的のデータを探すのに手間がかかります。このような場合は、オートフィルターを利用すると、条件に合ったデータをかんたんに取り出すことができます。

1 フィルターを利用してデータを抽出する

Keyword

オートフィルター

「オートフィルター」とは、フィールドの項目を基準として、指定した条件に合ったデータだけを表示する機能のことです。

Hint

オートフィルターを解除するには?

オートフィルターを解除するには、再度<フィルター>をクリックします。

1 表内のセルをクリックします。

2 <データ>タブをクリックして、

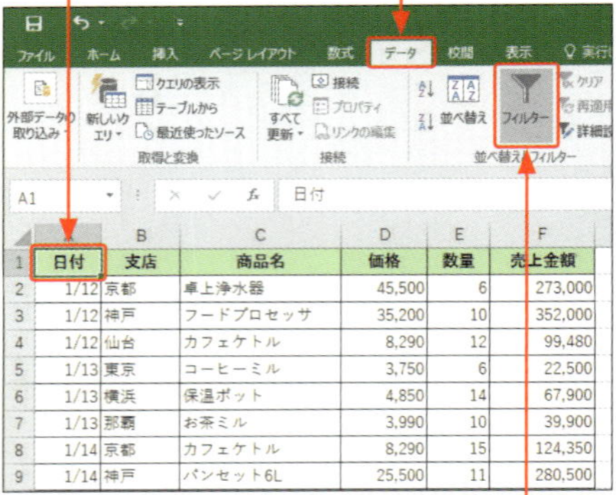

	A	B	C	D	E	F
1	日付	支店	商品名	価格	数量	売上金額
2	1/12	京都	卓上浄水器	45,500	6	273,000
3	1/12	神戸	フードプロセッサ	35,200	10	352,000
4	1/12	仙台	カフェケトル	8,290	12	99,480
5	1/13	東京	コーヒーミル	3,750	6	22,500
6	1/13	横浜	保温ポット	4,850	14	67,900
7	1/13	那覇	お茶ミル	3,990	10	39,900
8	1/14	京都	カフェケトル	8,290	15	124,350
9	1/14	神戸	パンセット6L	25,500	11	280,500

3 <フィルター>をクリックすると、

	A	B	C	D	E	F
1	日付	支店	商品名	価格	数量	売上金額
2	1/12	京都	卓上浄水器	45,500	6	273,000
3	1/12	神戸	フードプロセッサ	35,200	10	352,000
4	1/12	仙台	カフェケトル	8,290	12	99,480
5	1/13	東京	コーヒーミル	3,750	6	22,500
6	1/13	横浜	保温ポット	4,850	14	67,900
7	1/13	那覇	お茶ミル	3,990	10	39,900
8	1/14	京都	カフェケトル	8,290	15	124,350
9	1/14	神戸	パンセット6L	25,500	11	280,500
10	1/14	仙台	お茶ミル	3,990	9	35,910
11	1/14	東京	コーヒーメーカー	17,500	11	192,500
12	1/15	横浜	フードプロセッサ	35,200	12	422,400
13	1/15	那覇	卓上浄水器	45,500	9	409,500

4 すべての列ラベルにフィルターボタンが表示され、オートフィルターが利用できるようになります。

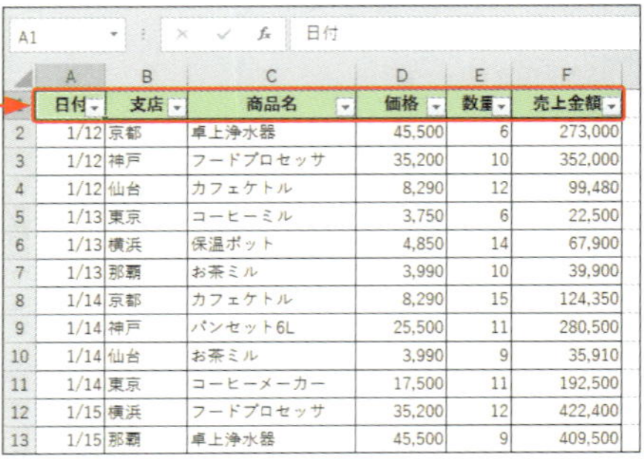

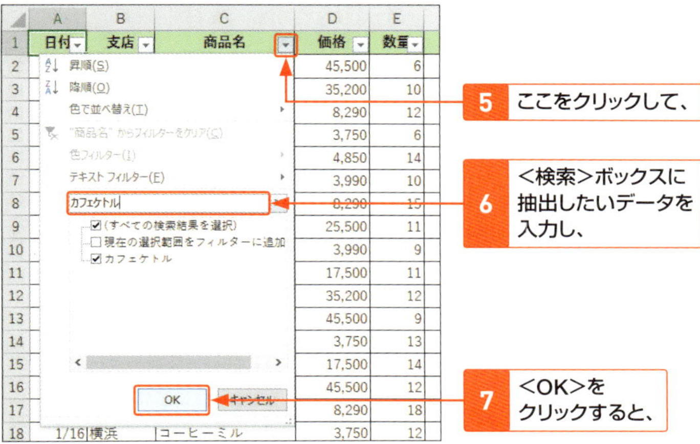
5 ここをクリックして、
6 <検索>ボックスに抽出したいデータを入力し、
7 <OK>をクリックすると、

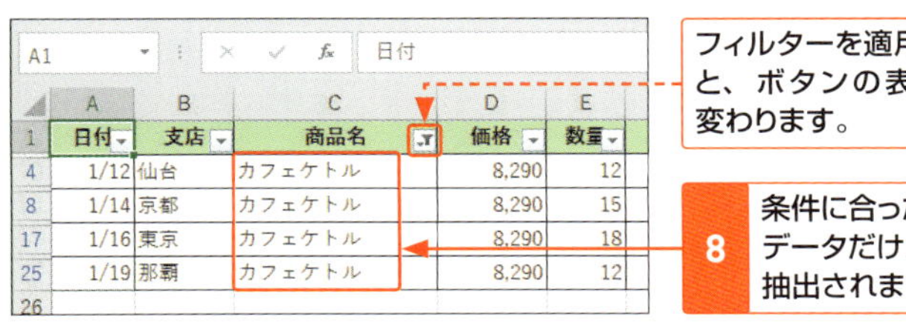
フィルターを適用すると、ボタンの表示が変わります。
8 条件に合ったデータだけが抽出されます。

フィルターの条件をクリアするには？

データを抽出したあとに、オートフィルターを設定したまま、すべてのデータを表示するには、をクリックして、<"商品名"からフィルターをクリア>をクリックします。

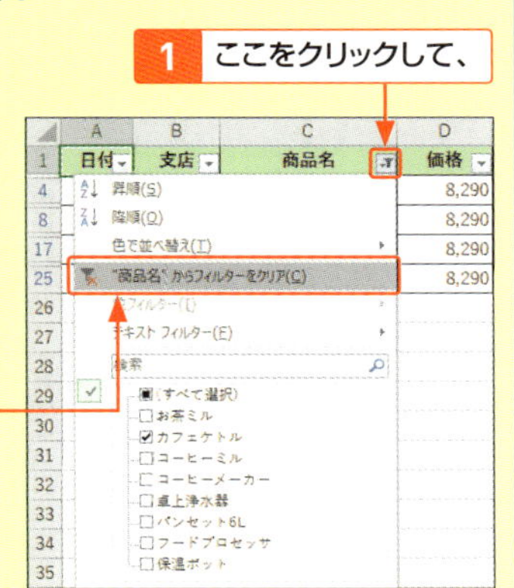
1 ここをクリックして、
2 <"商品名"からフィルターをクリア>をクリックします。

2 複数の条件を指定してデータを抽出する

「価格」が20,000以上40,000以下のデータを抽出します。

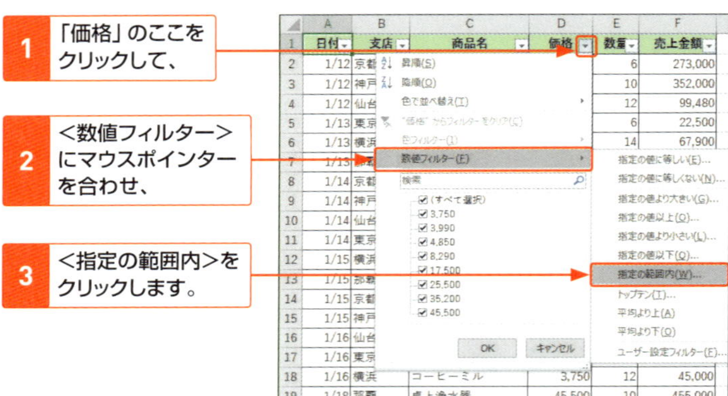

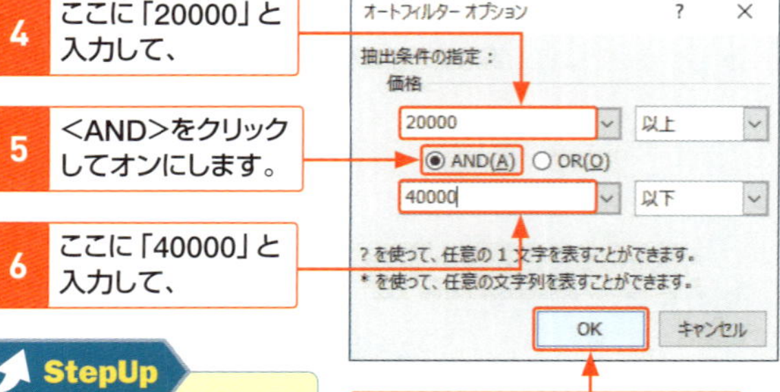

7 <OK>をクリックすると、

8 「価格」が「20,000以上かつ40,000以下」のデータが抽出されます。

	A	B	C	D	E	F
1	日付	支店	商品名	価格	数量	売上金額
3	1/12	神戸	フードプロセッサ	35,200	10	352,000
9	1/14	神戸	パンセット6L	25,500	11	280,500
12	1/15	横浜	フードプロセッサ	35,200	12	422,400
21	1/18	神戸	フードプロセッサ	35,200	10	352,000
23	1/19	東京	パンセット6L	25,500	19	484,500
24	1/19	横浜	フードプロセッサ	35,200	10	352,000
26						
27						

StepUp

2つの条件を指定する

手順5で<OR>をオンにすると、「20,000以下または40,000以上」などの条件でデータを抽出できます。ANDは「かつ」、ORは「または」と読み替えるとわかりやすいでしょう。

第6章

グラフ・図形・画像の利用

Section 49 グラフを作成する

グラフは、グラフのもとになるセル範囲を選択して、<おすすめグラフ>か、グラフの種類に対応したコマンドをクリックして、目的のグラフを選択するだけで、かんたんに作成できます。

1 <おすすめグラフ>を利用する

1 グラフのもとになるセル範囲を選択して、

2 <挿入>タブをクリックし、

3 <おすすめグラフ>をクリックします。

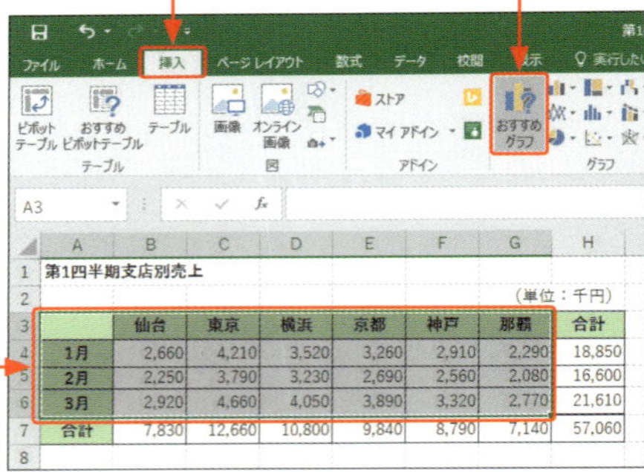

	A	B	C	D	E	F	G	H
1	第1四半期支店別売上							
2								(単位：千円)
3		仙台	東京	横浜	京都	神戸	那覇	合計
4	1月	2,660	4,210	3,520	3,260	2,910	2,290	18,850
5	2月	2,250	3,790	3,230	2,690	2,560	2,080	16,600
6	3月	2,920	4,660	4,050	3,890	3,320	2,770	21,610
7	合計	7,830	12,660	10,800	9,840	8,790	7,140	57,060
8								

4 利用しているデータに適したグラフの候補が表示されるので、

5 作成したいグラフをクリックして、

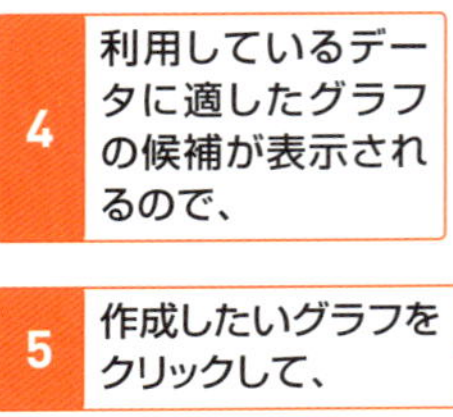

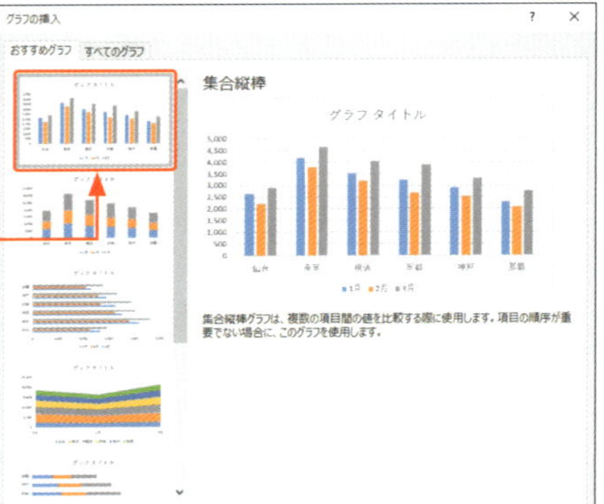

6 <OK>をクリックすると、

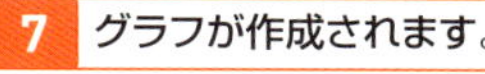

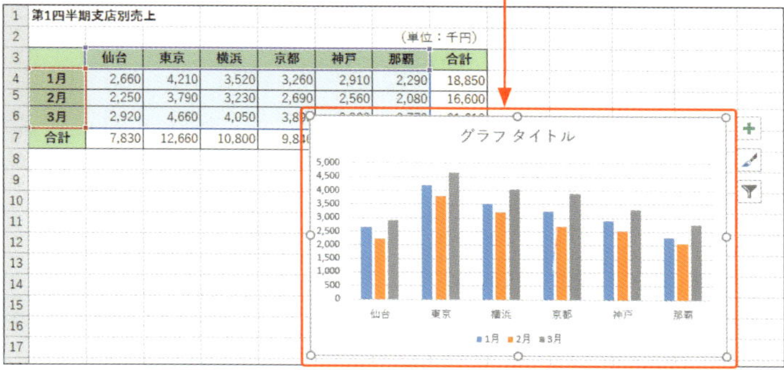

第1四半期支店別売上

（単位：千円）

	仙台	東京	横浜	京都	神戸	那覇	合計
1月	2,660	4,210	3,520	3,260	2,910	2,290	18,850
2月	2,250	3,790	3,230	2,690	2,560	2,080	16,600
3月	2,920	4,660	4,050	3,8			
合計	7,830	12,660	10,800	9,8			

8 ここをクリックしてタイトルを入力し、

9 タイトル以外をクリックすると、タイトルが表示されます。

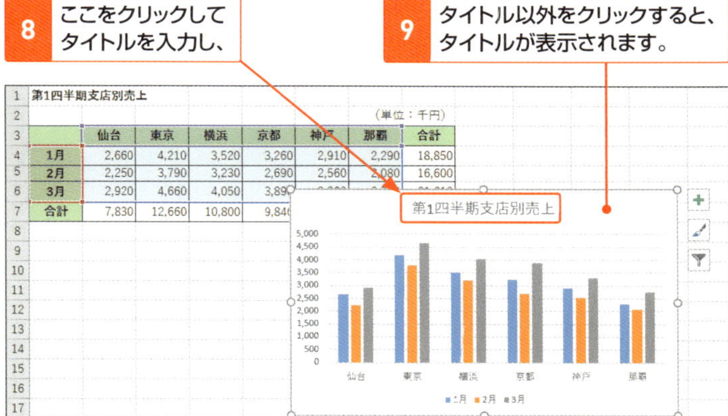

Memo

グラフの種類に対応したコマンドを使う

グラフは、＜挿入＞タブの＜グラフ＞グループに用意されているコマンドを使って作成することもできます。グラフのもとになるセル範囲を選択して、グラフの種類に対応したコマンドをクリックし、目的のグラフを選択します。

これらのコマンドを使ってもグラフを作成することができます。

グラフの位置やサイズを変更する

グラフは、グラフのもとデータがあるワークシートに表示されますが、**ほかのシートやグラフだけのシートに移動**することができます。グラフ全体やグラフ要素の**サイズを変更**することもできます。

1 グラフを移動する

1 グラフエリア（P.159のMemo参照）の何もないところをクリックしてグラフを選択し、

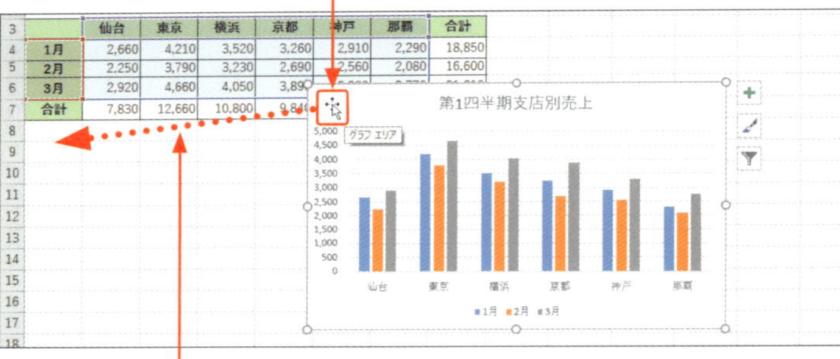

2 移動する場所までドラッグすると、

3 グラフが移動します。

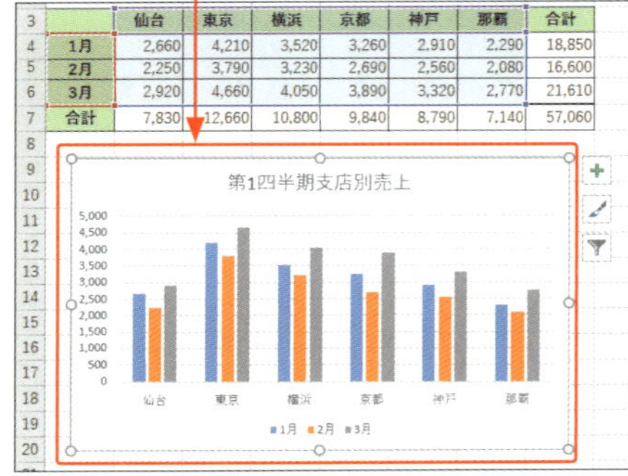

	仙台	東京	横浜	京都	神戸	那覇	合計
1月	2,660	4,210	3,520	3,260	2,910	2,290	18,850
2月	2,250	3,790	3,230	2,690	2,560	2,080	16,600
3月	2,920	4,660	4,050	3,890	3,320	2,770	21,610
合計	7,830	12,660	10,800	9,840	8,790	7,140	57,060

> **Memo**
>
> **グラフ要素を移動する**
>
> グラフ要素（P.159のMemo参照）も移動することができます。グラフ要素をクリックして、周囲に表示される枠線上にマウスポインターを合わせてドラッグします。

2 グラフをほかのシートに移動する

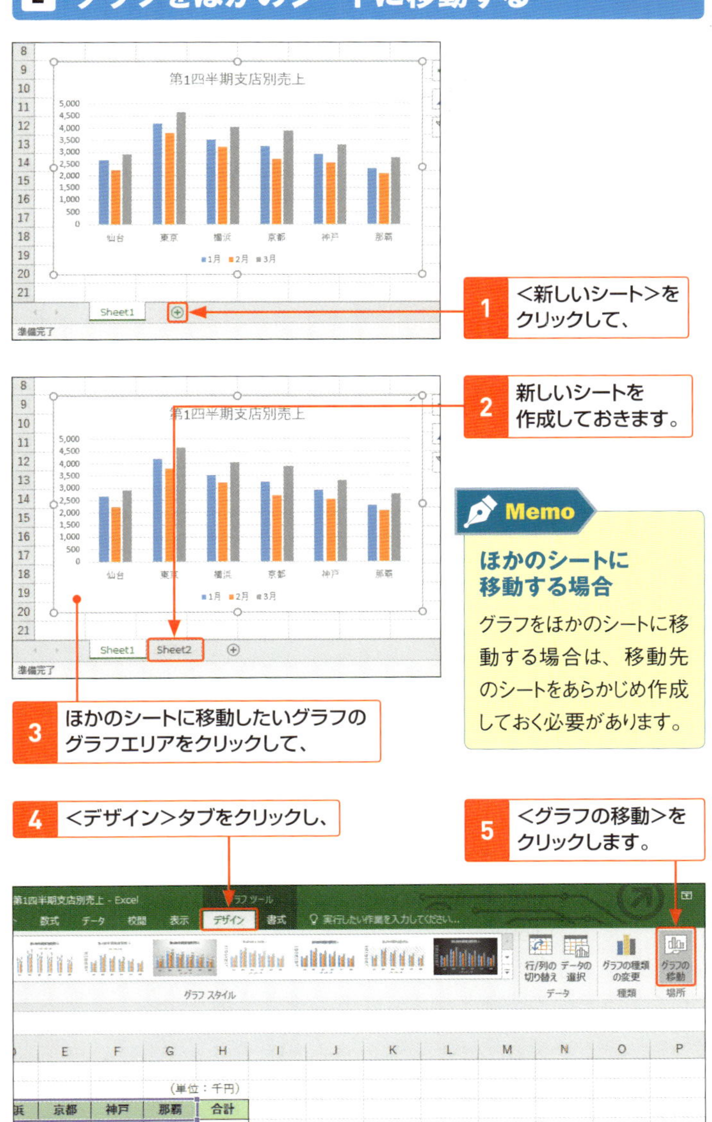

Memo

ほかのシートに移動する場合

グラフをほかのシートに移動する場合は、移動先のシートをあらかじめ作成しておく必要があります。

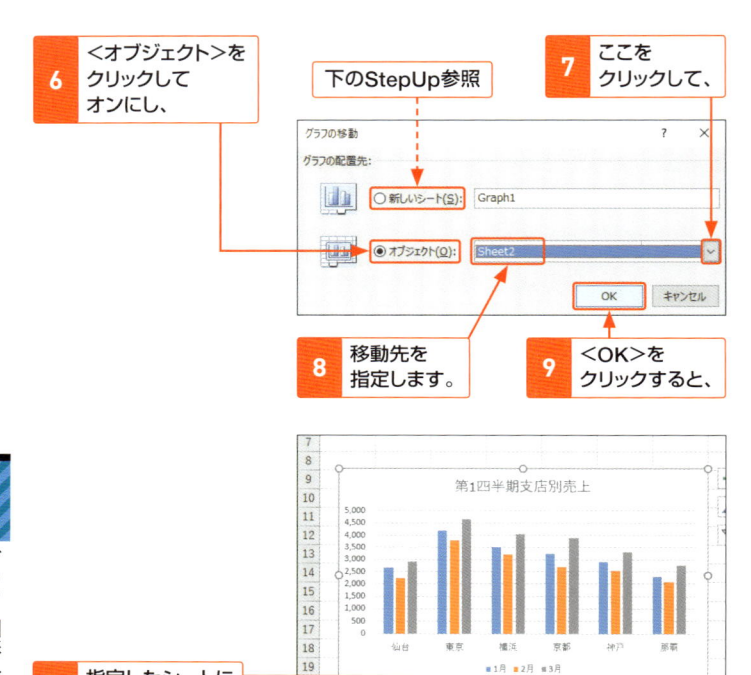

6 ＜オブジェクト＞をクリックしてオンにし、

下のStepUp参照

7 ここをクリックして、

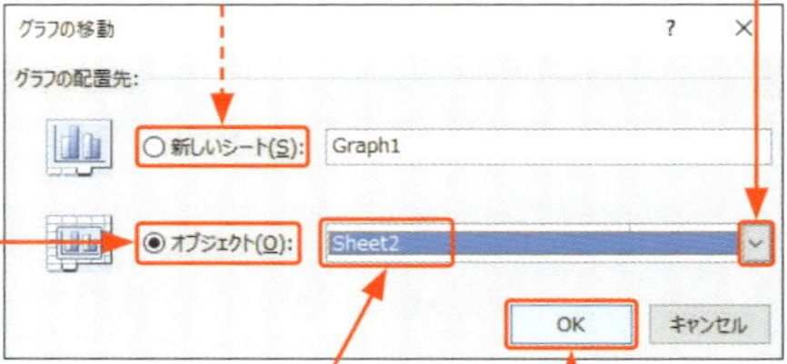

8 移動先を指定します。

9 ＜OK＞をクリックすると、

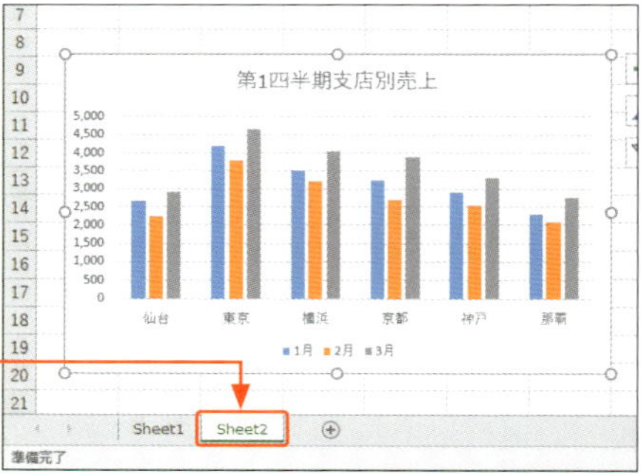

10 指定したシートにグラフが移動します。

StepUp

グラフシートの作成

＜グラフの移動＞ダイアログボックスでグラフの移動先に＜新しいシート＞を指定すると、指定した名前の新しいシートが作成され、グラフが移動します。この方法で作成したシートは、グラフだけが表示されるグラフシートです。

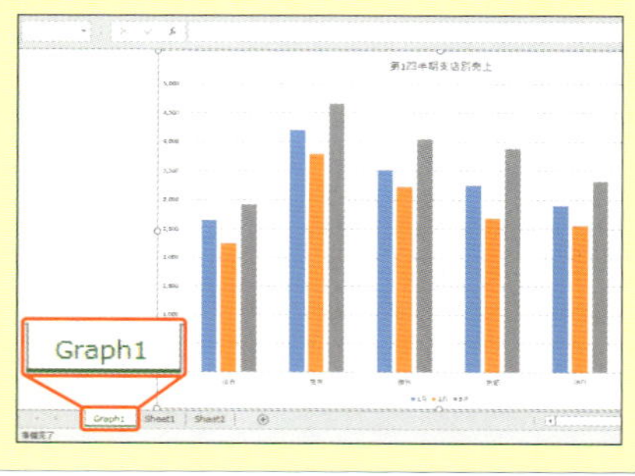

3 グラフのサイズを変更する

1 サイズを変更したいグラフをクリックします。

2 サイズ変更ハンドルにマウスポインターを合わせて、

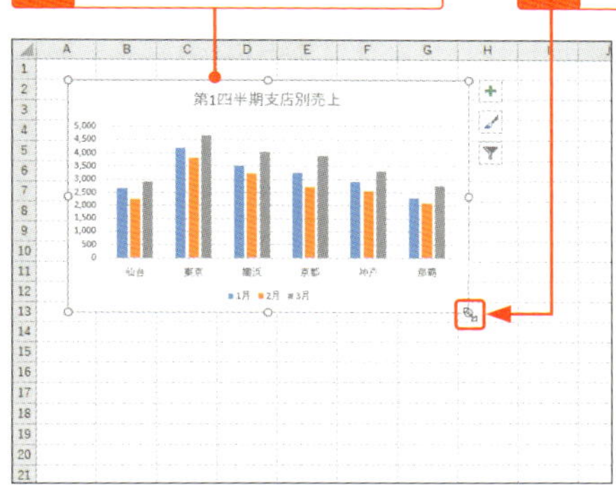

> **Memo**
>
> **グラフ要素のサイズを変更する**
>
> グラフタイトルや凡例など、グラフ要素のサイズを変更することもできます。グラフ要素をクリックし、サイズ変更ハンドルをドラッグします。

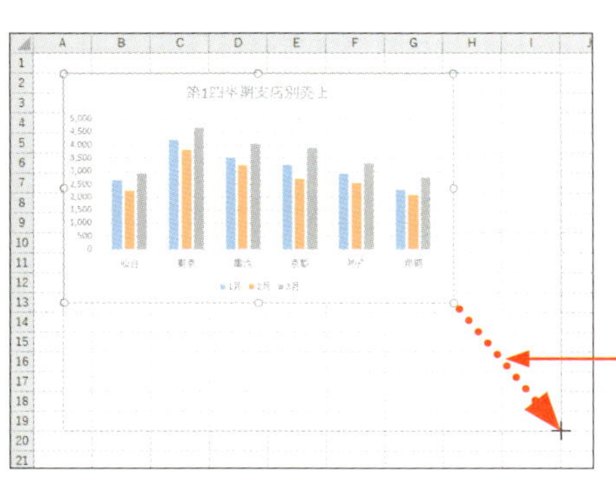

3 変更したい大きさになるまでドラッグすると、

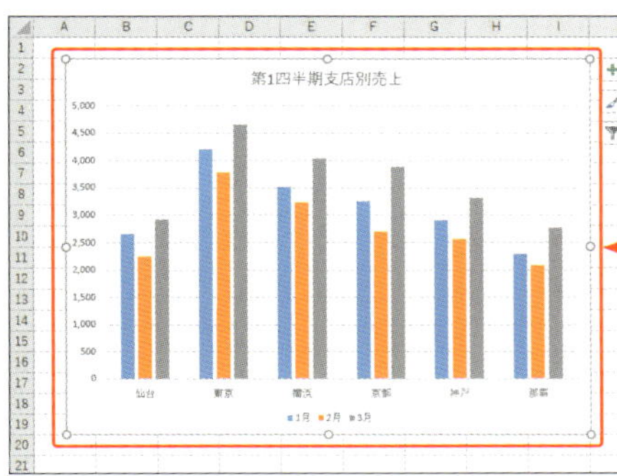

4 グラフのサイズが変更されます。

文字サイズや凡例などの表示サイズはもとのサイズのままです。

51 軸ラベルを表示する

作成した直後のグラフには、グラフタイトルと凡例だけが表示されていますが、必要に応じてほかの要素を追加することができます。ここでは、縦軸ラベルを追加します。

1 縦軸ラベルを表示する

Keyword

軸ラベル

「軸ラベル」とは、グラフの横方向と縦方向の軸に付ける名前のことです。

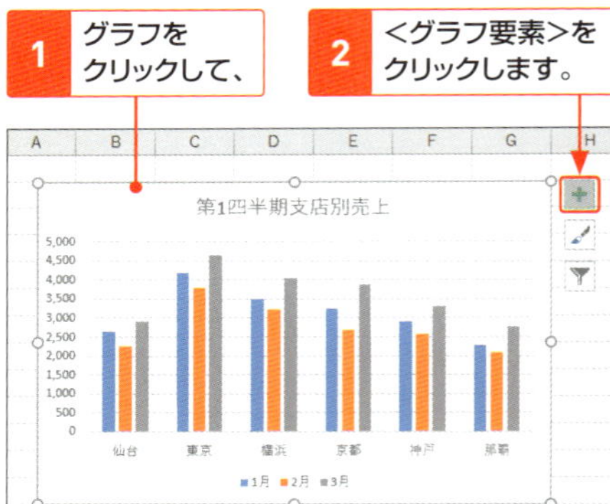

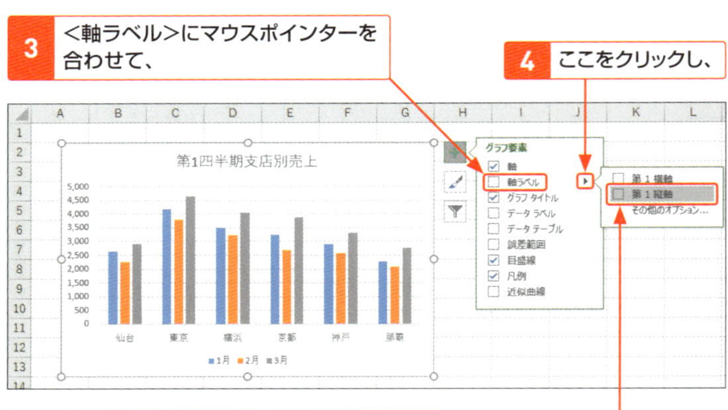

6 グラフエリアの左側に「軸ラベル」と表示されます。

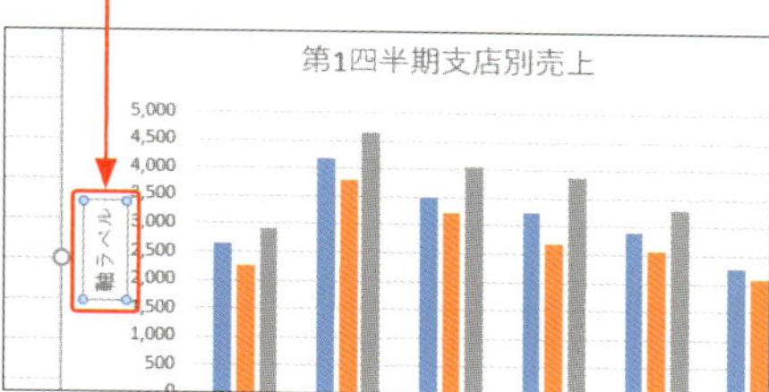

> **Hint**
>
> **横軸ラベルを表示するには？**
>
> 横軸ラベルを表示する場合は、手順 5 で<第1横軸>をクリックしてオンにします。

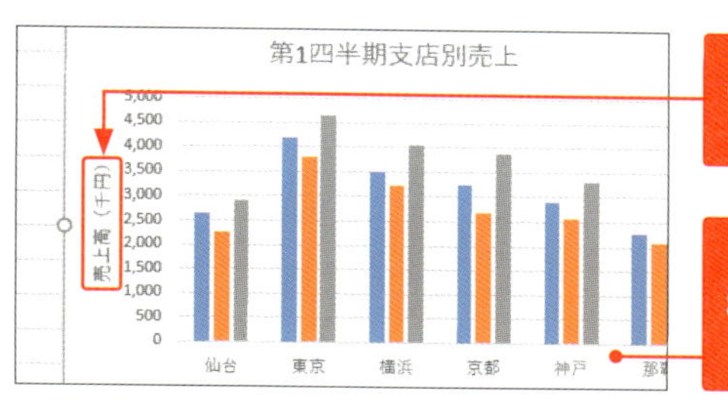

7 クリックして軸ラベル名を入力し、

8 軸ラベル以外をクリックすると、軸ラベルが表示されます。

> **Memo**
>
> **グラフの構成要素**
>
> グラフを構成する部品のことを「グラフ要素」といいます。それぞれのグラフ要素は、グラフのもとになったデータと関連しています。ここで、各グラフ要素の名称を確認しておきましょう。
>
> 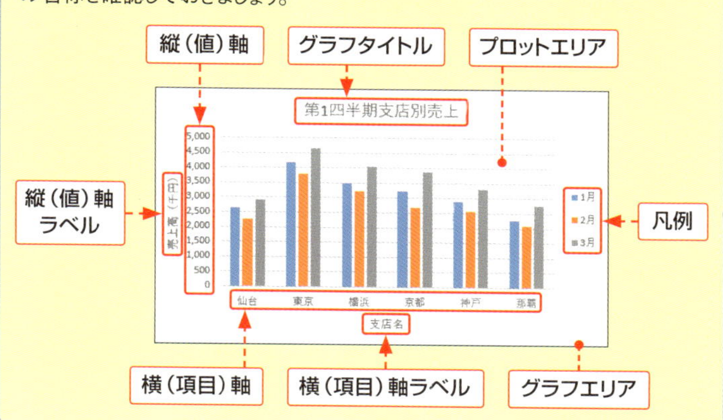
>

第6章 グラフ・図形・画像の利用

グラフのレイアウトやデザインを変更する

グラフのレイアウトやデザインは、あらかじめ用意されている＜クイックレイアウト＞や＜グラフスタイル＞から好みの設定を選ぶだけで、かんたんに変更することができます。

1 グラフのレイアウトを変更する

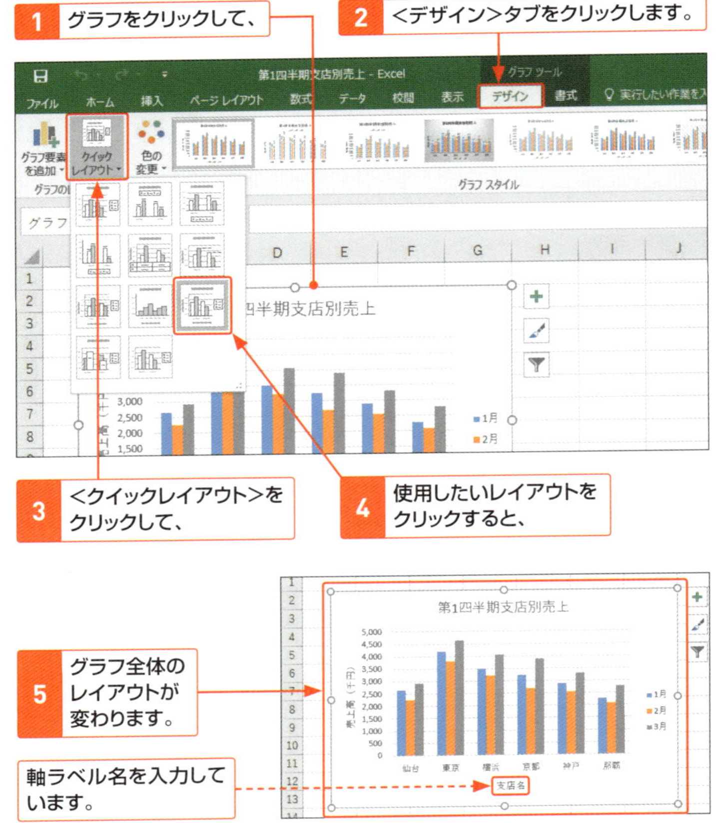

第6章 グラフ・図形・画像の利用

2 グラフのスタイルを変更する

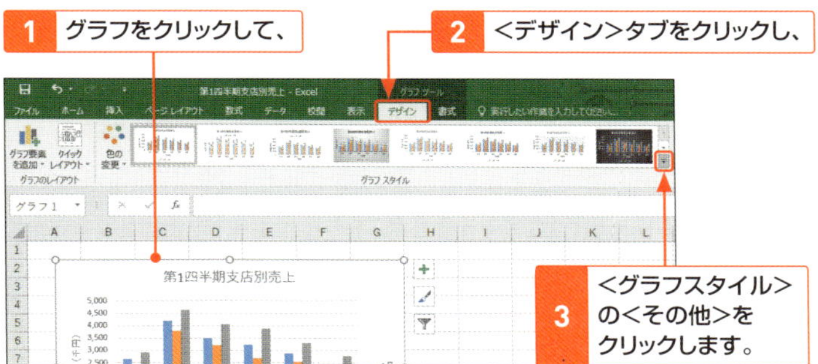

1 グラフをクリックして、
2 <デザイン>タブをクリックし、
3 <グラフスタイル>の<その他>をクリックします。
第1四半期支店別売上

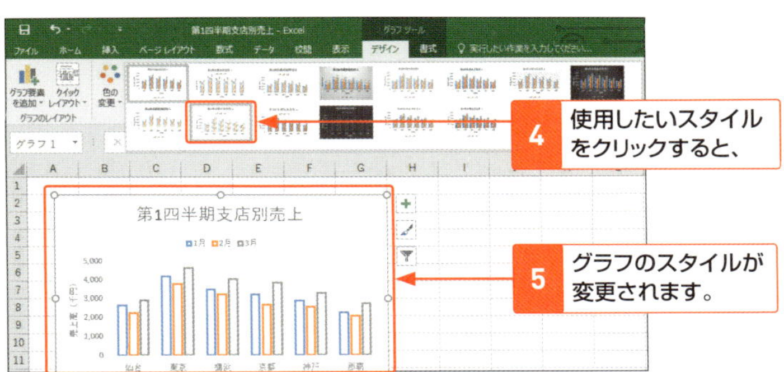

4 使用したいスタイルをクリックすると、
5 グラフのスタイルが変更されます。
第1四半期支店別売上

StepUp

グラフの色を変更する

グラフ全体の色味を変更することもできます。グラフをクリックして、<デザイン>タブの<色の変更>をクリックし、使用したい色をクリックします。

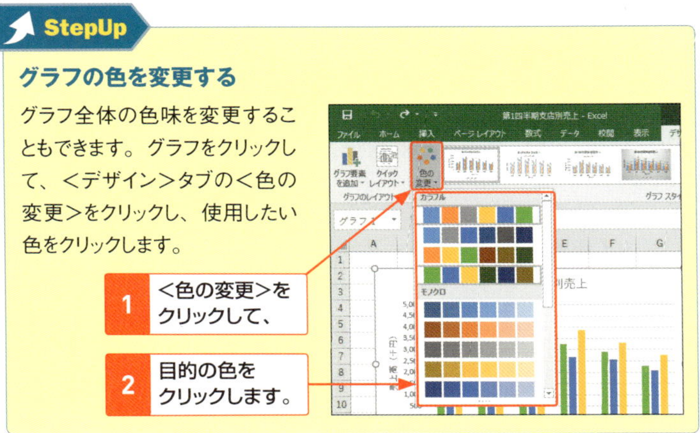

1 <色の変更>をクリックして、
2 目的の色をクリックします。

53 線や図形を描く

ワークシート上には、線、四角形、基本図形、フローチャートなど、さまざまな図形を描くことができます。図形は一覧できるので、描きたい図形をかんたんに選ぶことができます。

1 直線を描く

1 <挿入>タブをクリックして、

2 <図形>をクリックし、

3 <直線>をクリックします。

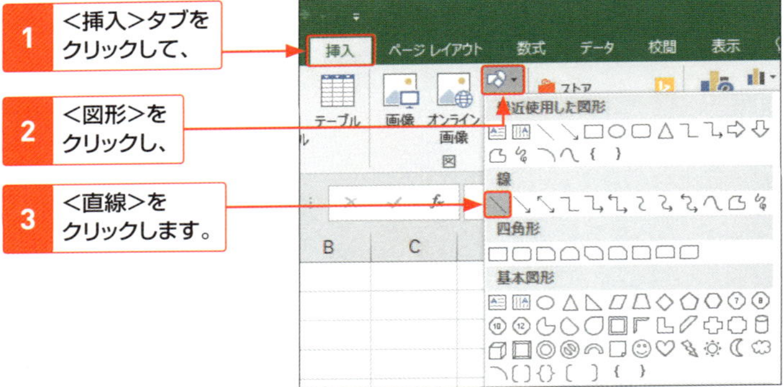

4 始点にマウスポインターを合わせて、

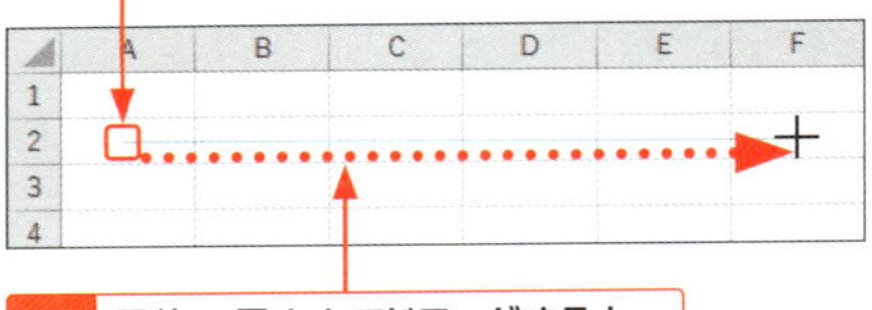

5 目的の長さまでドラッグすると、

6 直線が描かれます。

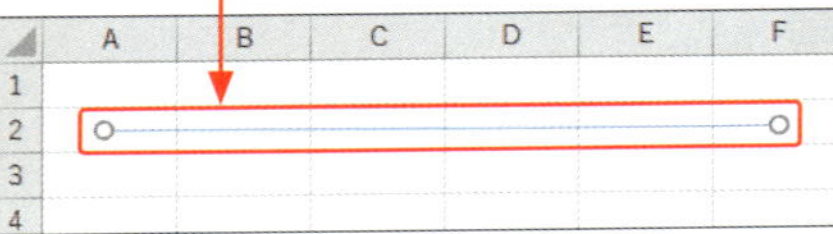

Hint

水平線や垂直線を引くには?

直線を引くときに、Shift を押しながらドラッグすると、垂直線や水平線を描くことができます。

2 曲線を描く

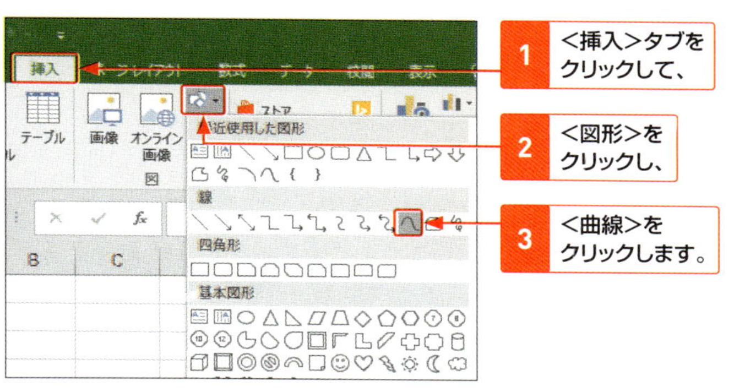

1 <挿入>タブをクリックして、

2 <図形>をクリックし、

3 <曲線>をクリックします。

4 始点でクリックして、

5 マウスポインターを移動し、線を曲げる位置でクリックします。

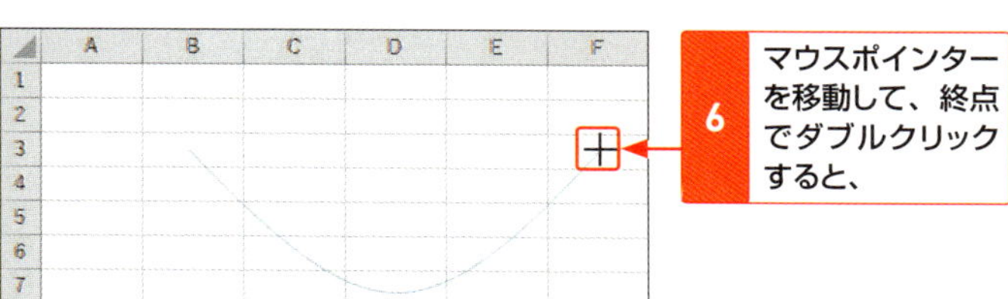

6 マウスポインターを移動して、終点でダブルクリックすると、

7 曲線が描かれます。

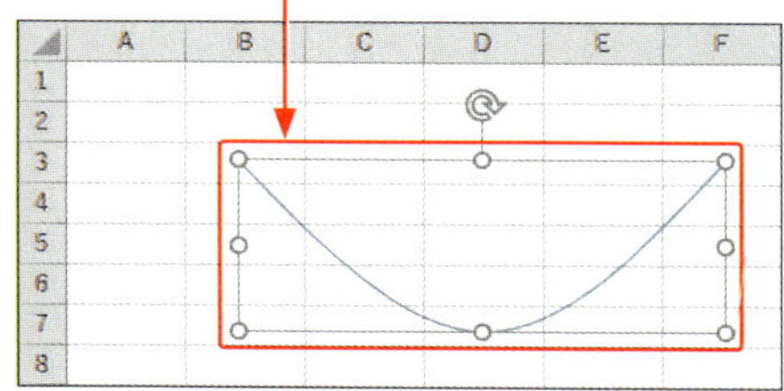

Hint

図形を削除するには?

図形を削除する場合は、図形をクリックして選択し、Delete を押します。

3 図形を描く

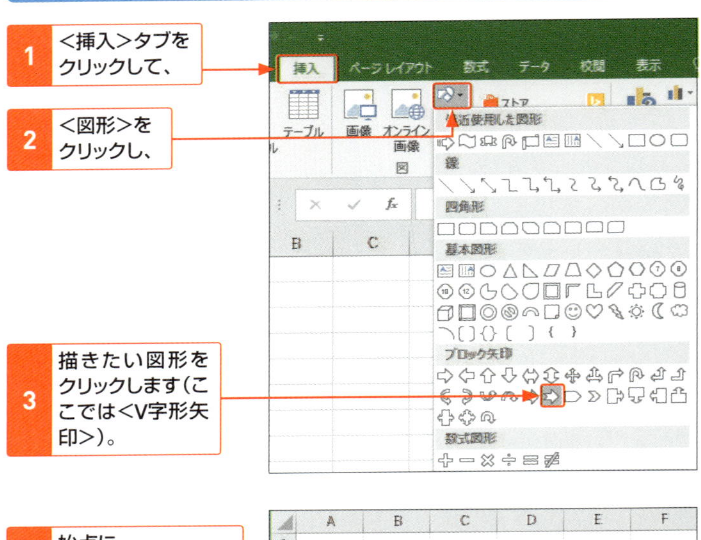
1 <挿入>タブをクリックして、
2 <図形>をクリックし、
3 描きたい図形をクリックします(ここでは<V字形矢印>)。
挿入
ページ レイアウト
数式
データ
校閲
表示
テーブル
画像
オンライン画像
図
ストア
最近使用した図形
線
四角形
基本図形
ブロック矢印
数式図形

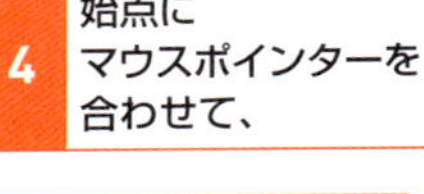
4 始点にマウスポインターを合わせて、

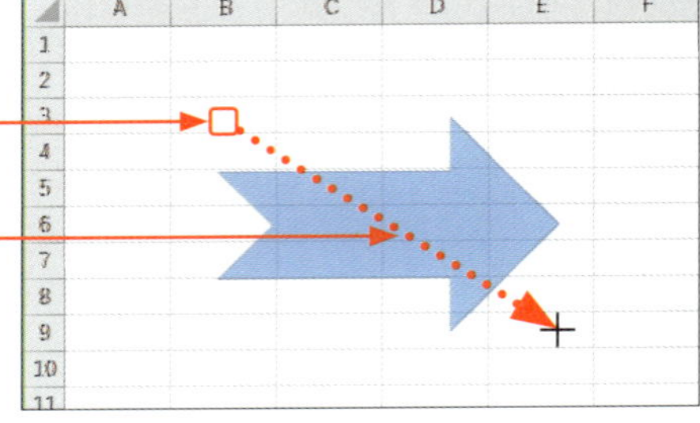
5 目的の大きさまでドラッグすると、

6 図形が描かれます。

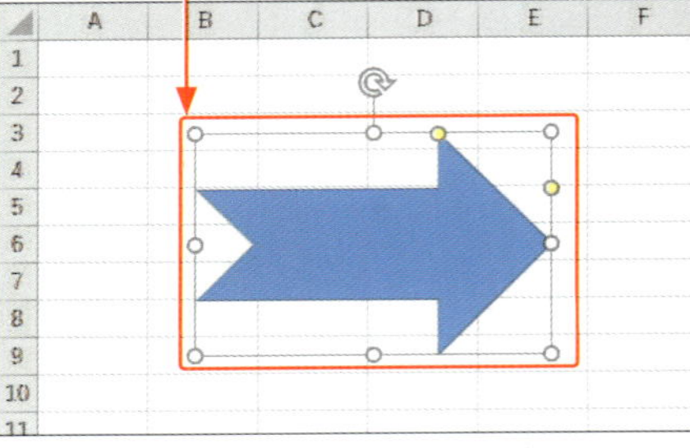

Hint

正円や正方形を描くには?

正円や正方形を描く場合は、<楕円>や<正方形/長方形>をクリックし、Shiftを押しながらドラッグします。

4 図形の中に文字を入力する

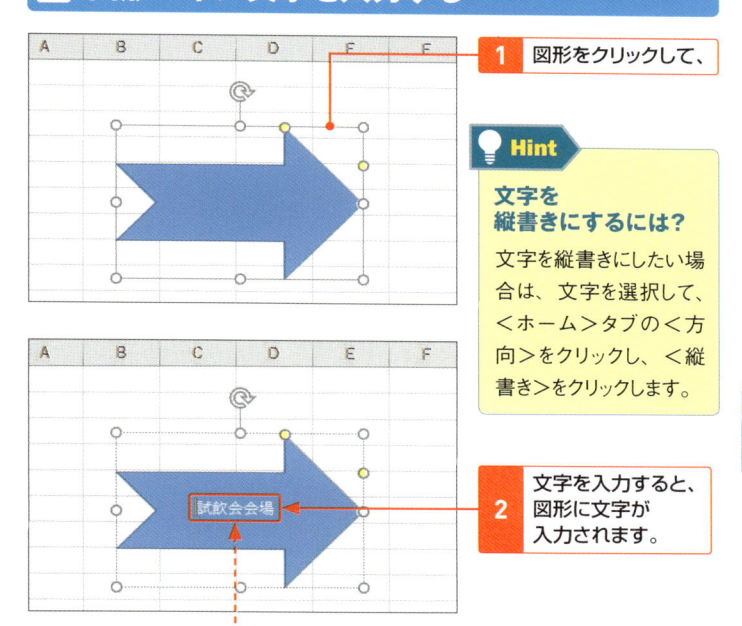

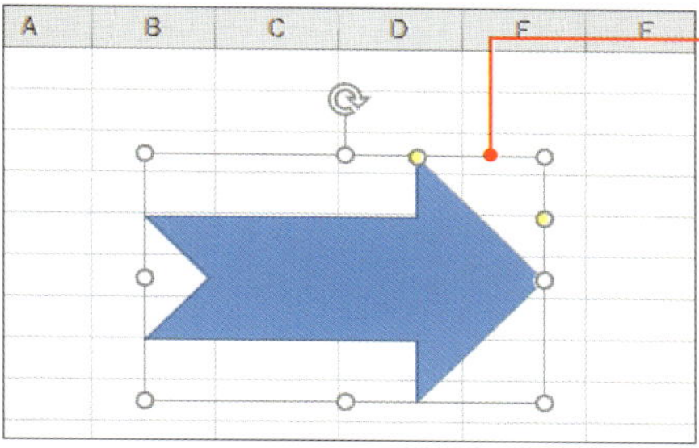

1 図形をクリックして、

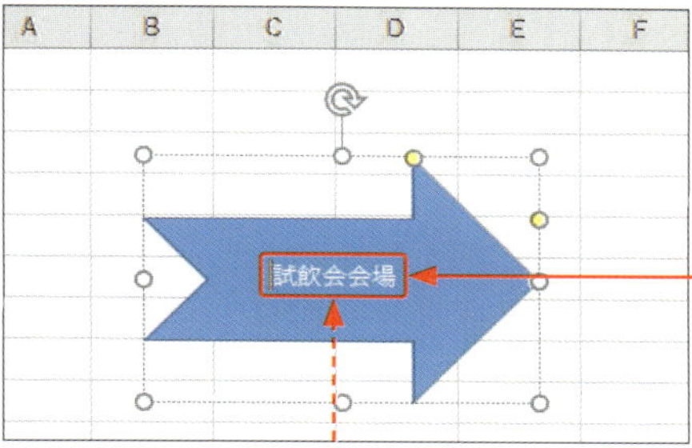

2 文字を入力すると、図形に文字が入力されます。

試飲会会場

Enter と Space で文字の位置を移動しています。

Hint

文字を縦書きにするには?

文字を縦書きにしたい場合は、文字を選択して、<ホーム>タブの<方向>をクリックし、<縦書き>をクリックします。

StepUp

同じ図形を続けて描くには?

同じ図形を続けて描く場合は、描きたい図形を右クリックし、<描画モードのロック>をクリックして描きます。描き終わったら、もう一度図形のコマンドをクリックするか Esc を押すと、描画モードが解除されます。

1 図形を右クリックして、

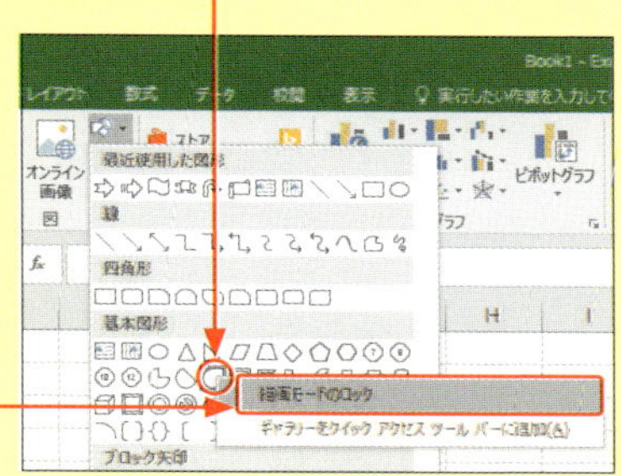

2 <描画モードのロック>をクリックします。

54 図形を編集する

描画した図形は、移動やコピーをしたり、サイズを変更したりすることができます。また、図形の色を変更したり、書式があらかじめ設定されているスタイルを適用したりすることもできます。

1 図形のコピーやサイズ変更を行う

図形をコピーする

1 図形をクリックします。

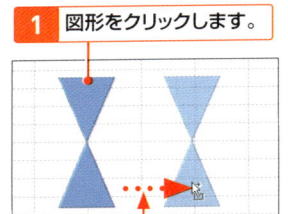

2 Ctrl を押しながらドラッグすると、

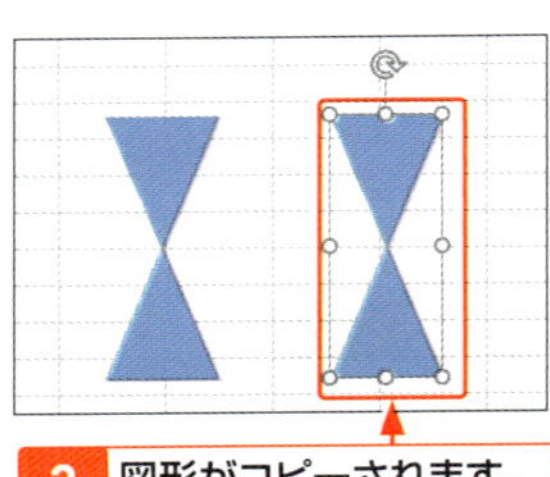

3 図形がコピーされます。

図形のサイズを変更する

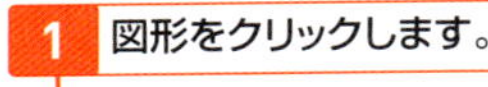
1 図形をクリックします。

2
ハンドルにマウスポインターを合わせてドラッグすると、

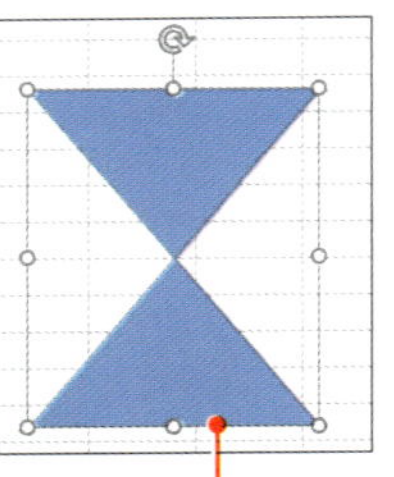

3 図形のサイズが変わります。

> **Memo**
>
> **図形の移動や回転を行うには?**
>
> 図形を移動するには、図形をクリックして、移動先にドラッグします。図形を回転するには、図形をクリックし、回転ハンドルをドラッグします。

2 図形の色を変更する

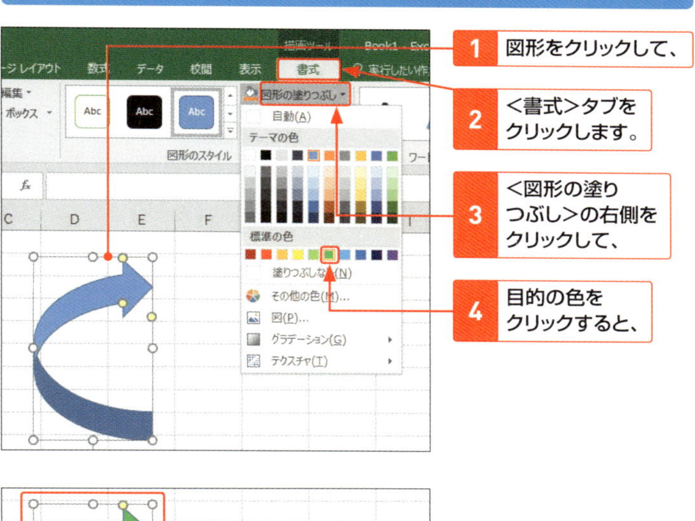

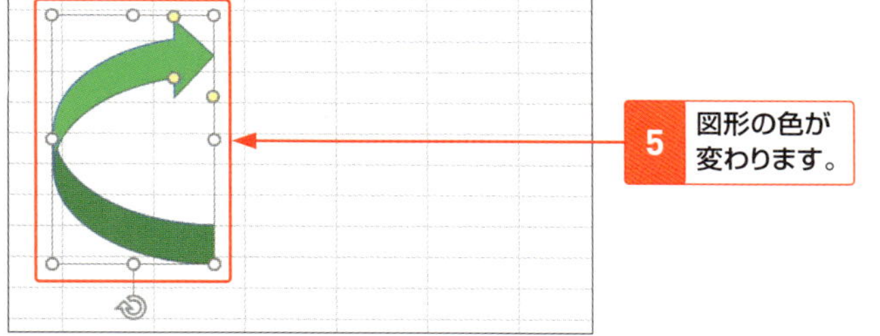

StepUp

図形にスタイルを適用する

色や枠線などの書式があらかじめ設定されたスタイルを図形に適用することもできます。図形をクリックして、<書式>タブの<図形のスタイル>の<その他>をクリックし、適用したいスタイルをクリックします。

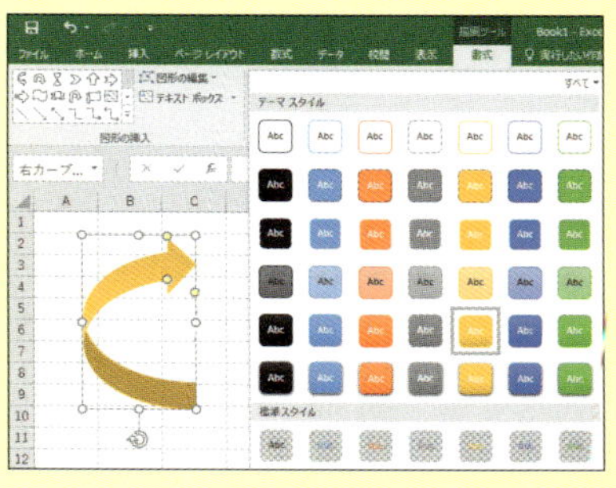

第6章 グラフ・図形・画像の利用

写真を挿入する

文字や表だけの文書に写真を入れると、見栄えが違ってきます。挿入した写真は、図形と同様に移動やサイズ変更を行えるほか、スタイルを設定したり、効果を付けたりすることができます。

1 写真を挿入する

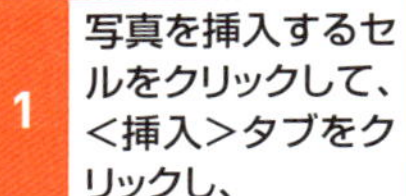

1 写真を挿入するセルをクリックして、<挿入>タブをクリックし、

2 <画像>をクリックします。

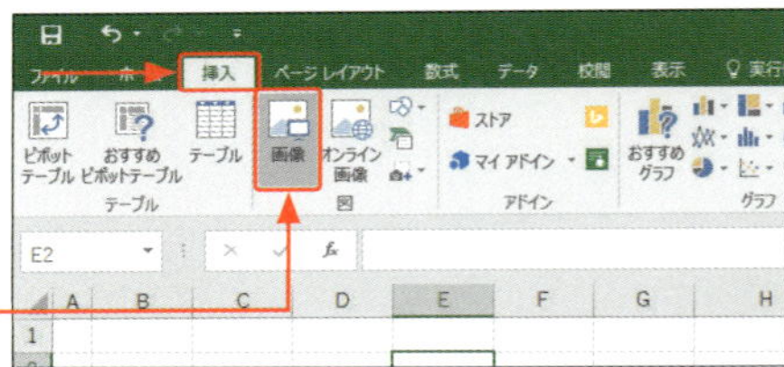

3 写真が保存してあるフォルダーを指定して、

4 目的の写真をクリックし、

5 <挿入>をクリックすると、

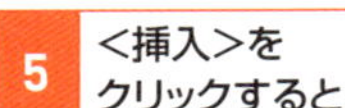

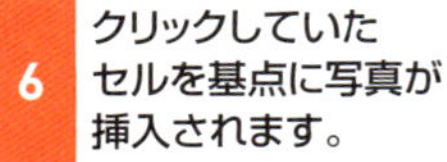

6 クリックしていたセルを基点に写真が挿入されます。

7 サイズと位置を必要に応じて調整します。

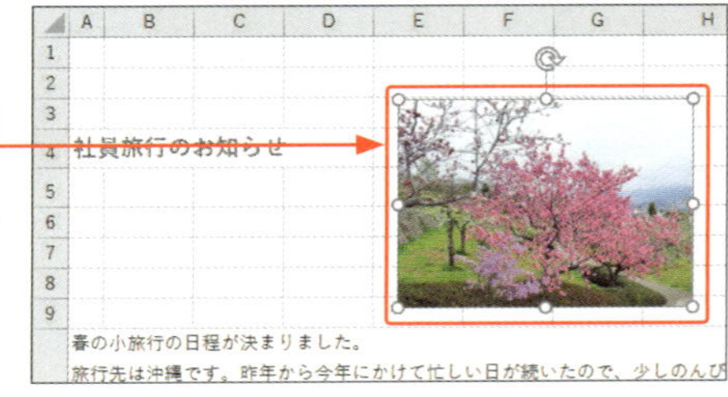

2 写真にスタイルを設定する

1 挿入した写真をクリックして、

2 <書式>タブをクリックし、

3 <図のスタイル>の<その他>をクリックします。

4 設定したいスタイルをクリックすると、

5 選択したスタイルが写真に設定されます。

6 サイズと位置を必要に応じて調整します。

StepUp

写真に効果を付ける

<書式>タブの<アート効果>をクリックすると、写真にさまざまなアート効果を付けることもできます。

Memo

写真の編集

挿入した写真は、図形と同様に移動やサイズの変更などを行うことができます（P.166参照）。

テキストボックスを挿入する

テキストボックスを利用すると、セルの位置やサイズに影響されることなく、自由に文字を配置することができます。入力した文字は、通常のセル内の文字と同様に編集することができます。

1 テキストボックスを作成する

1 <挿入>タブをクリックして、

2 <テキスト>をクリックし、

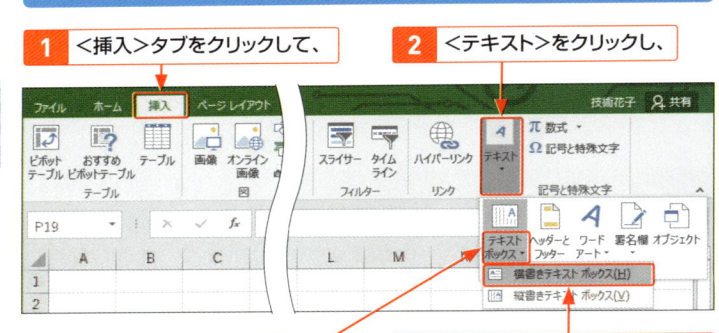

3 <テキストボックス>の下半分をクリックして、

4 <横書きテキストボックス>をクリックします。

5 テキストボックスを挿入したい位置で対角線上にドラッグすると、

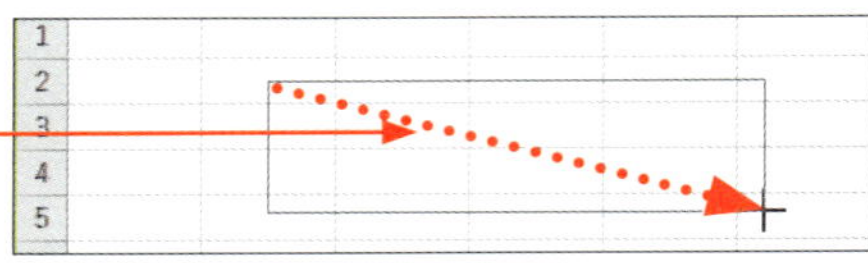

6 横書きのテキストボックスが作成されるので、

7 文字を入力します。

Memo

縦書きテキストボックスの挿入

縦書きの文字を入力する場合は、手順4で<縦書きテキストボックス>をクリックします。

2 文字の配置を変更する

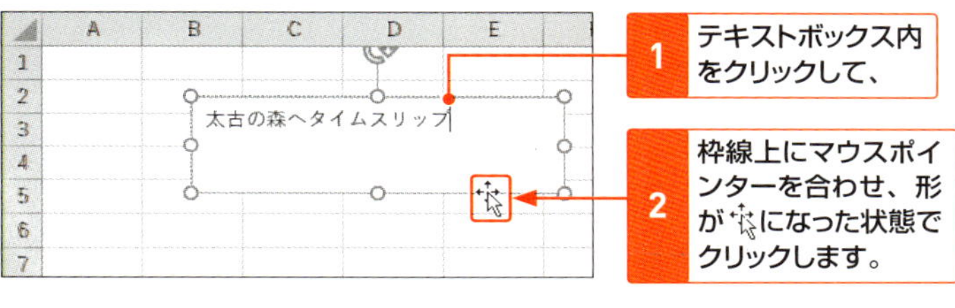

1 テキストボックス内をクリックして、
2 枠線上にマウスポインターを合わせ、形が✥になった状態でクリックします。
太古の森へタイムスリップ

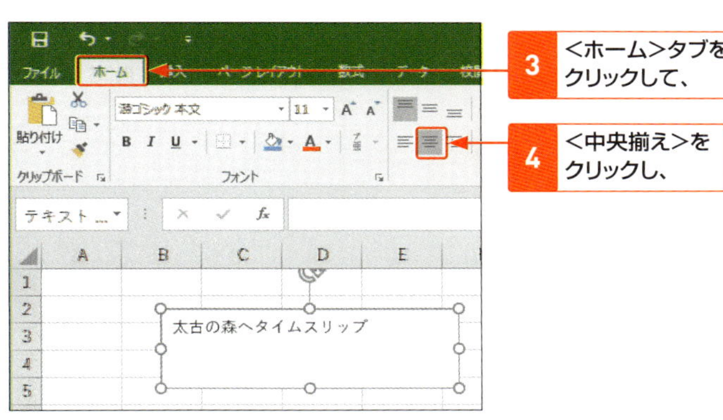

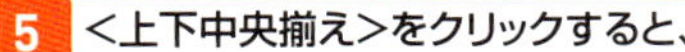

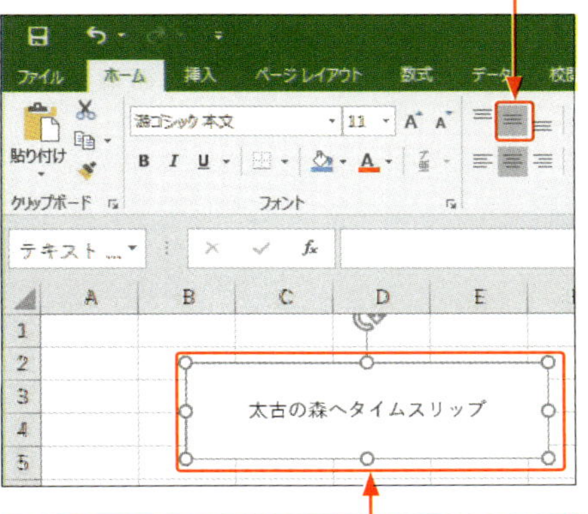

6 文字がテキストボックスの上下左右中央に配置されます。

Memo

テキストボックスの編集

テキストボックスは、図形と同様の方法で移動したり、サイズやスタイルを変更したりすることができます（P.166 参照）。

3 フォントの種類やサイズを変更する

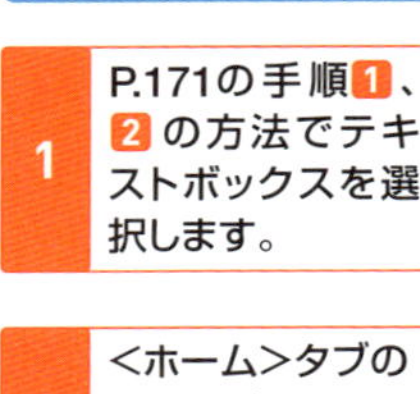

1 P.171の手順1、2の方法でテキストボックスを選択します。

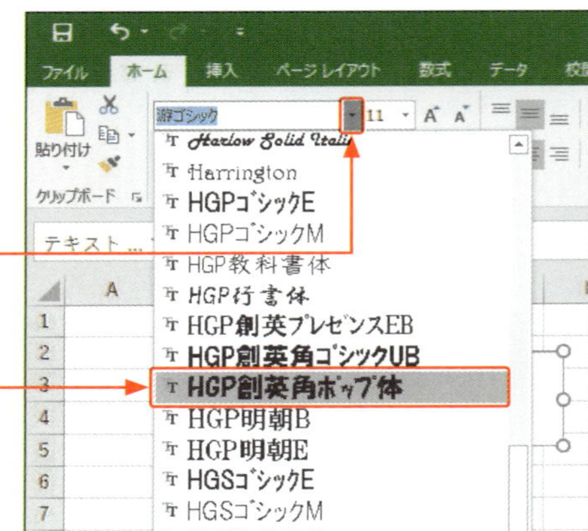

2 <ホーム>タブの<フォント>のここをクリックして、

3 使用するフォントをクリックします。

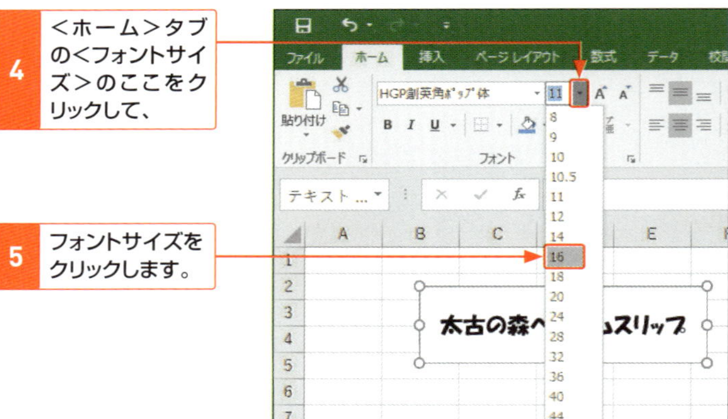

4 <ホーム>タブの<フォントサイズ>のここをクリックして、

5 フォントサイズをクリックします。

6 フォントとフォントサイズが変更されます。

文字がはみ出る場合は、ハンドルをドラッグして、テキストボックスのサイズを広げます。

第7章

印刷の操作

Section 57 ワークシートを印刷する

作成したワークシートを印刷する際は、**印刷プレビュー**で印刷結果のイメージを確認します。印刷結果を確認しながら、**用紙サイズや余白などの設定**を行い、設定が完了したら**印刷**を行います。

1 印刷プレビューを表示する

> **Hint**
>
> **複数ページのイメージを確認するには?**
>
> ワークシートが複数ページにまたがる場合は、印刷プレビューの左下にある＜次のページ＞▶、＜前のページ＞◀をクリックして確認します。

1 ＜ファイル＞タブをクリックして、

2 ＜印刷＞をクリックすると、

3 ＜印刷＞画面が表示され、右側に印刷プレビューが表示されます。

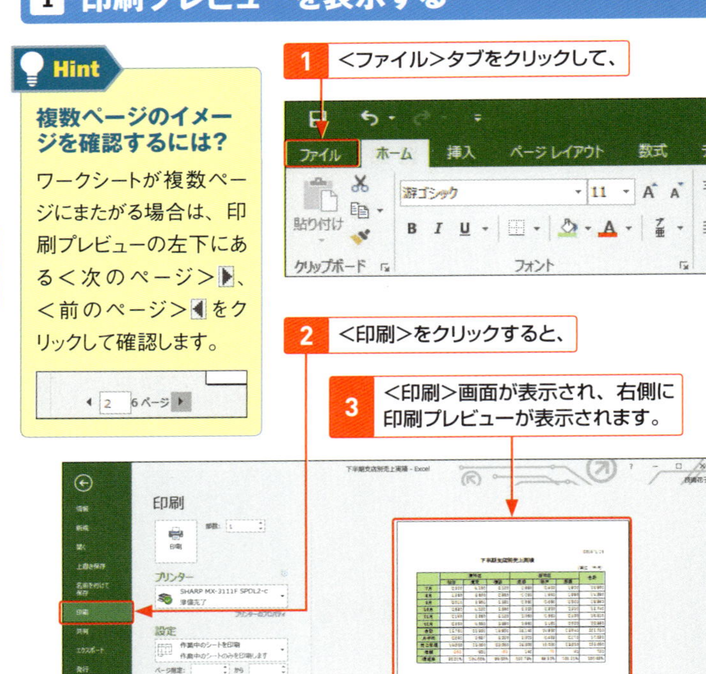

2 印刷の向き・用紙サイズ・余白の設定を行う

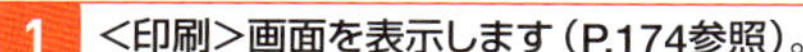

1 <印刷>画面を表示します（P.174参照）。

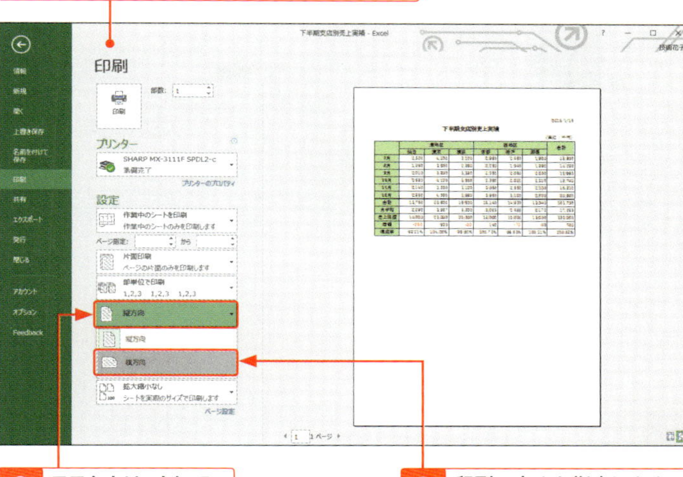

2 ここをクリックして、

3 印刷の向きを指定します。

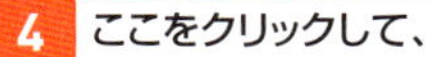

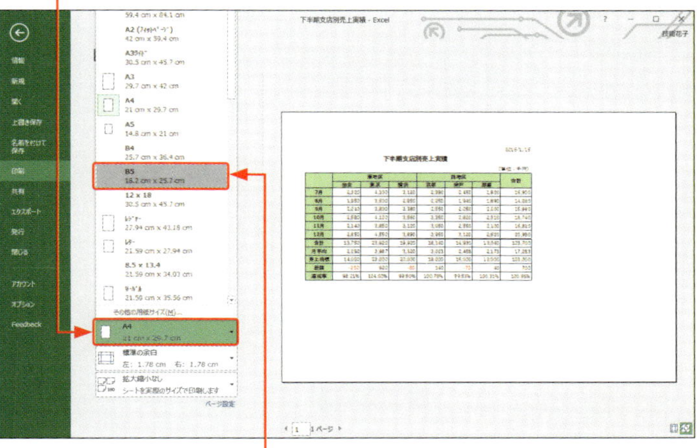

5 使用する用紙サイズを指定します。

第7章 印刷の操作

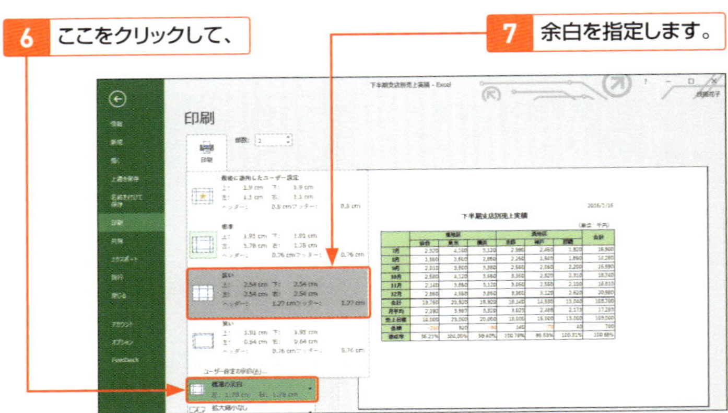
6 ここをクリックして、
7 余白を指定します。
印刷

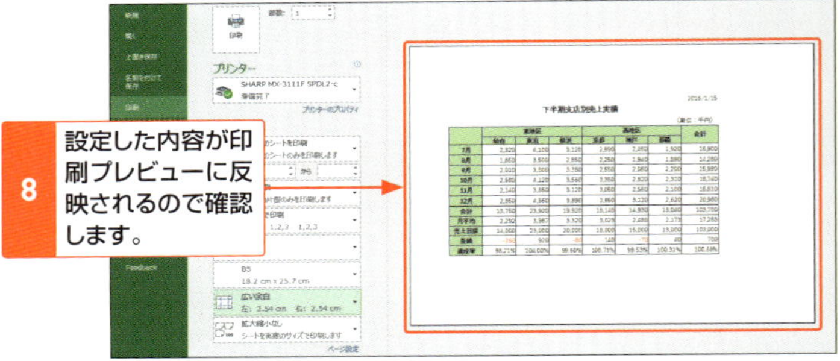
8 設定した内容が印刷プレビューに反映されるので確認します。

3 印刷を実行する

StepUp

プリンターの設定を変更する

プリンターの設定を変更する場合は、<プリンターのプロパティ>をクリックして、プリンターのプロパティ画面を表示します。

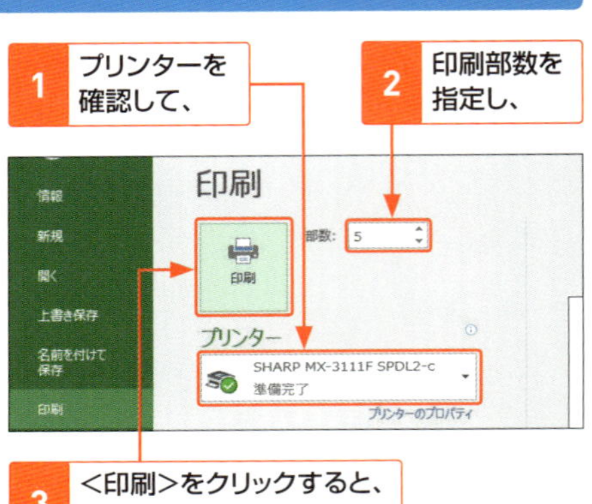
1 プリンターを確認して、
2 印刷部数を指定し、
印刷
情報
新規
開く
上書き保存
名前を付けて保存
印刷
部数: 5
プリンター
SHARP MX-3111F SPDL2-c
準備完了
プリンターのプロパティ
3 <印刷>をクリックすると、印刷が実行されます。

Hint

データを1ページにおさめて印刷するには?

行や列が次のページに少しだけはみ出しているような場合は、右の操作を行うことで、1ページにおさめて印刷することができます。

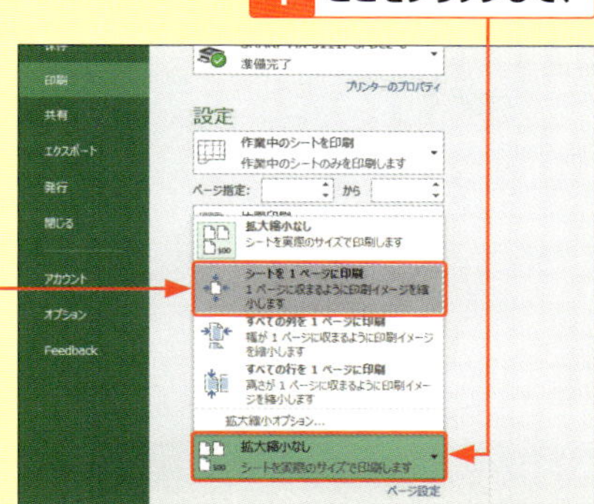

1 ここをクリックして、
2 <シートを1ページに印刷>をクリックします。

StepUp

拡大/縮小印刷や印刷位置を設定する

<印刷>画面の下にある<ページ設定>をクリックすると表示される<ページ設定>ダイアログボックスの<ページ>を利用すると、表の拡大/縮小率を指定して印刷することができます。また、<余白>では、表を用紙の左右中央や天地中央に印刷されるように設定できます。

拡大/縮小率の設定

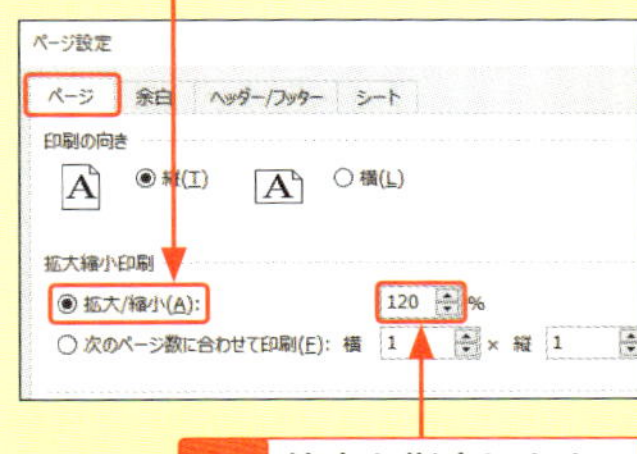

1 <拡大/縮小>をクリックしてオンにし、
2 倍率を指定します。

印刷位置の設定

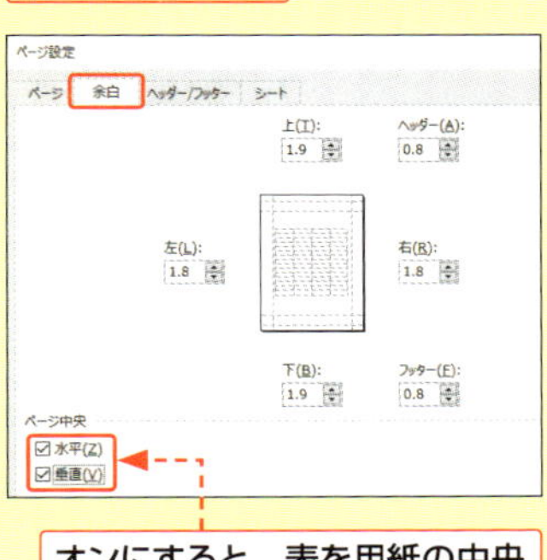

オンにすると、表を用紙の中央に印刷することができます。

第7章 印刷の操作

改ページ位置を設定する

サイズの大きい表を印刷すると、自動的にページが分割されますが、区切りのよい位置で分割されるとは限りません。このようなときは、改ページプレビューを利用して、改ページ位置を変更します。

1 改ページプレビューを表示する

1 <表示>タブをクリックして、

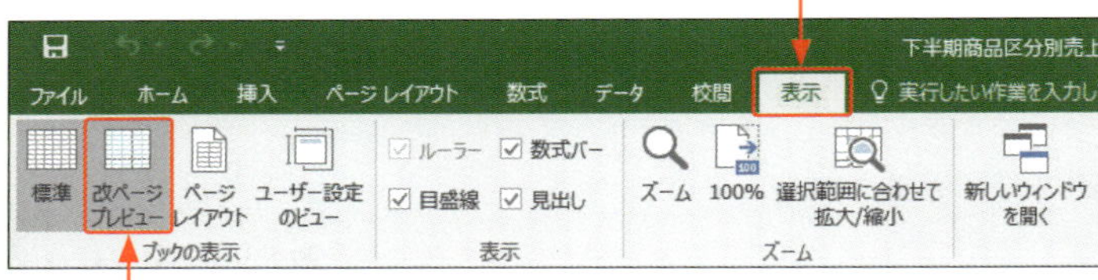

2 <改ページプレビュー>をクリックします。

3 改ページプレビューに切り替わり、印刷される領域が青い太枠で囲まれ、

	A	B	C	D	E	F
26	売上平均	965,880	752,253	604,567	792,403	3,115,103
27	売上目標	5,750,000	4,500,000	3,655,000	4,550,000	18,455,000
28	差額	45,280	13,520	-27,600	204,420	235,620
29	達成率	100.79%	100.30%	99.24%	104.49%	101.28%
30						
31						
32			上半期商品区分別売上（横浜）			
33						
34		キッチン	インテリア	収納	防犯	合計
35	7月	913,350	715,360	513,500	695,400	2,837,610
36	8月	869,290	725,620	499,000	660,060	2,753,970
37	9月	915,000	715,780	521,200	701,500	2,853,480
38	10月	813,350	615,360	433,500	591,400	2,453,610
39	11月	910,290	735,620	619,000	590,060	2,854,970
40	12月	923,500	825,780	721,200	901,500	3,371,980
41	下半期計	5,344,780	4,333,520	3,307,400	4,139,920	17,125,620
42	売上平均	890,797	722,253	561,233	689,987	2,854,270
43	売上目標	5,000,000	4,200,000	3,400,000	4,000,000	16,600,000
44	差額	344,780	133,520	-92,600	139,920	525,620
45	達成率	106.90%	103.18%	97.28%	103.50%	103.17%
46						

2ページ

Sheet1

4 改ページ位置に破線が表示されます。

Memo

改ページプレビュー

改ページプレビューでは、改ページ位置やページ番号がワークシート上に表示されるので、どのページに何が印刷されるかを正確に把握することができます。

2 改ページ位置を移動する

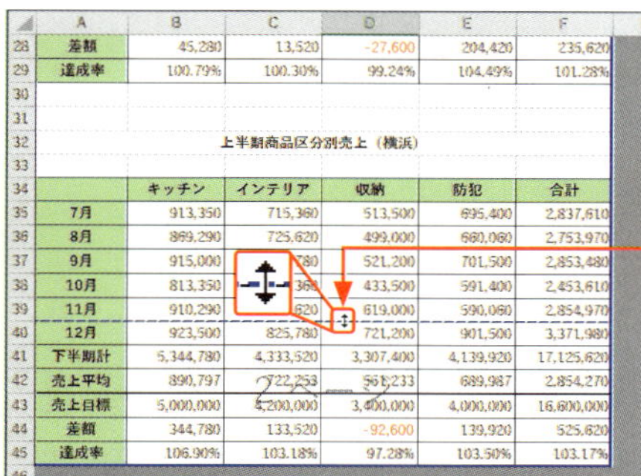

	A	B	C	D	E	F
28	差額	45,280	13,520	-27,600	204,420	235,620
29	達成率	100.79%	100.30%	99.24%	104.49%	101.28%
30						
31						
32			上半期商品区分別売上（横浜）			
33						
34		キッチン	インテリア	収納	防犯	合計
35	7月	913,350	715,360	513,500	695,400	2,837,610
36	8月	869,290	725,620	499,000	660,060	2,753,970
37	9月	915,000	715,780	521,200	701,500	2,853,480
38	10月	813,350	615,360	433,500	591,400	2,453,610
39	11月	910,290	735,620	619,000	590,060	2,854,970
40	12月	923,500	825,780	721,200	901,500	3,371,980
41	下半期計	5,344,780	4,333,520	3,307,400	4,139,920	17,125,620
42	売上平均	890,797	722,253	551,233	689,987	2,854,270
43	売上目標	5,000,000	4,200,000	3,400,000	4,000,000	16,600,000
44	差額	344,780	133,520	-92,600	139,920	525,620
45	達成率	106.90%	103.18%	97.28%	103.50%	103.17%

1 改ページ位置を示す青い破線にマウスポインターを合わせて、

	A	B	C	D	E	F
28	差額	45,280	13,520	-27,600	204,420	235,620
29	達成率	100.79%	100.30%	99.24%	104.49%	101.28%
30						
31						
32			上半期商品区分別売上（横浜）			
33						
34		キッチン	インテリア	収納	防犯	合計
35	7月	913,350	715,360	513,500	695,400	2,837,610
36	8月	869,290	725,620	499,000	660,060	2,753,970
37	9月	915,000	715,780	521,200	701,500	2,853,480
38	10月	813,350	615,360	433,500	591,400	2,453,610
39	11月	910,290	735,620	619,000	590,060	2,854,970
40	12月	923,500	825,780	721,200	901,500	3,371,980
41	下半期計	5,344,780	4,333,520	3,307,400	4,139,920	17,125,620
42	売上平均	890,797	722,253	551,233	689,987	2,854,270
43	売上目標	5,000,000	4,200,000	3,400,000	4,000,000	16,600,000
44	差額	344,780	133,520	-92,600	139,920	525,620
45	達成率	106.90%	103.18%	97.28%	103.50%	103.17%

2 改ページしたい位置までドラッグすると、

印刷の操作

3 変更した改ページ位置が、青い太線で表示されます。

	A	B	C	D	E	F
28	差額	45,280	13,520	-27,600	204,420	235,620
29	達成率	100.79%	100.30%	99.24%	104.49%	101.28%
30						
31						
32			上半期商品区分別売上（横浜）			
33						
34		キッチン	インテリア	収納	防犯	合計
35	7月	913,350	715,360	513,500	695,400	2,837,610
36	8月	869,290	725,620	499,000	660,060	2,753,970
37	9月	915,000	715,780	521,200	701,500	2,853,480
38	10月	813,350	615,360	433,500	591,400	2,453,610
39	11月	910,290	735,620	619,000	590,060	2,854,970
40	12月	923,500	825,780	721,200	901,500	3,371,980
41	下半期計	5,344,780	4,333,520	3,307,400	4,139,920	17,125,620
42	売上平均	890,797	722,253	551,233	689,987	2,854,270
43	売上目標	5,000,000	4,200,000	3,400,000	4,000,000	16,600,000
44	差額	344,780	133,520	-92,600	139,920	525,620
45	達成率	106.90%	103.18%	97.28%	103.50%	103.17%

Hint

画面を標準ビューに戻すには？

改ページプレビューから標準の画面表示（標準ビュー）に戻すには、<表示>タブの<標準>をクリックします。

ページレイアウトビューで印刷範囲を調整する

ページレイアウトビューを利用すると、レイアウトを確認しながら、はみ出している部分をページにおさめたり、拡大や縮小印刷の設定を行ったりすることができます。

1 ページレイアウトビューを表示する

1 <表示>タブをクリックして、

2 <ページレイアウト>をクリックすると、

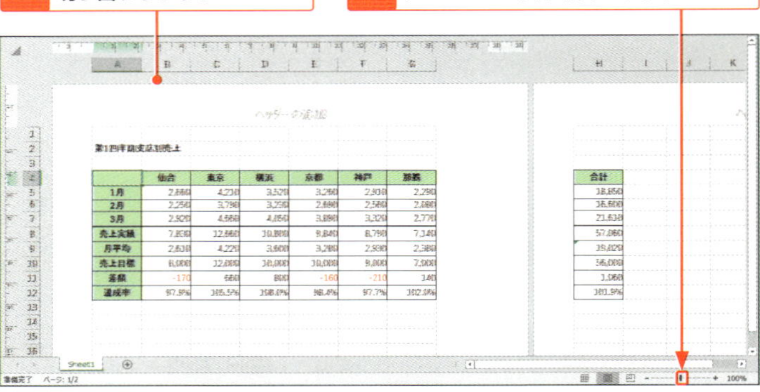
3 ページレイアウトビューに切り替わります。
4 全体が見づらい場合は、ここをドラッグして表示倍率を変更します。

Hint

ページ中央への配置

ページレイアウトビューで作業をするときは、<ページ設定>ダイアログボックスの<余白>で表を用紙の左右中央に設定しておくと、調整しやすくなります（P.177のStepUp参照）。

2 印刷範囲を調整する

列がはみ出しているのを1ページにおさめます。

1 ＜ページレイアウト＞タブをクリックします。

2 ＜横＞のここをクリックして、

3 ＜1ページ＞をクリックすると、

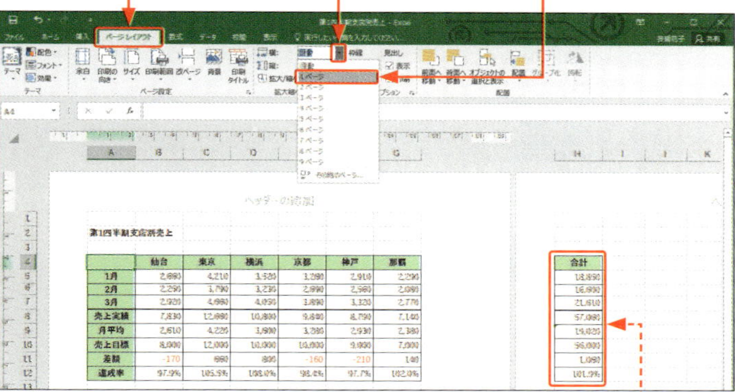

この部分があふれています。

4 表の横幅が1ページにおさまります。

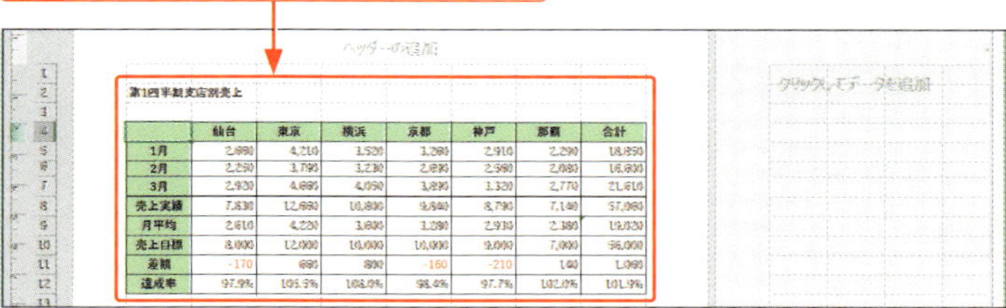

第1四半期支店別売上

	仙台	東京	横浜	京都	神戸	那覇	合計
1月	2,690	4,210	3,520	3,280	2,910	2,290	18,850
2月	2,250	3,790	3,230	2,890	2,580	2,080	16,800
3月	2,920	4,680	4,050	3,890	3,320	2,770	21,610
売上実績	7,830	12,680	10,800	9,840	8,790	7,140	57,080
月平均	2,610	4,220	3,600	3,280	2,930	2,380	19,020
売上目標	8,000	12,000	10,000	10,000	9,000	7,000	56,000
差額	-170	680	800	-160	-210	140	1,080
達成率	97.9%	105.9%	108.0%	98.4%	97.7%	102.0%	101.9%

Hint

行がはみ出している場合は?

行がはみ出している場合は、＜縦＞を＜1ページ＞に設定します。また、＜拡大／縮小＞で拡大／縮小率を設定することもできます。

＜縦＞を＜1ページ＞に設定します。

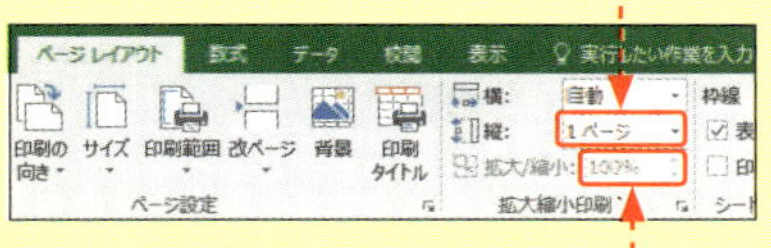

拡大／縮小率を設定することもできます。

第7章 印刷の操作

60 ヘッダーとフッターを挿入する

複数のページの同じ位置にファイル名やページ番号などの情報を印刷したいときは、ヘッダーやフッターを挿入します。現在の日時やシート名、図なども挿入することができます。

■ヘッダーとフッターとは

シートの上部余白に印刷される情報のことを「ヘッダー」、下部余白に印刷される情報のことを「フッター」といいます。

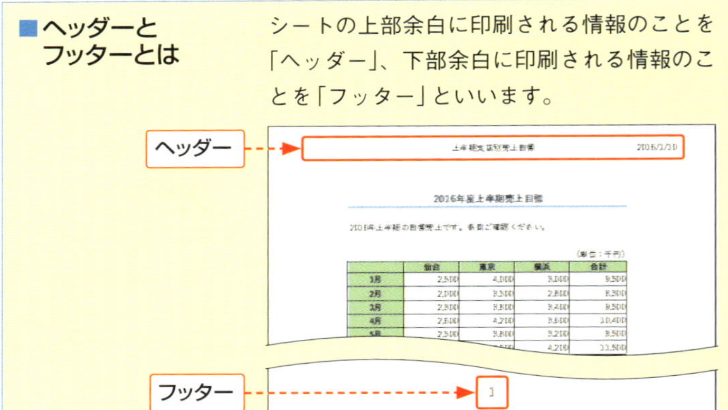

ヘッダー
フッター

1 ヘッダーにファイル名を挿入する

1 <挿入>タブをクリックして、
2 <テキスト>をクリックし、
3 <ヘッダーとフッター>をクリックします。

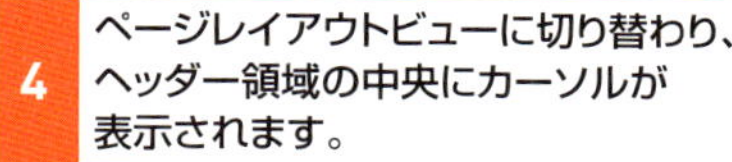

4 ページレイアウトビューに切り替わり、ヘッダー領域の中央にカーソルが表示されます。

5 <デザイン>タブをクリックして、

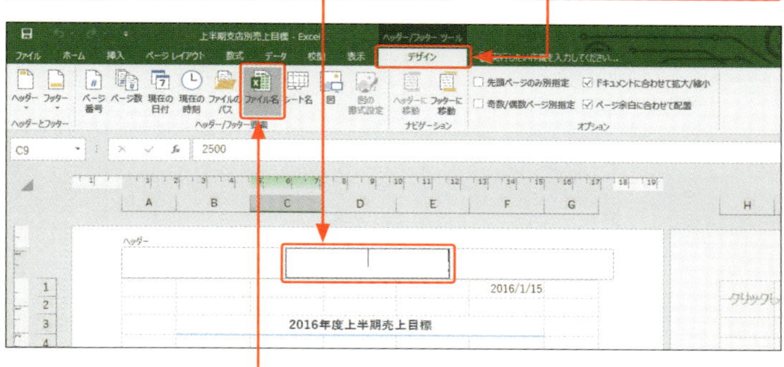

6 <ファイル名>をクリックすると、

7 「&[ファイル名]」と挿入されます。

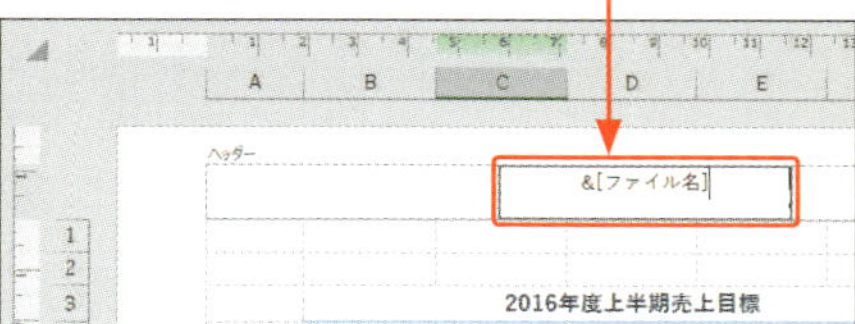

> **Hint**
>
> **挿入位置を変更するには?**
>
> ヘッダーやフッターの位置を変えたいときは、左側あるいは右側の入力欄をクリックします。

8 フッター領域以外の部分をクリックすると、ファイル名が表示されます。

9 <表示>タブをクリックして、

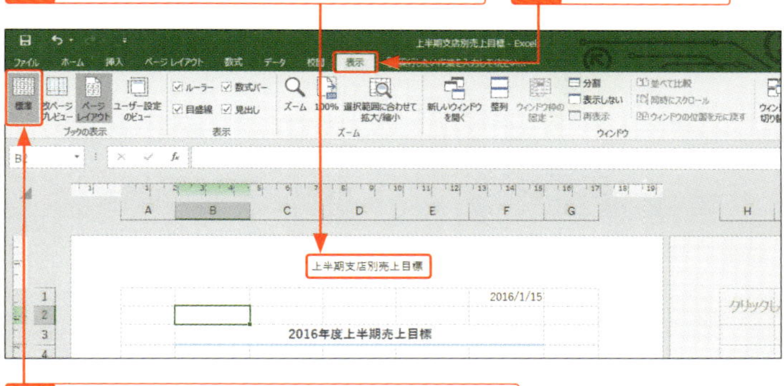

10 <標準>をクリックし、標準ビューに戻ります。

2 フッターにページ番号を挿入する

1 レイアウトビューに切り替えます（P.182参照）。

2 <デザイン>タブをクリックして、

3 <フッターに移動>をクリックすると、

4 フッター領域の中央にカーソルが表示されます。

5 <ページ番号>をクリックすると、

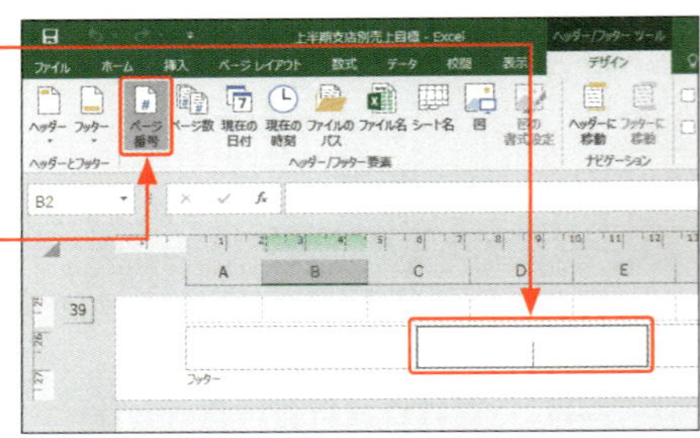

6 「&[ページ番号]」と挿入されます。

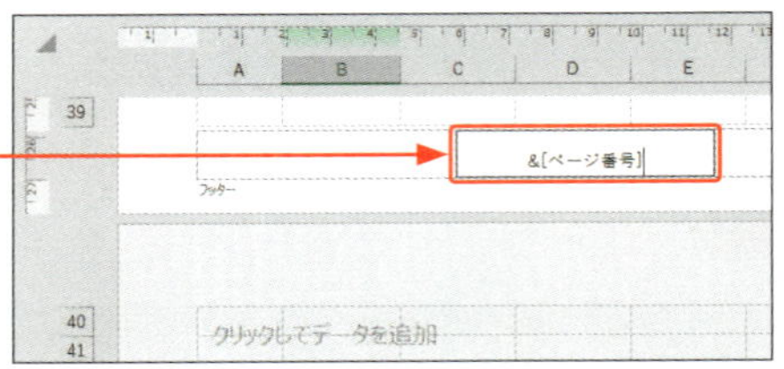

7 フッター領域以外の部分をクリックすると、ページ番号が表示されます。

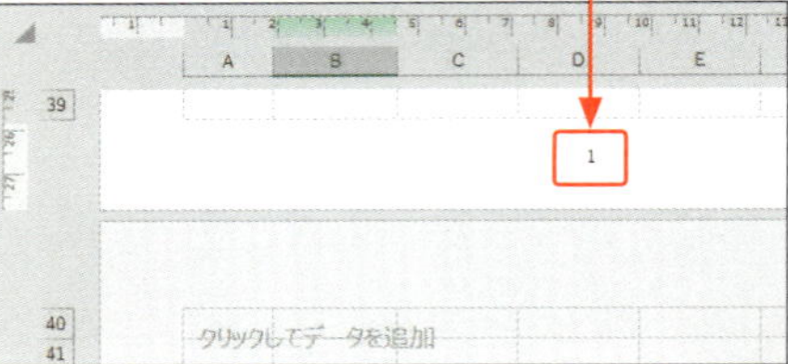

Hint

先頭ページに番号を付けたくない場合は?

先頭ページに番号を付けたくない場合は、<デザイン>タブの<先頭ページのみ別指定>をオンにします。

Memo

ヘッダーとフッターに設定できる項目

ヘッダーとフッターは、＜デザイン＞タブにある9種類のコマンドを使って設定することができます。それぞれのコマンドの機能は下図のとおりです。これ以外に、任意の文字や数値を直接入力することもできます。

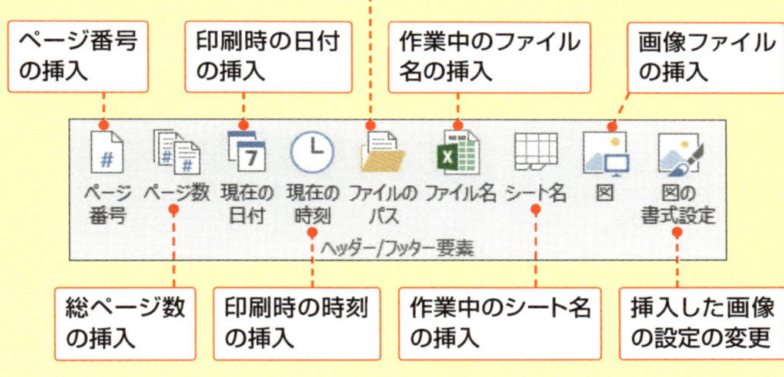

StepUp

＜ページ設定＞ダイアログボックスを利用する

ヘッダーとフッターは、＜ページ設定＞ダイアログボックスの＜ヘッダー／フッター＞を利用しても設定することができます。＜ページ設定＞ダイアログボックスは、＜ページレイアウト＞タブの＜ページ設定＞グループにあるをクリックすると表示されます。

これらをクリックして、一覧からヘッダーやフッターの要素を指定します。

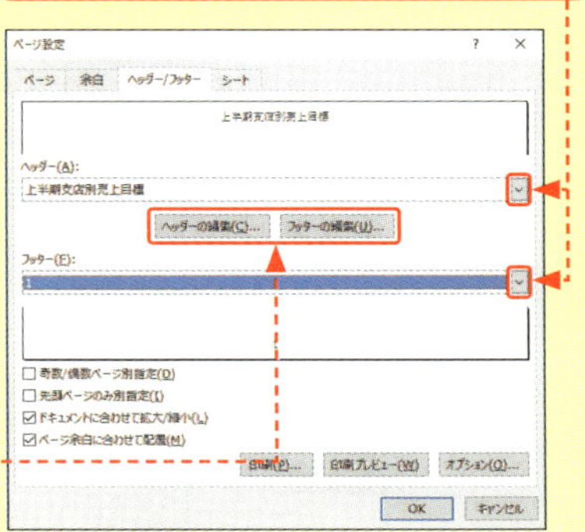

これらをクリックすると、ヘッダーやフッターを詳細に設定することができます。

Section

61 指定した範囲だけを印刷する

大きな表の中の一部だけを印刷したい場合は、指定したセル範囲だけを印刷することができます。また、いつも同じ部分を印刷する場合は、セル範囲を印刷範囲として設定しておくと便利です。

1 選択したセル範囲だけを印刷する

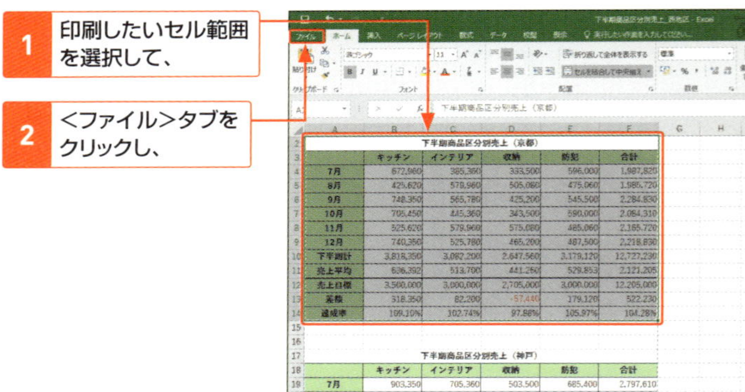

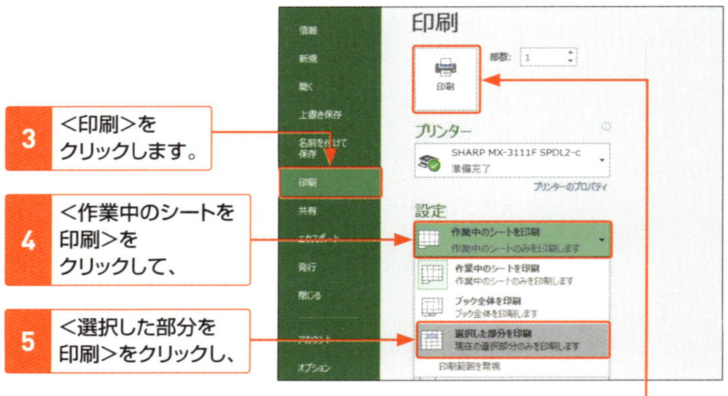

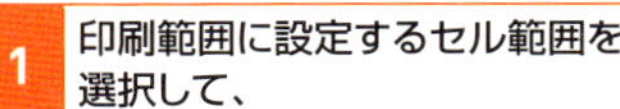

2 印刷範囲を設定する

1 印刷範囲に設定するセル範囲を選択して、

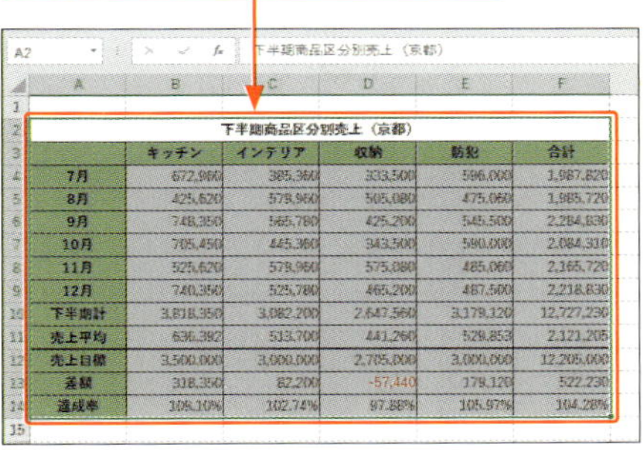

	キッチン	インテリア	収納	防犯	合計
7月	672,960	385,360	333,500	596,000	1,987,820
8月	425,620	579,960	505,080	475,060	1,985,720
9月	748,350	565,780	425,200	545,500	2,284,830
10月	705,450	445,360	343,500	590,000	2,084,310
11月	525,620	579,960	575,080	485,060	2,165,720
12月	740,350	525,780	465,200	487,500	2,218,830
下半期計	3,818,350	3,082,200	2,647,560	3,179,120	12,727,230
売上平均	636,392	513,700	441,260	529,853	2,121,205
売上目標	3,500,000	3,000,000	2,705,000	3,000,000	12,205,000
差額	318,350	82,200	-57,440	179,120	522,230
達成率	109.10%	102.74%	97.88%	105.97%	104.28%

Memo

印刷範囲の設定

いつも同じ部分を印刷する場合は、印刷範囲を設定しておくと便利です。

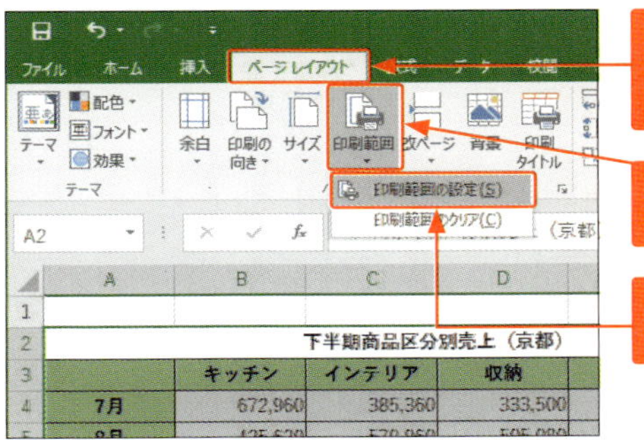

2 <ページレイアウト>タブをクリックします。

3 <印刷範囲>をクリックして、

4 <印刷範囲の設定>をクリックすると、

5 印刷範囲が設定されます。

Print_Area

	キッチン	インテリア	収納	防犯	合計
7月	672,960	385,360	333,500	596,000	1,987,820
8月	425,620	579,960	505,080	475,060	1,985,720
9月	748,350	565,780	425,200	545,500	2,284,830
10月	705,450	445,360	343,500	590,000	2,084,310
11月	525,620	579,960	575,080	485,060	2,165,720
12月	740,350	525,780	465,200	487,500	2,218,830
下半期計	3,818,350	3,082,200	2,647,560	3,179,120	12,727,230
売上平均	636,392	513,700	441,260	529,853	2,121,205
売上目標	3,500,000	3,000,000	2,705,000	3,000,000	12,205,000
差額	318,350	82,200	-57,440	179,120	522,230
達成率	109.10%	102.74%	97.88%	105.97%	104.28%

<名前ボックス>に「Print_Area」と表示されます。

Hint

印刷範囲の設定を解除するには？

印刷範囲の設定を解除するには、手順 4 で<印刷範囲のクリア>をクリックします。

表の見出しをすべてのページに印刷する

複数のページにまたがる大きな表を印刷すると、2ページ目以降には見出しが印刷されないため、見づらくなってしまいます。この場合は、すべてのページに見出しが印刷されるように設定します。

1 印刷用の列見出しを設定する

この行をタイトル行に設定します。

1 <ページレイアウト>タブをクリックして、

2 <印刷タイトル>をクリックします。

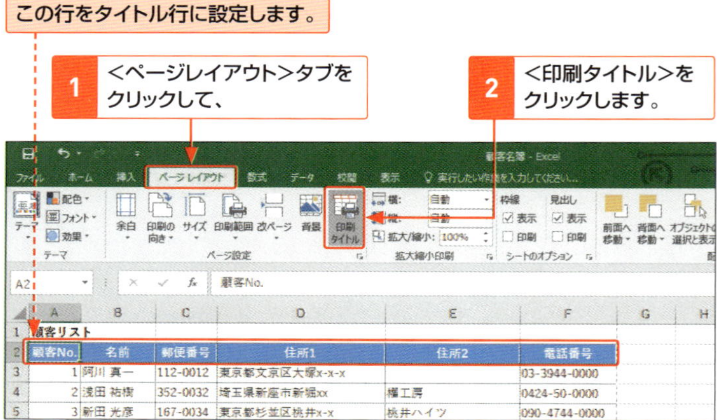

3 <タイトル行>のボックスをクリックして、

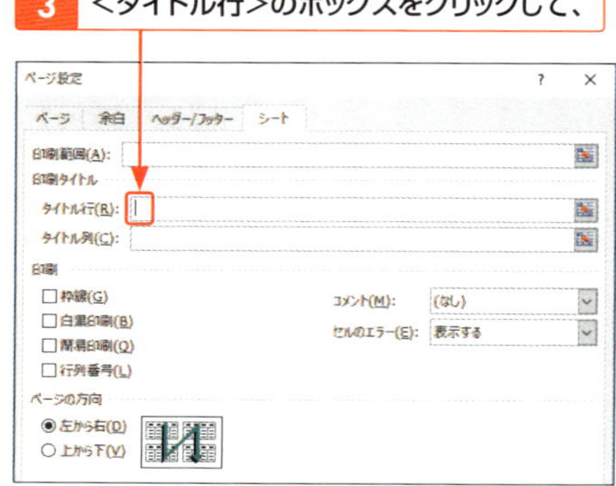

Hint タイトル列を設定するには?

タイトル列を設定するには、手順3で<タイトル列>のボックスをクリックして、見出しに設定したい列を指定します。

4 見出しにしたい行番号をクリックすると、

5 タイトル行が指定されます。

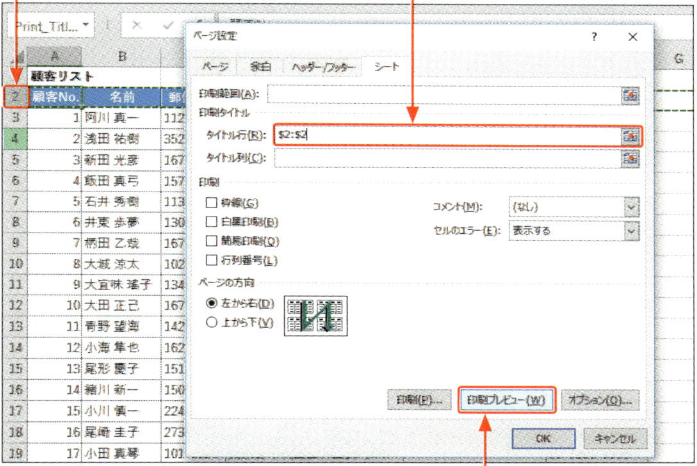

6 <印刷プレビュー>をクリックして、

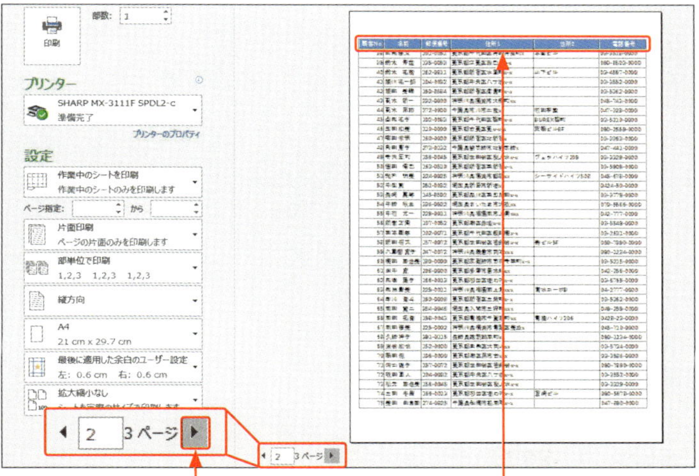

7 <次のページ>をクリックすると、

8 次ページが表示され、列見出しが付いていることを確認できます。

索引

記号

アルファベット

あ行

か行

さ行

た行

な行

は行

ま行

や行

ら行

わ行

お問い合わせの例

FAX

1 お名前
技評　太郎

2 返信先の住所またはFAX番号
03-××××-××××

3 書名
今すぐ使えるかんたんmini
Excel 2016 基本技

4 本書の該当ページ
110ページ

5 ご使用のOSとソフトウェアのバージョン
Windows 10 Pro
Excel 2016

6 ご質問内容
手順4の画面が
表示されない

お問い合わせについて

本書に関するご質問については、本書に記載されている内容に関するもののみとさせていただきます。本書の内容と関係のないご質問につきましては、一切お答えできませんので、あらかじめご了承ください。また、電話でのご質問は受け付けておりませんので、必ずFAXか書面にて下記までお送りください。
なお、ご質問の際には、必ず以下の項目を明記していただきますようお願いいたします。

1 お名前
2 返信先の住所またはFAX番号
3 書名
（今すぐ使えるかんたんmini
Excel 2016 基本技）
4 本書の該当ページ
5 ご使用のOSとソフトウェアのバージョン
6 ご質問内容

なお、お送りいただいたご質問には、できる限り迅速にお答えできるよう努力いたしておりますが、場合によってはお答えするまでに時間がかかることがあります。また、回答の期日をご指定なさっても、ご希望にお応えできるとは限りません。あらかじめご了承くださいますよう、お願いいたします。
ご質問の際に記載いただきました個人情報は、回答後速やかに破棄させていただきます。

問い合わせ先

〒162-0846
東京都新宿区市谷左内町21-13
株式会社技術評論社　書籍編集部
「今すぐ使えるかんたんmini
Excel 2016 基本技」質問係

FAX番号　03-3513-6167

URL：http://book.gihyo.jp

今すぐ使えるかんたんmini Excel 2016 基本技

2016年2月5日　初版　第1刷発行

著者●技術評論社編集部＋AYURA
発行者●片岡 巌
発行所●株式会社　技術評論社
東京都新宿区市谷左内町21-13
電話　03-3513-6150　販売促進部
03-3513-6160　書籍編集部
装丁●田邉 恵里香
本文デザイン●Kuwa Design
編集／DTP●AYURA
担当●矢野 智之
製本／印刷●図書印刷株式会社

定価はカバーに表示してあります。

落丁・乱丁がございましたら、弊社販売促進部までお送りください。交換いたします。

ISBN978-4-7741-7836-3 C3055

Printed in Japan